教育行動茁壯

育動壯

吃出免疫力

張藝懿醫生

教育 行動 茁壯
吃出免疫力

著　　者	張藝懿	
總 編 輯	張藝蕾	
責任編輯	陸軼秋	
文字編輯	洪婷惠　林雨田　楊明真　楚季恬　唐慧敏	
美術設計	洪如平　李威俊	

選　　書	林小鈴
責任編輯	潘玉女
行銷經理	王維君
業務經理	羅越華

國家圖書館出版品預行編目 (CIP) 資料

教育 行動 茁壯:吃出免疫力 / 張藝懿著 . -- 初版 .
-- 臺北市 : 原水文化出版 : 英屬蓋曼群島商家庭
傳媒股份有限公司城邦分公司發行 , 2023.07
280 面 ; 17×23 公分
ISBN 978-626-96828-8-1(平裝)

1.CST: 免疫力 2.CST: 免疫學

369.85　　　　　　　　　　　111021068

發 行 人	何飛鵬
出　　版	原水文化
	台北市民生東路二段 141 號 8 樓
	電話：（02）2500-7008
	傳真：（02）2502-7676
	E-mail：H2O@cite.com.tw
	部落格：http://citeh2o.pixnet.net/blog/
發　　行	英屬蓋曼群島商家庭傳媒股份有限公司城邦分公司
	台北市中山區民生東路二段 141 號 11 樓
	書虫客服服務專線：02-25007718；25007719
	24 小時傳真專線：02-25001990；25001991
	服務時間：週一至週五上午 09:30 ～ 12:00；下午 13:30 ～ 17:00
	讀者服務信箱：service@readingclub.com.tw
劃撥帳號	19863813；戶名：書虫股份有限公司

製版印刷	科億彩色製版印刷有限公司
初　　版	2023 年 7 月 25 日
定　　價	420 元
I S B N	978-626-96828-8-1

本書刊載之資訊僅供參考及教育用途，切勿使用任何書內資訊自行進行診斷。
若您有任何健康問題或疾病，請盡速尋求專業醫療人士的建議與診療。

感謝

我要向以下每一位為這本書付出心力的人，表達最誠摯且深切的感謝。您們無懈可擊的專業以及全心投入的精神令人欽佩，也讓這本書成為可能。

致藝蕾：
妳不需要知道所有的答案，但一位優秀的編輯能提點出所有需要顧及的問題。

致陳昭妃博士：
您是我的導師，並一路激勵、鼓舞著我，您和我一樣了解這本書、提供了無數寶貴的建議；無論初稿有多少不夠完美之處，您依舊指引出了更理想的方向。

致Zoe：
感謝您一直以來的幫助，沒有您的幫助，這本書將無法順利完成。

致Sophia：
感謝您付出的辛勞和熱忱。您就像是一道永不滅的溫暖陽光。

感謝其他所有的工作同仁，您們是我和這本書最溫暖和可靠的後盾，幫助我得以將這本書呈現到世人面前。在此發自內心地向所有人再次表達我最真摯的感謝！

目錄

引言

試圖以現代醫學的手段來治癒疾病,就像在我們的行星防禦系統中,想要針對每一類新出現的外星人都開發一種新型的對抗武器。那意味著,我們必須持續不斷地發明無數種不同的武器。人們想要一種能快速治癒疾病的方法,可惜,沒有這麼好的事!相反地,我們應該專注於支持體內已經存在的超級全能武器——我們的免疫系統!這是讓我們能夠殲滅一切外來入侵者的武器。

免疫系統可以偵測並殺死外來入侵者以及患病的細胞,它遠比科學家創造出來的任何藥物都強大得多。免疫系統是人體最偉大的奧秘之一,也是最重要的組成部分之一。

日常悉心養護和提升我們獨一無二的超級武器,並沒有什麼花哨的噱頭、也不是驚心動魄的行動;甚至聽上去普普通通、平淡無趣。但它卻行之有效。

單純提升、優化免疫系統這一超級武器,將比試圖尋找藥物或開發足以對抗不斷進化的病毒、細菌的新藥,都來得更加容易、也更加有效。

我們只需要多吃天然完整的植物性食物。

以健康的免疫系統來預防疾病

預防並沒有像治療那樣受到廣泛的關注。人們常常會認為治療疾病更為重要或更加有效,因為可以清楚地看到結果。在過去,預防稱不上是一門科學,因此看著某個人健康平安,從未罹患過任何疾病,並不會讓人如同看到病人大病初癒那般感到興奮。人們往往都是等到問題出現後才設法去尋找解決的方法。但是,人類為什麼要跟疾病玩貓捉老鼠的遊戲?為什麼不直接把疾病扼殺在萌芽階段?

預防並不難

- 健康飲食
- 多運動鍛煉
- 足夠休息
- 保持好心情

大自然擁有數之不盡的完整性食物，它們含有人類所需的所有營養，以及許多科學家們尚未發現的營養。

健康飲食

我們也許無法控制新病毒的出現，或阻止空氣中的致癌化合物，卻可以控制自己所吃的東西。每個人都知道，如果吃得健康，就能夠活得更健康、更長壽。改善飲食習慣帶來的影響可以是巨大的。

營養免疫學是一門簡單又經得起時間考驗的科學。廣泛攝取各種各類天然完整的植物性食物，少吃動物性食物，以此為體內的每個系統提供助益。想要透過攝取某些食物來改善某個特定器官的健康是毫無意義的，因為人體的所有器官都互相關聯。如果一個器官衰竭，它將連帶拖垮其他的器官。例如：如果腎臟不健康，那麼單純專注於心臟的健康就沒有意義，因為不健康的腎臟會對心臟造成影響。因此，最好的飲食是包含各種各類植物性食物的飲食。我們由此獲取了各種營養，得以助益體內所有的器官。

改變飲食習慣，攝取更多天然完整的植物性食物，也許並不容易堅持下去；但對於支持免疫系統運作，幫助免疫系統抵抗外來入侵者、保持人體健康而言，是我們所能做的最好事情之一。

多運動鍛煉

運動鍛煉能帶來諸多的益處：

- 控制體重，減少與肥胖相關的疾病風險
- 降低罹患心臟病的風險
- 控制血糖和胰島素水平，降低罹患2-型糖尿病的風險
- 幫助保持敏銳的認知能力
- 強化骨骼和肌肉
- 降低罹患乳癌、結腸癌和肺癌等癌症的風險
- 降低跌倒的風險
- 改善睡眠

我們人類不該如同沙發馬鈴薯般，成天窩在沙發上看電視吃零食，但也不需要做一些過於極端或是高難度的運動鍛煉。把每天步行多一些設定為目標。這完全關乎於心態——不需要一蹴而就，一步一步開始、一點一點地進步也很好，關鍵是要動起來！

足夠休息

缺乏足夠的休息會對免疫系統產生不利的影響。研究表明，睡眠不足或睡眠質量不佳的人，身體更容易被細菌、病毒等外來入侵者感染，並且恢復得也較慢。長期缺乏優質的睡眠還會增加罹患心臟病、肥胖和2-型糖尿病等疾病的風險。

保持好心情

最後但也同樣重要的一點——保持好心情。我們的心理狀態本質上與免疫系統息息相關。一些研究顯示，情緒會對健康造成影響。在一項由乳癌患者參與的研究中，研究人員發現那些能夠更好地管理壓力的患者，體內與炎症和腫瘤轉移相關的基因表達量亦能下調。情緒產生著重要的影響——它會影響我們的心理和生理狀態。

做出選擇

專注於預防還是賭一賭能「治癒」？

「治癒」的代價就像是擲骰子。疾病能被治癒嗎？大多數疾病僅僅是可以被「治療、緩解」，卻無法被治癒。換句話說，它們永遠不會消失。試著想想，藥物可能導致哪些或許會出現的長期併發症？當遭受病痛的折磨時，那些多吃的垃圾食品、那些躺在沙發上看電視的「美好」時光，相較於疾病的痛楚和給家人帶來的痛苦，真的還值得嗎？

預防的代價並不高昂、且簡單易行。放棄垃圾食品，多走走路來代替坐出租車，乖乖上床睡覺而不是熬夜看新的電視節目。

日常生活中所做的點滴選擇，都影響著未來的健康走勢。做出明智的選擇！

以營養免疫學為最佳護衛

這就是營養免疫學所探討的一切。是關於擁有正確的知識，了解今日的所作所為將在日後出現的各種健康助益或代價；是關於對自己的健康負責；是關於選擇正確的食物來支持免疫系統；是關於改變生活方式，因為維持健康並不僅限於關注每日的飲食內容。營養免疫學讓我們明白，做好預防工作永遠比事後尋求治療方案來得更好；它也讓我們擁有智慧──是願意防患於未然、將傷害降到最低，還是等生病後為治療疾病而付出更大的代價？

張藝懿醫生

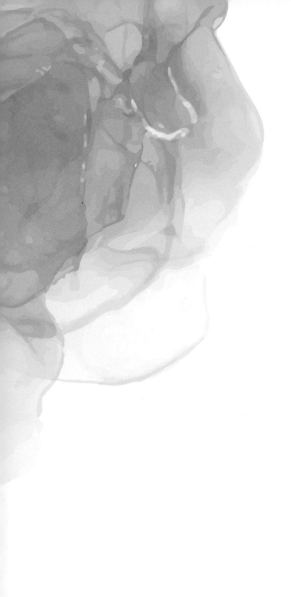

編者序

我們想為大眾呈獻一本打破科學研究與大眾知識之間壁壘的書籍。大多數人對於健康的了解，不外乎來自於兩個主要的地方：

- 大腦中布滿灰塵的一小片區域——那是在高中生物考試的前一天晚上，我們不斷往裡面填塞信息，卻在考試後轉瞬即忘的地方。
- 在我們快速查詢與健康相關的信息時，那些來源可疑、可能經由花錢植入廣告、而置於搜索首頁的網頁鏈接。

毋庸置疑，我們認為這是不足夠的，因為健康非常重要，而且幾乎涉及到我們日常生活的方方面面。不幸的是，大多數的健康資訊和許多當下新取得的研究成果、科研進展，都著實很難讓非科學家的我們看得懂。因此我們想彌補這一塊缺失，將那些看似高深、難懂的艱澀學問，轉化為簡單淺顯、讓普羅大眾都能輕鬆理解的健康知識。

我們期望這本書可以幫助人們揭開有關健康和營養的真相，並且以引人入勝、讓讀者易懂的方式來呈現內容。因此，這本書最終一定不會因為無趣、難懂而被束之高閣或乏人問津。我們肩負著觸動生命的崇高使命：帶給世人健康與智慧。我們希望，這本書能夠成為履行這一使命的旅程中充滿價值的一步。

每本書的背後……不是一個書架，而是一大群很棒的人分工合作，一起參與編輯、翻譯和編排這本書。衷心感謝這群出色的編輯、翻譯和美編團隊，他們在編排這本書的過程中不僅時常睡眠不足、體重也減輕了。

總編輯 張藝蕾博士

第一章

免疫系統是
我們的超級武器

免疫系統是一個由不同的器官、組織、細胞以及化學物質組成的複雜網絡，可以幫助人體對抗病毒、細菌、寄生蟲以及各種外來入侵物。免疫系統夜以繼日地工作，一刻也不停歇，始終保衛著人體免受敵人的侵害。

免疫系統中的各個器官

構成免疫系統運作的網絡中,包括了很多個不同的器官。

骨髓
骨髓負責製造血液中的多種細胞,這其中包括免疫細胞。

胸腺
胸腺就像是免疫細胞的「士兵訓練場」。某些類型未成熟的免疫細胞會被運送到胸腺,在這裡進一步成熟和成長為具有專門職能的細胞。胸腺就是這些士兵進行訓練以及學習專門職能的場所。

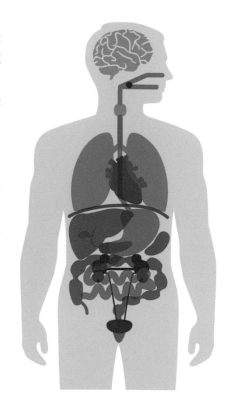

扁桃體和闌尾
很多人會認為切除扁桃體和闌尾並沒有什麼壞處。但其實,這些器官能夠為它們各自所在的部位提供保護作用。扁桃體有助於預防上呼吸道感染,而闌尾有助於預防下消化道感染。

脾臟
脾臟是另外一個人們缺少了也可以活、卻會引發一系列不良後果的器官。脾臟就像是一個生產「彈藥」的廠房,可以幫助人體儲存免疫細胞、過濾血液,甚至能抵抗某些類型的感染。

淋巴結和淋巴系統
淋巴系統是循環系統的一部分,也是免疫功能的一部分。但是,不同於血管輸送的是血液,淋巴系統輸送的是一種被稱為淋巴或淋巴液的透明液體。血液在全身上下循環流動,血液中的液體從血管滲出到周圍的細胞間隙中變成組織液。

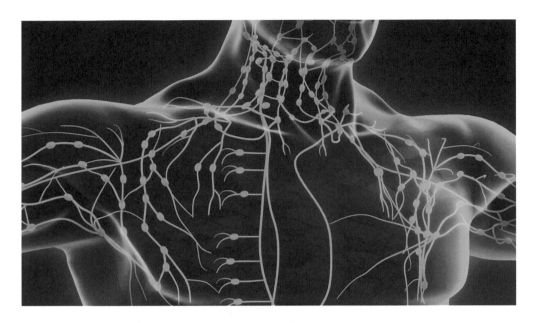

這些液體不僅將營養運送給細胞，還會收集並帶走細胞中的廢物、細菌等有害物質，之後以淋巴液的形式排入到淋巴管中。淋巴液也負責把免疫細胞運送到身體每個需要的部位。進行這些活動的時候，淋巴液會穿過許多的淋巴結。而淋巴結扮演過濾器的角色，能夠捕捉淋巴液中的細菌等物質，為免疫細胞提供了便利的場所，讓它們能夠針對這些「不速之客」的入侵物質發動特定的攻擊。淋巴液最終會被運送到靜脈，重新匯入到血液循環當中。

免疫系統的細胞

免疫系統必須要能夠準確地區分可能具危險性的外來異物，以及安全無害的非異物，這樣才能有效地工作。由於免疫系統把非異物認定為安全的，例如：蛋白質、細胞以及其他分子等，因此允許它們留在體內，或是跟隨血液一起循環、附著在組織和器官上。身體的這種特性被稱為自體耐受性，也就是免疫系統可以容忍這些物質的存在。但是，免疫系統卻不能容忍異物（非自身物質）的存在，例如：來自病毒和細菌的成分。這類物質會引發免疫系統做出反應並且發動攻擊。

任何引發這些免疫反應的物質都被稱為抗原。抗原可以是一個完整的細菌或病毒，也可以只是它們身上的一部分。例如：抗原就像是偵探交給警察部隊，讓警察們發動突擊的一份證據。抗原讓免疫系統知道有敵人的存在，必須準備發動攻擊！免疫反應的扳機一旦被扣動，各類的細胞就要準備開始發動攻擊，並會釋放出一種叫做細胞因子的化學物質，它們的功能是在細胞之間傳遞信息。細胞因子通知其他的細胞：「免疫反應已經被啟動、體內出現了外來敵人！」——這一系列的動作，就像是在呼籲士兵們準備戰鬥。細胞因子甚至能夠引導免疫細胞到達身體特定的部位，在這些部位幫助人體對抗敵人。

免疫系統大致上可以分為兩部分：
一、先天免疫系統，二、後天免疫系統。

先天免疫系統是我們出生就具有的免疫系統，也是人類賴以生存的基礎。後天免疫系統是我們在出生後逐步發展和訓練而形成的免疫系統。這兩個系統密切配合，共同保衛著人體的健康。

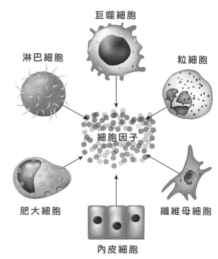

先天免疫系統

這是在防禦敵人時能夠快速反應的系統。當先天免疫系統檢測到敵人時，就會迅速做出反應、發動攻擊。但先天免疫系統的功能不夠細緻，發動的攻擊沒有針對性，這意味著任何被人體認為是「異物」（非自身物質）都會受到攻擊。

物理屏障

物理屏障是人體的第一道防線，能幫助阻止外來入侵者進入我們的身體、血液以及細胞之間的空隙。當人們談到免疫系統時，通常只會想到那些特化細胞（具有專門職能的細胞），而不會想到身體的某些部位以及器官其實也包含在內。

實際上，人體的第一道防線就是皮膚。皮膚是阻隔外界物質非常有效的物理屏障。除了皮膚以外還有許多其他的物理障礙，例如：胃腸道、呼吸道、鼻毛、耳朵裡的絨毛以及眼睫毛等。抵抗外來入侵者最好的方法，是從一開始就不要讓它們進入我們的身體！因此，人體的這些屏障還配備了專門的防禦武器，其中包括：汗液、黏液、胃酸、唾液、眼淚等等。這些防禦武器有助於在外來入侵者進入身體之前，就將它們沖走或消滅掉。

如果外來入侵者穿透了身體的第一道防線，那麼它們將面對來自於免疫系統的各種細胞。

先天免疫系統的細胞

吞噬細胞

吞噬細胞就像它的名字一樣，不斷在人體內游動來尋找敵人，當它發現病原體——一種會引起疾病的有機體，如：病毒或細菌時，就會「吃掉」或「吞噬」這些對人體構成威脅的物質，並且摧毀它們。

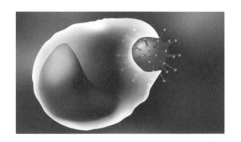

巨噬細胞

巨噬細胞是一種更高級的吞噬細胞。它可以在身體各個器官組織進行巡邏，不斷地搜尋那些危害人體的物質。一旦發現威脅，巨噬細胞就會釋放細胞因子來通知其他的免疫細胞，召喚它們前來幫忙。

肥大細胞

肥大細胞通常存在於黏膜上，例如：呼吸道黏膜。這是一種非常重要的細胞，因為它是引起身體炎症反應的關鍵所在。當肥大細胞出動時，會釋放引發炎症的細胞因子，並且能夠召喚其他的免疫細胞前往出現問題的部位提供幫助。

嗜中性粒細胞

身體產量最高的細胞之一，通常也是最先到達問題區域的免疫細胞。嗜中性粒細胞含有一些能夠對病原體產生劇烈毒性的小顆粒，它們能夠吞沒並毀滅外來入侵物。

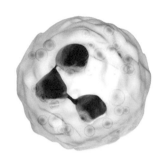

嗜酸性粒細胞

嗜酸性粒細胞和嗜中性粒細胞一樣含有劇毒顆粒，它們對於防禦寄生蟲來說尤其重要。但是，與嗜中性粒細胞不同，嗜酸性粒細胞釋放的有毒顆粒會導致身體組織受損，因此免疫系統會對它們進行嚴格的控制。

嗜鹼性粒細胞

這類細胞與嗜酸性粒細胞和嗜中性粒細胞非常相似，卻不含有毒顆粒，而是透過釋放組織胺來攻擊外來入侵物。組織胺是身體發生過敏反應的一種重要物質。

自然殺手細胞

這類細胞不會攻擊病原體或外來入侵物，它們監控的對象反而是人體自身的細胞。如果人體細胞被細菌或病毒感染，自然殺手細胞就會消滅這些被感染的細胞，讓它們無法充當入侵者的宿主。細菌和病毒的傳播就會因此而變得更加困難。

自然殺手細胞還可以監控並且檢測出患病或者發生了突變的細胞。像癌細胞這類發生了突變的細胞，就不再具有正常的功能，它們也會對周圍的其他細胞造成威脅。自然殺手細胞可以辨別出這些發生了突變的細胞，並且在它們造成更大的麻煩之前就將它們消滅掉。

樹突細胞

這類細胞的功能是傳達信息，通常生長在人體與外界接觸的部位，例如：皮膚、鼻腔、胃部、腸道以及肺部。樹突細胞的專長是辨別出對人體具有威脅的物質，並協助免疫系統工作。它們是連接先天免疫系統與後天免疫系統之間的橋樑。

後天免疫系統

為什麼一旦得過某種傳染病，日後再次被感染，就會恢復得更快？為什麼有些傳染病發生過一次，之後就不會再得？疫苗是如何發揮功效的？所有這些都要歸功於人體的後天免疫系統，也被稱為獲得性免疫。後天免疫是免疫系統至關重要的一部分，具有戰略性的意義，但它不是人體天生就有，而是後天獲得的。不同於先天免疫系統，後天免疫系統是需要進行訓練的。當它初次遇到病毒或細菌等病原體時，反應速度要比先天免疫來得慢。但是，不像先天免疫那樣發動的是廣泛而沒有針對性的攻擊，後天免疫能夠更精準地打擊敵人。後天免疫系統一旦因為碰到病原體而被啟動，就會形成針對這類病原體特定的攻擊方法，並且會記住這種攻擊方法。

下次再遇到相同的病原體時，免疫系統就能夠發動更快速、更強而有力的攻擊。很多時候，這種反應太過迅速，功能強大到我們甚至都沒有察覺到有入侵者，身體就把它們消滅了。疫苗就是透過啟動後天免疫反應，讓後天免疫系統記住「打敗敵人的方法」，藉此來發揮作用的。當免疫系統在日後真正遇到入侵者時，就已經掌握了一套有效的作戰計畫。

後天免疫系統的細胞

B細胞

B細胞首先在骨髓中形成，然後被轉移到淋巴系統，在那裡進一步地發育成熟並接受訓練。B細胞具有不同的受體（可以把它們想像成許多不同的「鑰匙孔」），可以和不同的抗原（也就是不同的「鑰匙」）相結合。當與抗原結合時，B細胞會發生變化，並且會被「啟動」，隨後分化成血漿B細胞和記憶B細胞兩種不同的形式。

血漿B細胞能夠產生專門靶向特定抗原的抗體。這些抗體就像已經設定好攻擊目標的導彈一樣，在人體裡巡迴移動，專門打擊某些特定類型的外來入侵者。抗體可以透過各種方式來發揮作用。例如：抗體可能會將自己與細菌捆綁在一起，使細菌的攻擊變得無效。有些抗體會「黏住」外來入侵者，同時誘使吞噬細胞來吃掉「被黏住」的敵人。有些抗體則會觸發一系列導致身體發炎的化學

反應，以此來召喚其他免疫細胞前來幫助。還有一些抗體，甚至能夠透過破壞外來入侵者的細胞膜來將它們殺死。

記憶B細胞可以存活很長的時間，並且能夠記住入侵人體的異物。下次如果再發現相同的外來入侵者，它們可以幫助免疫系統更快地做出反應。

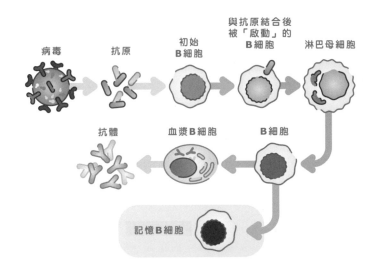

T細胞

T細胞在骨髓中形成，然後在胸腺中發育成熟、進行訓練。T細胞可以分為三大類。

輔助T細胞透過檢查其他細胞帶來的抗原，以幫助身體確認外來入侵者的存在。一旦確認抗原來自於外來入侵者，輔助T細胞就會幫助啟動和調節免疫系統，並且協助發動免疫反應。

細胞毒性T細胞能夠殺死被感染的細胞以及癌細胞。

調節T細胞能夠幫助調節免疫系統並維持免疫系統的自體耐受性。它們還可以中斷免疫反應，例如：讓身體停止發炎，並且告訴免疫系統何時應該停止攻擊。因此，它們也被稱為抑制T細胞。

免疫系統如何協同運作

讓我們以一個外來入侵者（例如：細菌）的角度，來看看免疫系統的各路軍隊在打擊敵人時是怎樣分工合作的。

(1) 當遇到皮膚之類的物理屏障時，大多數的細菌都不能穿過，因此無法進入人體內。胃腸道的內壁、呼吸道的內壁、鼻腔內的絨毛，以及眼睛分泌的眼淚都是阻止細菌進入人體的屏障。

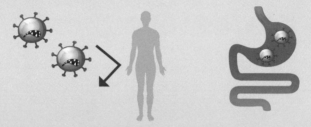

(2) 如果細菌或病毒進入人體，就會遇到先天免疫系統的細胞。由於細菌和病毒含有抗原（會引起免疫反應的物質），這些免疫細胞會透過各種方式來摧毀這些外來入侵者，例如：它們會運用吞噬功能，也就是「吃掉」敵人；以及釋放細胞因子，這些細胞因子能夠召集各類細胞前來幫忙，並觸發其他類型的防禦反應。

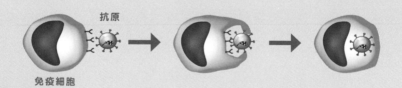

抗原

免疫細胞

如果人體細胞被病毒感染或是發生了變異，自然殺手細胞可以辨別出它並且把它消滅。

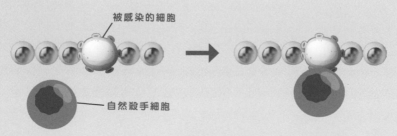

被感染的細胞

自然殺手細胞

(3) 先天免疫系統的某些細胞會抓住抗原，把它轉交給後天免疫系統的細胞，例如：輔助T細胞。然後輔助T細胞會釋放細胞因子，召喚其他細胞一起發動攻擊。

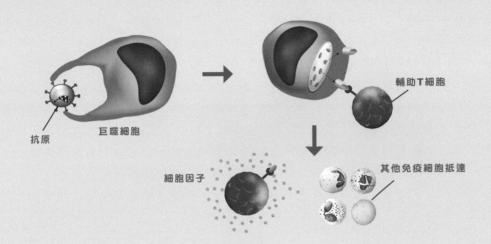

例如：輔助T細胞能夠幫助啟動B細胞。B細胞會產生專門打擊外來入侵者的抗體，這些抗體能夠摧毀外來入侵者。有些B細胞也會記住外來入侵者，形成記憶B細胞。記憶B細胞能夠在體內生存很長一段時間，使我們對這類敵人具有免疫力。下次遇到相同的外來入侵者時，這些記憶B細胞就會向免疫系統發出警報，並且激發更快速的對抗反應。

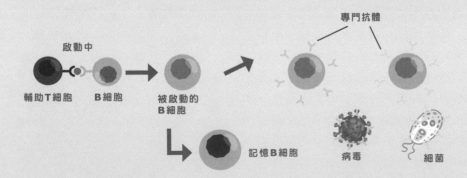

(4) 一旦完成了所有的工作，威脅順利消除，免疫系統就會停止攻擊。

免疫系統出現問題會產生什麼後果

現代的科學技術已經極大地改變了人們的生活；現在的人們，比歷史上的任何時候都要更長壽、擁有更好的生活品質。這些科技上的進步，已經把衰老和疾病轉變成了醫療經驗，但所有的這些工作都需要由專業的醫療人士來處理。

我們總是抱有這樣的信念：醫生能夠治癒幾乎所有的疾病。我們相信現代的醫療技術已經足夠先進，可以把人類從死亡的邊緣拉回來。但實際上，大多數的疾病都是無法治癒的，例如：大多數的遺傳疾病、自體免疫疾病以及過敏症。科學家甚至無法治癒普通的感冒，包括流鼻涕、喉嚨發癢以及打噴嚏等普通感冒的症狀。儘管這是人們都認識、很常見的疾病，但它仍然籠罩在神秘的面紗之下。為什麼有些人好像從來都不會感冒，有些人卻經常感冒？最重要的是，我們如何才能時時保持健康，確保自己遠離這些疾病的困擾呢？

讓我們來看一看在全球爆發的大流行疾病。實際上，近年就有新冠病毒COVID-19的全球大流行。新冠病毒是一種新型的冠狀病毒，科學界都互相競爭著看誰先開發出疫苗。換句話說，科學家們想要透過刺激我們自己的免疫系統來為身體提供更好的保護，讓我們在真正生病之前就能夠擁有打敗病毒的能力。強大的免疫系統可以消除冠狀病毒。免疫系統較弱的人需要更長的時間才能對抗病毒，或者根本無法打敗病毒。目前，醫生的治療方法可以幫助病患延長存活的時間，讓他們的免疫系統有足夠的時間來發揮功效、最終打敗這些病毒。治療其他的病毒感染也是同樣的方法。就像以往的大流行疾病一樣，有的人死亡，有的人存活了下來。倖存者，是那些擁有健全而強大免疫系統的人；而死亡的人，則大多是由於自身的免疫系統存在問題。

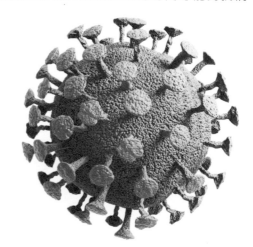

不能總是指望醫生、科學家和研究人員來治癒疾病。很多時候，生病時醫生所能做的最多就是幫助抑制症狀，以便讓我們感覺更舒服。但是，這並不能徹底消除疾病。最終，我們必須依靠自己的免疫系統。免疫系統擁有消除疾病的強大能力，甚至能夠預防疾病；但效率的高低，是取決於免疫系統的健康狀況以及功能是否正常。如果我們的免疫系統無法正常運轉，就會導致身體出現一些嚴重的問題。

例如：如果發生了病毒感染，這種病毒感染可能會導致某些人出現細胞因子風暴，也就是常說的「免疫風暴」。「免疫風暴」其實是由於失調的免疫系統引起的，並非很多人認為的免疫系統過於強大。這類患者的免疫系統失調，免疫細胞不知道何時停止攻擊。如果免疫系統繼續發動不必要的攻擊，就會對人體自身的組織造成很多附帶的損害，就像是戰爭已經結束，但軍隊還在漫無目的地四處開火一樣。很多疾病都會引發「免疫風暴」，但是科學家們不知道這背後的原因到底是什麼，也不知道什麼才是最佳的治療方法。

自體免疫疾病是免疫系統出現故障而導致的另外一種疾病。免疫系統能夠區分人體自身的組織和細胞這類「自我」，以及外來入侵者這樣的「敵人」。當人體的這種能力受損時，就會出現自體免疫疾病；這時免疫系統會產生混亂，並且開始攻擊自身的組織和細胞。例如：類風濕性關節炎就是免疫系統攻擊人體關節、引起疼痛和腫脹；乾癬，人們俗稱的牛皮癬，就是免疫系統攻擊皮膚並引起皮膚斑塊。

雖然有關自體免疫疾病的研究一直都在進行當中，但是目前仍然缺乏有效的治療方法。雖然醫學界擁有能夠抑制免疫系統和減輕症狀的藥物，卻無法消除這類疾病。並且不幸的是，如果免疫系統被抑制、遭到破壞或是功能衰弱，身體遭受感染以及罹患其他疾病、甚至是罹患癌症的風險也會提高，這是由於免疫系統的防禦功能被削弱，因此無法有效地對抗入侵者或者癌細胞。

未來還有很多未知的疾病等待著我們，新冠肺炎的大流行並不會是最後一次。人類最強大、最有效的防衛武器是我們自身的免疫系統，它是唯一能夠完全擊敗疾病的可靠方法。沒有健全的免疫系統，身體就會變得異常脆弱、不堪一擊。當免疫系統失去健康或出現故障時，罹患疾病的可能性也就會更大。為什麼有些人死於感染而其他人卻沒有？為什麼有些人生病的頻率比其他人高？為什麼有些人比其他人康復得更快？答案，其實就在於他們的免疫系統。科學家們正在努力地研究，不斷地學習免疫系統的運作方式，希望以此來幫助人們培養一個功能強大而健全的免疫系統。

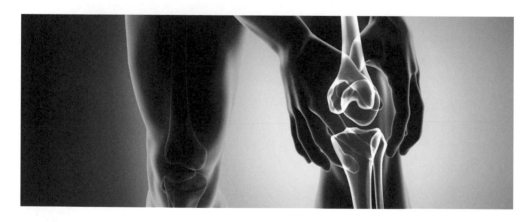

確保免疫系統的健康

免疫系統無時無刻不在努力工作，保護著人體免受病毒等外來入侵者的傷害，同時也在監控並打擊著細胞突變以及癌細胞等體內的敵對力量。免疫系統對於人類的健康與生活品質而言至關重要。健康的免疫系統可以讓人體保持健康的狀態。我們應該努力去學習有關免疫系統全方面的知識，並且對自己的免疫系統肩負起責任。

免疫系統也像人體的其他器官一樣，需要我們給予精心的照顧與呵護。

我們可以從每天少吃紅肉、多攝取植物性食物作為開始，而不僅僅是生病的時候才這麼做。植物性食物富含抗氧化劑、植物化合物（又稱植物營養素）以及多醣體，這些全都是能夠為免疫系統提供助益的營養成分。

我們的飲食中應該包含多種多樣的完整食物，例如：五顏六色的水果、蔬菜以及菇類等，藉此獲取豐富多樣的營養成分。這些不同的營養共同作用產生的助益，遠比單一的營養來得更好。它們彼此協同運作，幫助免疫系統正常工作，也為人體預防癌症、抵抗感染提供了支持與幫助。

我們每天都需要攝取足夠的纖維來支持免疫系統的正常運轉。纖維有助於支持體內的不同器官和腸道微生物群，並直接影響免疫系統。

除了改變飲食習慣之外，我們也必須改變生活方式。一個星期至少要運動幾次，有氧運動和阻力運動都要做。保持良好的睡眠。最後別忘了保持開心、笑口常開，讓自己擁有平穩的情緒和心態。

預防勝於治療

我們要盡力維護免疫系統良好的健康狀態，避免那些「早知如此，何必當初」的事情，從最開始就杜絕那些會對健康造成威脅的狀況。

同樣遭受感染時，有的人被擊敗，有的人卻存活了下來——強大的免疫系統，就是讓人能夠戰勝感染的原因所在。

第二章

營養免疫學

關於人體和免疫系統，我們還有很多不了解的地方。我們必須盡自己的一份力量來保持健康，而不是毫無作為地等待現代醫學來治癒我們。想要活得健康，唯一被科學界普遍認同且經過驗證的方法，就是照顧好我們的身體和免疫系統。日常生活中，每個人都可以透過簡單的改變——改變生活方式和飲食來做到這一點。營養免疫學提倡，多吃植物性食物、少吃如動物性食物這類會引起炎症發生的食物，以此來滋養免疫系統。蔬菜水果不僅含有各種維生素和礦物質，更蘊含獨特的營養物質，如：植物化合物（又稱植物營養素）、多醣體和抗氧化劑，每一種都以不同的方式助益我們的健康。除了均衡的飲食，我們還需要維持健康的生活習慣，例如：充足的運動、良好的睡眠和保持愉悅、平穩的心情。

藥物不是治癒疾病的良方

許多人都認為只要能夠進到醫院、得到醫生和藥物的幫助，病痛就可以得到治療，疾病就會被治癒。雖然我們很想把這當成是真的，但現代醫學並不是解決所有健康問題的最終方案。現代醫學是近代才發展起來的一門科學，其實研究人員還在藥物上不斷地精進和突破，所以藥物仍在持續不斷地發展變化當中。

直到大約1683年，Robert Hooke以及Antoni van Leeuwenhoek才發現了如細菌這樣的微生物。而病毒的概念，以及病毒在疾病中所扮演的角色，則出現得更晚——直到1800年代後期才出現。直至1901年科學界發現了第一種人類病毒。如今，我們知道感染是由細菌和病毒等微生物引起的；但在這些發現之前，人們的認知卻並非如此。人們認為某些疾病是由體內的「惡血」或「惡性腫瘤」所引起，並定期採取「放血」等療法來治療疾病。現在我們早已不再使用這些方法，取而代之的是，使用醫生開給我們的抗生素療程來對抗細菌感染。

抗生素是醫學界最偉大的突破之一，但是它的發現純屬偶然！青黴素的出現代表著抗生素時代的開始。在發現青黴素之前，人們通常會由於割傷等這類小傷口而引發感染，繼而死於血液中毒。醫生除了觀察、等待和祈禱病患康復之外，什麼也做不了。直到1928年倫敦細菌學教授Alexander Fleming發現第一種抗生素——青黴素，才改善了如此慘烈的狀況。然而，即便那時已經發現了青黴素的存在，直到第二次世界大戰快結束時，青黴素才得以開始批量生產。

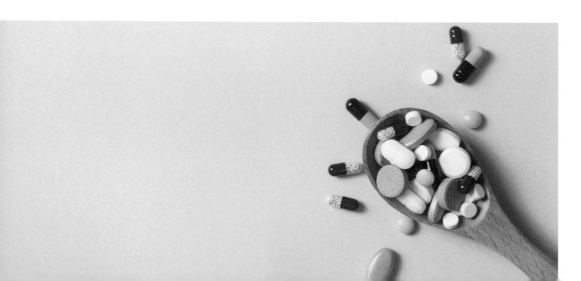

對於人體、疾病、細菌和病毒的了解，以及對抗生素等現代療法的運用，這些我們認為理所當然的認知，其實相對而言是人類比較近期的發現。許多研究仍在不斷地尋求突破，醫生們也仍在更新各種療法，反映出人類知識的不斷進化和拓展。

我們可能自認為什麼都知道，實際卻並非如此。社會經驗和常識教會我們在生病或受傷的時候應該尋求醫生的幫助，使我們從小就根深蒂固地依賴於醫學的治療與藥物。印在我們腦海裡的觀念是，醫生在健康方面是萬能的，如果他們不能解決我們的健康問題，那麼我們就倒楣了，等同直接被宣判死刑。但是世界並不是非黑即白。人類的知識是有限的。儘管擁有所有的藥物和「神奇」的治療設備，如今人們依舊逃脫不了死亡。我們無法治癒所有的疾病，甚至不是所有的疾病都有相應的治療方法。事實是，醫生給病人開出的藥物中，有數量驚人的藥物其實醫生並不確切地知道它們是如何運作的。

心臟病是全球第一大死亡原因。癌症則成為全球主要死亡原因之一，2020年大約每六個死亡病例中就有一個是因為癌症而死亡。據美國疾病控制與預防中心（CDC）估計，即使是普通流感這樣的常見疾病，2021年至2022年的流感好發季節，在美國仍導致了約900萬的病例。醫生無法治癒這些疾病。他們同樣無法治癒過敏、自體免疫疾病和大多數的病毒感染。現代醫學以及人的身體仍然是個謎。實際上，醫生能夠治癒的疾病很少，但這並不意味著我們就對此束手無策。

有健全的免疫系統，才有健康的身體

我們能夠做很多事情來維持身體的健康。維持健康的最佳方法就是照顧好我們的身體以及體內的防禦系統 —— 我們的免疫系統。人類生存了數百萬年，靠的不是現代醫學，而是我們與生俱來的、可以保護人體免受傷害的免疫系統。

免疫系統是人體最重要的組成部分之一，也是人體最大的奧秘之一。免疫系統可以偵測並殺死外來入侵者和患病細胞。它出色的工作表現，遠遠勝過任何科學家創造的藥物。免疫系統能夠仔細地監控人體，並且可以發動具有針對性的反應，例如：攻擊特定的區域，甚至是攻擊特定的細胞。醫生無法精確地控制藥物如何運作。例如：某些藥物對接觸到的所有部位都會造成損害，把好的和壞的一併消滅掉。這些藥物具有極大的副作用。而人體的免疫系統，則是能夠治癒疾病的唯一可靠方法。

增強免疫系統的最好方法就是透過攝取適當的營養。人類科技創造的任何事物都比不上大自然為我們創造的一切。大自然擁有數之不盡的完整食物，它們含有人類所需的所有營養，以及科學家們尚未發現的許多營養。我們需要透過日復一日的努力與積累，每天都攝入更多富含抗氧化劑、植物化合物（又稱植物營養素）和多醣體的植物性食物來呵護自己的免疫系統。這就是營養免疫學的全部意義所在。

營養免疫學探討的是營養與免疫系統之間的關聯。要讓包括免疫細胞在內的所有細胞處於最佳的健康狀態、發揮最佳的功能，營養豐富、多種多樣的飲食是不可或缺的條件。我們需要確保攝取正確的食物來支持免疫系統。除此之外還要有定期運動、充足睡眠的健康生活方式，因為我們知道，預防總是勝於治療。營養免疫學的一個重要部分，就是研究食物如何助益人體的免疫系統和健康。

動物性食物會助長炎症

許多人覺得動物性食物比植物性食物更美味,但這些動物性食物卻缺乏植物性食物所擁有的健康助益。相較於植物性食物,動物性食物含有更多的不健康脂肪、膽固醇和卡路里。甚至有些僅存在於動物性食物中的特殊成分,會導致體內的慢性發炎。

正常的炎症,是人體對抗感染或傷口時作出的適當反應,有助於身體組織的恢復。當免疫系統專注於消滅有害入侵者時,就會發射打擊目標明確的導彈。導彈擊中目的地區域,只有該區域會發炎。

當導彈失去了設定的打擊方向,並長時間失控時,就可能會在任何地方都造成損害。這就是慢性炎症 —— 免疫系統的不適當反應,可能會對人體造成極大的危害。免疫系統的這種低程度活躍性,就像是在沒有特定打擊目標的情況下連續發動武器攻擊。

慢性炎症與2-型糖尿病、阿茲海默症、骨質疏鬆症、心臟病甚至癌症等多種疾病都有關聯,並且會加速這些疾病的惡化程度。

關於肉類,無論動物的飼養方式如何、吃得是什麼,在動物性食物中都天然存在著會導致慢性炎症的物質。

N-羥基乙醯神經氨酸（Neu5Gc）

紅肉和乳製品中通常含有一種名為Neu5Gc的分子。人類自身無法合成Neu5Gc，它僅會透過飲食的方式進入人體。研究報告指出在腫瘤中發現了高濃度的Neu5Gc，且它可能會導致全身的慢性炎症。

氧化三甲胺（TMAO）

當食用肉類或乳製品等動物性食物時，人體腸道中的常駐細菌會產生TMAO分子。研究指出，TMAO與心臟病有關。研究人員發現，血液中TMAO的含量高，日後心臟病發作、中風以及死亡的風險亦隨之升高。腸道細菌會隨著飲食的不同而變化。研究顯示，素食者和純素食者比吃肉的人產生的TMAO要來得少。如此可知經常食用肉類會改變我們的腸道細菌，從而增加罹患心臟病的風險。

晚期糖基化終產物（AGEs）

AGEs是存在於許多食物中的一種高活性、有害的化合物，並且會累積在人體內。已有研究證明高含量的AGEs會引起炎症。AGEs與許多疾病的發展都有關聯，這些疾病包括糖尿病、心臟病、腎臟疾病、阿茲海默症，甚至提早老化等。AGEs是由蛋白質或脂肪與糖反應後形成的化合物。儘管人體會自然產生AGEs，但飲食才是AGEs最大的來源。高溫烹調的食品，例如：以油炸、燒烤、烘焙或烘烤等方式製作的食物，其中AGEs的含量就很高。實際上可以透過肉眼觀察到AGEs的形成過程。例如：肉在烹調過程中變成了棕色或被烤焦，即發生了「美拉德反應」，AGEs就是這種反應下的產物。動物性食物和非動物性食物都含有AGEs，但是水果、蔬菜、豆類和穀物卻是AGEs含量最低的食物。高蛋白質和高脂肪的飲食通常含有大量的AGEs，這往往是由於肉類、家禽和乳製品的攝入量增加而導致的。

動物性蛋白質

植物性食物和動物性食物所含的蛋白質也不同。富含動物性蛋白質（例如：肉類和乳製品）的飲食，與血液中較高含量的炎症標誌物有關聯，這是將其他可能造成影響的生活方式也考慮進去後得出的結論。研究也顯示，富含肉類的飲食會提高腸道敏感性，並

會引起腸道炎症。另一方面，植物性蛋白質卻擁有著相反的功效，能夠減少慢性發炎。研究顯示，當人們用植物來源的蛋白質替代動物性蛋白質，發炎狀態的生物標誌物含量會隨著整體氧化壓力的減少而降低。

多吃水果蔬菜

為什麼水果蔬菜對人體助益良多？答案就蘊藏在蔬果中獨特的營養成分：植物營養素、抗氧化劑和多醣體。

植物營養素

植物營養素是植物中天然存在的一種化合物。植物像人類一樣，已經進化出一套在惡劣環境中順利生長的生存之道。例如：像仙人掌這類生長在沙漠酷暑環境中的植物，會產生一些能夠保護自己免受惡劣環境侵害的營養成分。這些營養成分是植物營養素。植物營養素能夠為植物提供保護。對於人類而言，攝取植物營養素則有助於對抗疾病。

植物營養素的種類繁多，每種植物都含有獨特的植物營養素組合。科學家們認為大約有50,000多種，其中包含一些尚未被人們所發現的種類。這是一個欣欣向榮的研究新領域。每種植物營養素都有各自不同的功能，並且能夠以不同的方式助益人體健康。

對香豆酸

許多人早餐都喜歡吃培根和雞蛋。燻製的肉類，例如：培根，含有一種稱為亞硝胺的化合物。亞硝胺是一種很強的致癌物質，一種已知會導致癌症的化合物。它會導致各個器官中癌症的產生，尤其是在胃部。但這並不意味著人們永遠都不能吃培根、火腿、香腸或其他美味的煙燻肉類！而是可以同時多吃一些植物性食物，例如：番茄、草莓和鳳梨等，這些植物性食物含有一種稱為對香豆酸的植物營養素，能夠幫助中和亞硝胺造成的損害。

吲哚

一些動物性食物中的動物荷爾蒙含量，可能會增加與荷爾蒙相關的癌症（例如：乳癌）罹患風險。如：花椰菜、西蘭花、捲心菜、羽衣甘藍、芥菜和蕪菁等植物性食物，都含有吲哚這種植物營養素。吲哚-3-甲醇有助於分解會促使癌症生成的雌激素前驅物質。

異黃酮

如同大豆異黃酮一樣，異黃酮包括很多種類型，例如：染料木黃酮、大豆苷元和大豆黃素等。這些植物營養素具有多種功能，科學研究已經發現它們有助於降低膽固醇和罹患心臟病的風險，並有助於降低女性罹患骨質疏鬆症的危險。

植物荷爾蒙

科學家們發現，除了具有抗癌特性，某些植物營養素對於植物而言還發揮著荷爾蒙的作用。這些植物荷爾蒙的結構與人類荷爾蒙的相似，但兩者的功能卻不同。所有的植物和蔬菜水果都含有植物荷爾蒙。

植物荷爾蒙並不像人類荷爾蒙那樣會對人體造成刺激，因此對人體只有好處，而不存在有害的副作用。

例如：植物性雌激素是植物荷爾蒙的一種，與人類的雌激素有著相似的結構。儘管相似，但兩者的作用方式及功能都不同。

雌激素透過附著於細胞上的受體並刺激這些細胞執行某些功能而發揮作用。會導致癌症的動物性雌激素與這些受體結合時，就會刺激細胞，並增加罹患癌症的風險。

另一方面，植物性雌激素與受體結合時，卻不會像人類荷爾蒙那樣刺激細胞。植物性雌激素會占據雌激素受體的「鑰匙孔」，從而防止動物性雌激素這把致癌的「鑰匙」與「鑰匙孔」相結合，也因此阻止了促使癌細胞生長的作用。

植物性雌激素不會破壞正常的荷爾蒙運作，也不會影響體內的荷爾蒙含量或加重與荷爾蒙相關的癌症，例如：乳癌。

植物性雌激素還表現出對抗骨質流失和骨質疏鬆症的保護功效。研究指出，植物性雌激素能幫助女性保持正常的骨密度，以避免日後骨折的發生，這就如同雌激素的功能一樣。研究顯示，相較於大豆攝取量較低的絕經後女性，大量攝取含有植物性雌激素食物（例如：大豆）的絕經後女性，骨密度值更高。隨著年齡的增長，很多女性出現骨骼脆弱的風險相對提高。對她們而言，在健康的飲食中加入來自於植物性食物的植物性雌激素是一種安全且助益良多的方法，有助於預防日後出現的骨質流失，也有助於緩解更年期的不適症狀。

此外，植物性雌激素可幫助降低罹患心臟病的風險，以及幫助減少低密度脂蛋白（「壞」）膽固醇。

抗氧化劑

抗氧化劑能夠抑制自由基的活性。自由基是一種會引起氧化損傷、具有高度反應性的分子。自由基造成的最大危險，就是損害細胞內的DNA、導致有害的突變。

污染如香菸的煙霧、有毒化學物質等，以及過度接觸陽光中的紫外線，都會產生自由基。人體也會產生自由基，它是細胞代謝的一種副產物。

體內氧化損傷的程度高會增加罹患白內障以及癌症、心臟病之類慢性疾病的風險，同時也會加速外表的衰老跡象，例如：皺紋。我們的身體一直都在抵禦環境中的自由基，以及那些由體內自然產生的自由基所造成的損害。

如果把人體比作是一輛汽車，那麼自由基就是廢氣。汽車行駛時，會排放出廢氣這樣的廢棄物。而當身體使用能量時，也會產生廢棄物，其中之一就是自由基。像廢氣一樣，自由基會損害人體健康。但是，我們的身體能產生特殊的酶，用來消除多餘的自由基，以減輕這類傷害。

自由基是一類不穩定的化合物，容易與其他分子產生反應，導致DNA和蛋白質受損，造成突變、甚至導致細胞死亡。人體會產生能夠將自由基轉化為水、氧氣等無害物質的酶。但是，人體無法百分百地清除所有的自由基，這就可能導致自由基在體內累積。

要幫助身體消滅自由基，我們需要攝取富含抗氧化劑的飲食。已有研究證明抗氧化劑有助於摧毀自由基，並能夠防止自由基造成的損害。以蔬菜水果為主的植物性食物是抗氧化劑的豐富來源。攝取多種類的蔬果是必要的，並且多多益善！多種多樣的抗氧化劑，能夠以多種方式來幫助人體對抗自由基。

多醣體

多醣體在菇類中很常見，是一種結構複雜的單醣長鏈分子。研究顯示，多醣體有助於免疫系統活化某些免疫細胞，並能夠抑制腫瘤的生長。例如：醫學中會使用某些多醣體來配合化學療法，在整個艱難的化療過程中給予患者的身體支持與幫助。人體的免疫系統十分複雜，由許多類型的細胞組成。攝取多種多樣的多醣體，比大量攝取單一種類的多醣體更為有益。

不同的多醣體能以不同的方式助益人體健康。多醣體可以調節免疫系統，並具有抗炎、抗菌、抗病毒和抗腫瘤的活性，甚至能夠透過活化免疫系統來加速康復的過程。實際上，多醣體是一種非常具有治療潛力的物質：在香菇中發現的一種名為「香菇多醣」的多醣體，已經在日本被批准用作為化療的輔助成分。舞茸中的多醣體D餾分能夠有效降低因接觸致癌物所引起的罹癌風險。

每種多醣體都可以幫助預防某一個癌症發展的過程。不同的多醣體在改善健康方面發揮著各自不同的功效。透過廣泛攝取多種類的植物性食物，可以幫助增強免疫系統的各個方面。

營養與免疫系統

我們可能無法控制新病毒的出現，也無法阻止空氣中的致癌化合物，但我們可以控制自己的飲食。吃得健康一點，可以活得更好、更長壽。改善飲食習慣帶來的影響是深遠的。

根據世界衛生組織的數據，每年大約有1,790萬人死於心臟病。在美國心臟協會科學會議上發表的一項分析發現，僅僅是擁有更好的飲食習慣，每年就可以預防超過40萬人死於心臟病。

只要不先被疾病或外傷奪去生命，人類的壽命其實可以長達超過120歲。在現代的發達國家中，人們的平均壽命大約為70至80歲。我們可能會認為這已經很長壽，但是其實我們還可以活得更久。不過，沒有人希望長壽卻疾病纏身。我們想要的是健康長壽的人生。想要長壽且健康，就必須擁有強大的免疫系統。許多疾病其實歸根於免疫系統出現了故障。只有擁有強大的免疫系統，我們才能很好地防禦疾病。

營養免疫學專門研究營養與免疫系統之間的關聯，是一門簡單又經得起考驗的科學，主張透過攝取多種多樣天然完整的植物性食物來助益人體的每個系統。

人體的免疫系統由許多不同的器官、細胞以及化學分泌物組成。免疫系統就像守護人體的軍隊，由各種不同的組織構成。也如同軍隊一樣，免疫系統擁有空軍、海軍、士兵和彈藥。如果要擁有一支強大的軍隊，就必須保持每一個部分的正常運轉。如果只有強大的士兵，而沒有空軍或海軍，必然會在戰爭中輸給敵人。因此，我們必須照顧好免疫系統的各個部位。要做到這一點，最好的方法之一就是廣泛攝取多種多樣的植物營養素、抗氧化劑以及多醣體，以此來幫助增強免疫系

統的每個部位。我們不能只關注免疫系統的某個部位、細胞或功能。所以最佳的飲食方式,是包含多種多樣的植物性食物,如此才能獲得滋養每個器官所需的營養。改變飲食習慣,攝取更多天然完整的植物性食物,也許並不容易堅持下去;但對於支持免疫系統健康,幫助免疫系統抵抗入侵者、保持人體健康而言,這是我們所能做的最好事情之一。

會對免疫系統造成影響的生活方式

營養免疫學不僅僅是關於吃什麼和不吃什麼,更是關乎於一種生活方式——透過良好的飲食和健康習慣來支持免疫系統的生活方式。

美國癌症協會指出:「不良的飲食習慣以及缺乏運動,是增加罹癌風險的關鍵因素。」世界癌症研究基金會估計:在美國診斷出的所有癌症病例中,至少有18%是與肥胖、缺乏運動、飲酒和/或營養不良有關,因此這些癌症都是可以預防的。健康的生活方式非常重要,英國癌症研究中心就表示,大約40%的癌症病例都可以透過改變生活方式和飲食習慣來加以預防。

對於改善健康或維持良好的健康狀態而言,好的飲食習慣、保持健康的體重以及規律的運動,全部都是我們所能掌控的。

運動

美國癌症協會建議成年人每周進行150-300分鐘的中等強度運動，或75-150分鐘的劇烈運動。中等強度的運動，是指會讓人呼吸稍微急促的運動，例如：健走或騎自行車。劇烈的運動是指能讓人心跳加速、導致出汗的運動，例如：跑步或踢足球。

人類已經進化到能夠跑馬拉松，但這並不意味著每個人都應該或必須參加馬拉松。目的就是讓人類不要太懶了，例如：靜坐不動、躺著、看電視、看手機或看電腦。

保持活躍，即便只是步行5分鐘或走樓梯這樣的輕度運動，也對健康有很多益處。

運動能夠對人體的免疫系統產生直接的幫助。當我們運動時，肌肉會收縮，淋巴循環會更順暢。淋巴液不像血液那樣，有一個心臟能把血液泵送到全身各處。淋巴系統是依靠肌肉的收縮來進行淋巴循環。淋巴液攜帶免疫細胞，並把它們運送至身體需要的部位；因此，透過運動來保持良好的淋巴循環至關重要。

睡眠

除了保持活躍之外，我們還需要休息和放鬆。運動和休息是相互關聯的。實際上，運動可以提高我們的睡眠品質！

人類不是生來坐著不動、當沙發馬鈴薯的！事實上，在地球上所有動物中，人類是最善於長跑的。有氧運動對睡眠產生的影響似乎相當於安眠藥。一旦擁有了足夠的運動，睡眠障礙和失眠就會得到改善。

大部分的人在一天結束後都會感到精神疲憊，但身體卻不會疲憊，可能有入睡困難。缺乏運動會對睡眠品質造成負面的影響。所以，缺乏足夠的休息也會對免疫系統產生不利的影響。研究顯示，睡眠不足或是睡眠品質不佳，更有可能會遭受感染，且恢復的速度也較慢。長期缺乏優質的睡眠還會增加罹患心臟病、肥胖和2-型糖尿病等疾病的風險。另一方面，充足的睡眠能夠降低血壓、維持體重、支持免疫系統、幫助維護器官健康並提升心理健康；甚至還可以使我們變得更聰明！研究指出，缺乏睡眠與酒醉對人體而言具有相似的影響。睡眠不足會削弱大腦內部的連結，並會讓腦細胞喪失正常運作的能力。充足的睡眠有助於「重啟」大腦，減少煩躁不安的思緒，並且讓大腦發揮最佳的運作狀態。

心理健康

偶爾的壓力無需擔心，但長期且持續的壓力則會導致或加重健康問題。壓力可以傳達「戰鬥或逃跑」的信息，以挽救我們的生命。腎上腺素的劇烈波動可以使我們獲得擺脫險境所需的「超級」能量，也可能成為我們考試前拼命臨時抱佛腳的動力。壓力只是生活的一部分。但是，長期的壓力會損害人體的免疫系統。

長期的壓力與很多種疾病都有關聯，這其中包括心臟病和其他慢性疾病、肥胖、皮膚和頭髮問題以及腸胃問題。當遭受壓力時，人體會產生皮質醇，就是我們通常所說的壓力荷爾蒙。皮質醇可以幫助人體應對壓力，但它還具有另外一項功能：控制身體發炎。當人們長期處於壓力之下，使得皮質醇持續不斷地分泌過量，身體就會對皮質醇產生抵抗性。這將會導致體內更嚴重的發炎反應。

當人們面臨巨大的壓力時，免疫功能就會減弱，進一步導致更高的被感染風險。被削弱的免疫系統不能為身體提供適當的保護。科學家們研究了長期處於壓力狀態的人士後發現，他們傷口癒合所需的時間更長，免疫細胞（例如：淋巴細胞）的數量較少，而血液中的炎症標誌物指數則較高。這些研究對象體內潛伏的病毒也更容易重新被激活並引發相關的疾病。

長期的壓力也和多種心理疾病有關。研究顯示，長期的壓力實際上會引起大腦的變化。這意味著長期遭受壓力的人更容易出現心理健康問題，例如：焦慮和情緒失調。雖然科學家們目前還不清楚情緒是如何影響人體的健康，但它確實會對我們的心理和生理都造成影響。

心理狀態本質上與免疫系統息息相關。一些研究顯示，情緒會對健康造成影響。在一項由乳癌患者參與的研究中，研究人員發現那些能夠更好地管理壓力的患者，體內與炎症和腫瘤轉移相關的基因表達量亦能下調。研究指出，對於具有心臟病家族史的人而言，相較於悲觀消極的人，積極樂觀的人在5至25年內發生心臟病的可能性低了近三分之一。而沒有心臟病家族史的樂觀人士，心臟病發作率也比消極的人少了13%的可能性。

壓力甚至會影響免疫系統的功能。研究發現壓力會影響疫苗的效果。與沒有壓力的人相比，那些遭受壓力的人對疫苗的反應更差，並且產生的抗體也更少。這意味著疫苗對於壓力較大的人來說效果不佳。其他研究顯示，人實際上可以「假久了就變成真」。即使是假笑，僅僅多微笑也可以在壓力大的情況下幫助人體降低血壓。積極的心態具有絕對強大的威力，能夠帶給人實實在在的益處。

現代醫學仍處於萌芽狀態；我們對免疫系統的了解甚少，還沒有足夠的能力在沒有副作用的情況下來對它進行控制。營養免疫學不是專注於治療，而是專注於疾病的預防以及打造健康的免疫系統。我們能夠做得最好的事情，就是透過健康的生活方式來支持人體最大的防禦系統 —— 人體的免疫系統。要做到這一點，我們需要攝取各種各類的植物性食物來獲取豐富的植物性營養，並且經常運動，保持充足的睡眠以及愉悅的心態！

第三章

恆穩狀態

世上的一切事物都存在著平衡,包括人體。人體大多數的正常生物過程,都是為了維持體內精細而微妙的平衡而發生。所有不同的細胞、組織和器官都錯綜複雜地相互關聯。健康並不意味著只需照顧好一個器官系統,而是要全面性地照顧好身體各部分。因此,我們應該食用天然完整的植物性食物,以給予身體最好的滋養;我們不該再將營養視為可分離取出或個別的物質,並避免用人造補充劑替代我們的食物。天然完整的植物性食物才是最好的。

體內的恆穩與平衡

人體會嚴密管控自身的體內環境，使其保持穩定的狀態。這種穩定性被稱為人體的恆穩狀態（穩態）。恆穩狀態的英文是「Homeostasis」，來自希臘語單詞「相同」和「穩定」。它指的是體內的穩定或平衡。所有生物體都需要平衡。隨著不同的器官系統和細胞在工作，體內的狀況會不斷發生著變化。恆穩狀態是指一種動態平衡，而不是被動的、固定不變的靜止狀態。人體的每個系統和細胞都在協同運作，不斷地進行調整以保持平衡。人體便是依靠這種方式來保持穩定的體溫，讓身體的必要元素（如：鹽、水和氧氣）保持在穩定的水平。

想像一下一把三腳凳。只要缺了任何一條腿，整把凳子就會倒塌。人體也是如此，所有不同的系統協同運作，以實現恆穩狀態。如果一個系統無法運作，或是發生紊亂，那麼整個身體都會受到影響。

身體透過正反饋系統和負反饋系統之間複雜的相互作用來維持平衡。例如：人體會維持大約攝氏37度相對恆定的體溫。即使外界溫度波動，人體的核心體溫全天也僅會浮動攝氏0.5度左右。當身體過熱時，最顯而易見的反應之一就是流汗。流汗透過汗水蒸發的過程使身體涼快下來並幫助降低體溫。汗水的蒸發能夠帶走身體的熱能。

皮膚發紅是身體針對體熱做出的另一種反應——由於小血管擴張、將更多的血液帶到皮膚表面降溫而導致的皮膚變紅。另一方面，在寒冷的環境中，人體透過減少流汗和收縮皮膚血管來減少熱能的損失。身體也會發抖，這是一種利用不自主的肌肉運動來產生熱能的自動反應。

這些機制互相配合發揮功效，形成一個精細而微妙的制衡系統，以實現體內恆穩狀態的目標。如果身體機能正常運作，這些機制都是自動運行的，不需要刻意下任何指令。就像開車一樣。開車時，目標是使汽車在限速內行駛在車道的中間。為此，駕駛員會不斷地進行細微的調整，以保持汽車正常行駛。駕駛員不能緊握著方向盤不動，而是應該適時轉動方向盤以調整車輪方向、檢查後視鏡、並調整車速。如果汽車向右偏移，方向盤就要向左轉一點。如果汽車行駛太快，那麼就鬆開些油門；如果汽車行駛太慢，則油門踩重一點。
這種輕微的校正和波動，是正常且有必要的。人體亦是如此——反饋系統會輕微地進行一些校正與調整。

但如果有哪個環節出錯，就可能會產生問題。若汽車打滑，駕駛員本能的第一反應是猛踩剎車，並朝反方向猛轉方向盤。這種突然且極端的過度反應弊大於利，會使汽車陷入無法控制的打滑狀態。相反地，駕駛員應該抓穩方向盤再逐步調整方向，直到情況重新得到控制為止。同樣地在人體中，如果反饋反應極端或過於突然，則可能出現「過度校正」的情況，對人體造成損害。

器官系統

人體的恆穩狀態，由多個器官系統協同運作來維持。每個器官系統都包含不同的器官與組織，它們協同運作以發揮特定的功能。

人體共有12種不同的器官系統。

器官系統	由什麼組成	功能
心血管	心臟、血管、血液	為細胞輸送氧氣和營養物質；將細胞廢棄物從細胞中移除
消化	口腔、唾液腺、食道、胃、外分泌胰腺、肝臟、膽囊、小腸、大腸	分解食物並吸收營養和水分
內分泌	腦垂體、松果體、甲狀腺、副甲狀腺、內分泌胰腺、腎上腺、睪丸、卵巢	合成並分泌荷爾蒙；提供一種體內的交流形式，並引起短期和長期的變化
淋巴	淋巴、淋巴管、淋巴結	抵禦外來入侵者和感染
外皮	毛髮、指甲、皮膚	具有物理屏障的作用，防止器官受到損傷、感染和體液流失；參與體溫的調節
肌肉	骨骼肌、平滑肌和心肌、肌腱	讓身體能夠移動、支撐身體
神經	大腦、脊髓、神經、眼睛、耳朵、舌頭、皮膚、鼻子	收集和傳輸信息；幫助維持體內的恆穩狀態

器官系統	由什麼組成	功能
生殖	輸卵管、子宮、陰道、卵巢、乳腺、睪丸、輸精管、精囊、前列腺、陰莖	產生配子以及性荷爾蒙
呼吸	口、鼻、咽、喉、氣管、支氣管、肺、橫隔膜	輸送空氣，讓人體與外界進行氣體交換
骨骼	骨骼、軟骨、關節、肌腱、韌帶	支撐身體，保護軟組織，生成血細胞，儲存礦物質，讓身體能夠活動自如
泌尿	腎臟、輸尿管、膀胱、尿道	排泄多餘的水分、鹽分和廢棄物
免疫	免疫細胞、腺樣體、胸腺、脾臟	抵禦外來入侵者和對抗疾病

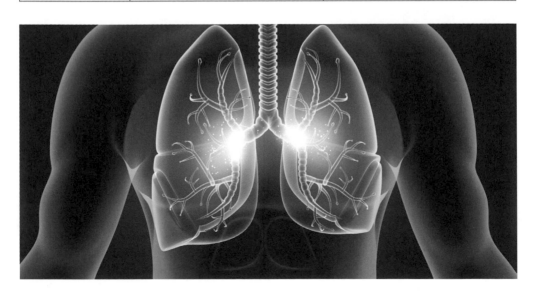

每個系統都與其他系統協同運作。心血管系統就是一個很好的例子。心臟透過錯綜複雜的血管網絡泵送血液。當血液在全身上下循環時，它會從消化系統中吸收營養，從肺部吸收氧氣；再將養分和氧氣輸送給全身的細胞，同時帶走這些細胞產生的廢棄物，例如：二氧化碳。血液將二氧化碳運送至肺部進行排泄，而其他的廢棄物則送至肝臟和腎臟進行處理。心血管系統還會攜帶內分泌系統產生的荷爾蒙和免疫細胞，幫助它們從身體的一端移動到另一端，以對抗感染。

即便是那些乍看之下似乎毫無關聯的系統，其實彼此之間也是相互聯繫的。肺部依靠心臟來輸送氧氣；但如果沒有肺部的氧氣，心臟的肌肉就無法存活。骨骼可以保護某些器官，例如：大腦，但是大腦決定著骨骼的姿勢。心臟和肺部為大腦輸送氧氣，但大腦控制著心率和呼吸頻率。骨骼系統需要依靠腎臟來移除骨骼細胞產生的廢棄物，而骨骼系統也會為心血管系統和免疫系統製造新的血細胞。

這些器官系統協同運作，共同維持體內的恆穩狀態，並且相互依賴以達到最佳的表現。但這也意味著，若一個系統發生疾病，就會產生連帶反應，導致其他系統衰竭。例如：肺部的疾病會增加心臟的壓力，並會導致心臟衰竭。心臟衰竭會導致肝功能衰竭。肝功能衰竭會破壞血液凝結、影響認知功能，並導致腎功能衰竭。腎功能衰竭會引起骨骼問題。這些連帶反應會不斷地延續下去。

有時，這些系統很容易出現危急狀況。即使是像呼吸空氣這樣簡單的事情，也很容易受到干擾。我們需要氧氣才能生存。然而，與人們普遍的認知相反，呼吸的主要動力不是氧氣，而是二氧化碳。人體會監測血液中二氧化碳的含量。當含量上升時，身體會向大腦傳送發動呼吸的信號。二氧化碳的含量越高，呼吸就會越急促。這個過程與體內的氧氣含量幾乎沒有關聯。

實際上，人體有可能會窒息，卻不會感到呼吸困難，如：一氧化碳中毒。一氧化碳是一種無色、無味卻足以致命的氣體。它與紅細胞中的血紅蛋白結合的能力要比氧氣強得多。意味著紅細胞開始攜帶一氧化碳而非氧氣，這會導致體內含氧量下降到危險的水平。然而，由於身體依舊繼續正常地排出二氧化碳，因此即便是體內含氧量已經過低，人體仍可能不會有窒息的感覺或感到呼吸困難。一氧化碳中毒最常見的症狀通常被誤認為是流感症狀，例如：頭痛、噁心、疲勞，或只是感覺身體不適。

人體是一個整體

我們看待身體的健康狀況必須從整體出發，而不是把身體各個器官視為獨立部位。

我們的飲食會對整個身體造成影響。透過飲食，我們可以提升整體健康，或損害整體健康。我們無法透過飲食攝取，單獨「瞄準」某個特定器官的功能加以改善。同樣地，不當的飲食，也不會只損害到某個特定器官。例如：我們不能透過攝取軟骨來補充體內的軟骨，也不能吃動物肝臟來修復肝臟。此外，飲酒不僅僅會對肝臟造成損害，也會損害到心臟和大腦健康。

我們的消化系統會將食物分解成可以被人體吸收的形式。因此，當吃下軟骨或肝臟後，消化系統會將它們分解為很小的成分，最後被人體所吸收的物質已經不再是軟骨或肝臟。

食物穿過消化系統時，會有不同的機制共同作用來分解這些食物。在胃部，腺體會產生胃酸以及分解食物的酶。胃部的肌肉蠕動將這些物質混合到食物中去。胰臟會產生更多的消化液，這些消化液含有特殊的酶，能夠分解食物中某些特定成分。肝臟會產生有助於消化脂肪和某些維生素的膽汁。在小腸中，更多的腺體會分泌更多的消化液，肌肉的蠕動進一步將它們與食物混合，同時腸道內的細菌會分解食物成分並產生有助於這一生理過程的酶。

小腸會吸收掉食物中大部分的營養。屆時，食物已經被消化分解成小到足以被血液吸收的成分。例如：蛋白質被分解為氨基酸，脂肪被分解為甘油和脂肪酸，碳水化合物被分解為單醣。這些成分被人體吸收，並用於身體不同的部位。

食物中的營養物質不會只流向身體單個區域，也不會只為單個器官所用。我們的身體會在它最需要的地方使用這些營養。身體認為重要的，不一定是我們認為重要的。例如：我們攝取膠原蛋白，並不意味著我們的身體一定會用它們來補充體內的膠原蛋白。儘管我們可能認為修復肌膚皺紋是當務之急，但是身體卻不

這麼想。因此身體會把我們攝取進的膠原蛋白轉化成氨基酸之後,用來滿足其他需求。

儘管我們不能「瞄準」某一個器官來改善它的健康,卻可以努力改善所有器官的健康。這意味著要吃各種各樣完整的蔬菜水果。健康的食物能夠助益整個身體──綠葉蔬菜中含有葉酸,有助於維持新細胞的生成;鈣質有助於骨骼健康;鐵質則有助於血液的生成。同樣地,研究顯示藍莓不僅對大腦有益,也對心臟有益。我們必須將我們的身體視作一個整體來善待。

將營養視為一個整體

我們的身體是一個整體,因此我們也必須將營養視為一個整體,而不是個別分離、單獨的成分。完整的食物非常複雜,是大自然創造的傑作。就像人類的器官系統一樣,食物中的營養成分也是相互關聯、協同運作,為人體帶來更多的助益。

諸如藥丸等所含的單一營養成分，並不能為人體帶來如完整食物一樣的助益。例如：維他命C藥丸不是橘子。單獨服用維他命C，甚至是服用複合維他命和礦物質補充劑所獲得的營養，也無法和吃橘子相比。不斷為身體補充維他命C藥丸而不是完整的食物，會影響體內的平衡和健康。就像藥物一樣，這些單一、濃縮的人造營養素會產生傷害人體所有器官系統的副作用。

替代營養

在人類歷史上，迄今為止我們已經在食物中發現了多種對人類生存和健康必需的維生素及礦物質。我們利用科學技術，提取這些維生素和礦物質並將其製成高濃縮、高純度的形式，或是在實驗室裡人工合成補充劑；用它們來替代富含多種天然營養的完整植物性食物，將這些「所謂的」營養納入到飲食中，會讓我們產生錯覺：我們正在做出更加健康的選擇，或可以說是「走捷徑」。遺憾的是，除非患有某些疾病，否則這樣做可能會對身體造成損害。

異黃酮

在美國，大豆往往透過化學提煉製成如異黃酮補充劑這類形式。在亞洲，大豆往往只經過輕微的加工，例如：豆腐和大豆粉等。研究表明，亞洲女性罹患乳癌的風險比美國女性低了三至五倍。科學家們將此歸因於亞洲飲食相較於西方飲食而言，含有大量的大豆類食品。在另一項研究中，美國伊利諾伊大學的研究人員發現，高度加工的大豆製品會助長乳癌的生長。相較於餵食大豆粉的動物，食用高度加工大豆製品的動物，腫瘤生長得更快。

完整的大豆能夠預防骨質疏鬆症或骨骼脆弱。流行病學數據顯示，富含異黃酮食物（如：大豆）的飲食方式，與骨骼健康之間呈現很強的正相關性。但是，研究人員尚不確定，女性以人工提煉的異黃酮補充劑來取代天然完整植物性食物中的異黃酮，日後是否可獲得相同的保護功效。這些研究結果建議，對於女性而言，食用輕微加工的大豆製品比攝取高度加工的大豆製品更適當。

維他命和礦物質

越來越多的研究顯示補充人造維他命無用，甚至可能有害。發表在《美國醫學會雜誌》上的研究指出，一些人造維他命實際上會提高癌症罹患率，甚至會增加死亡率。

維生素A和β-胡蘿蔔素具有不同的效果，取決於它們是以人造補充劑還是以完整食物的一部分為人體所攝取。研究指出服食過量的人造維他命A和β-胡蘿蔔素補充劑會出現許多副作用，其中包括：

- 骨骼脆弱
- 肝臟毒性
- 胎兒損傷
- 肺癌風險增加

維生素A並非天然存在於植物中，而是天然存在於動物性食物中。β-胡蘿蔔素是植物性食物中一種重要的營養成分，可經由人體轉化為維生素A。沒有證據顯示食用胡蘿蔔或番茄等食物會對胎兒造成傷害。當β-胡蘿蔔素以完整食物的一部分被人體攝取時，具有以下助益：

- 降低罹患肺癌、口腔癌、咽癌、喉癌和食道癌的風險
- 降低罹患眼部疾病的風險

研究證明，攝取各種各樣的蔬菜水果對健康非常有益。相反地，在實驗室中合成、仿照天然完整植物性食物所含營養成分的人造補充劑，會產生嚴重的副作用。

營養成分	人造補充劑的副作用	天然完整植物性食物的功效
維生素C和 維生素D	• 腎結石 • 血糖難以控制 • 心臟問題，有時甚至會導致死亡 • 血栓（血液凝塊） • 破壞紅細胞 • 心律異常 • 食慾不振 • 噁心、嘔吐和腹瀉	存在於橘子、菠菜及菇類中 有助於預防： • 免疫系統缺陷 • 心臟病 • 眼部疾病 • 肌膚皺紋 • 癌症 • 中風 • 骨骼脆弱 • 糖尿病 • 類風濕性關節炎
葉酸	會增加罹患肺癌、結腸癌和前列腺癌的機率	存在於西蘭花和菠菜中 在懷孕期間有助於： • 身體製造紅細胞 • 胎兒大腦發育 • 預防嬰兒先天缺陷
鐵質	• 心臟問題 • 肝臟問題，例如：肝硬化	存在於羽衣甘藍和葉用甜菜中 有助於： • 紅細胞的生成 • 荷爾蒙的產生 • 肌肉中肌紅蛋白的產生

攝取經高度濃縮的物質，會使身體難以應付。例如：攝取過多的鐵質會導致噁心、大便帶血，以及損害肝臟和肺部。鈣質過量，會導致腎結石、骨骼脆弱，並會干擾心律甚至大腦的正常功能。植物性食物中雖然也含有鐵質和鈣質，如：豆類、豆科植物和綠葉蔬菜等，但從來沒聽說過食用過多的植物性食物會產生這些副作用。植物性食物中營養成分的含量，是人體能夠處理的量，且它們與食物中的其他營養，均衡地存在著。

透過天然完整的來源獲取維生素和礦物質，我們能夠避免服用人造維他命補充劑導致的副作用，同時獲得更多的健康助益。

人造的替代補充劑

人體能夠出色地維持自身的恆穩狀態以及維持著我們的生命。這個過程非常複雜，儘管人類數百年來已經進行了很多研究，但對此仍然知之甚少。我們無法複製它。

身體不斷進行著細微的調整以保持最佳的狀態。我們對於體內的平衡系統只能知道一個大概，但是無論科學家們再怎麼研究，也永遠比不上人體自我平衡的機能。

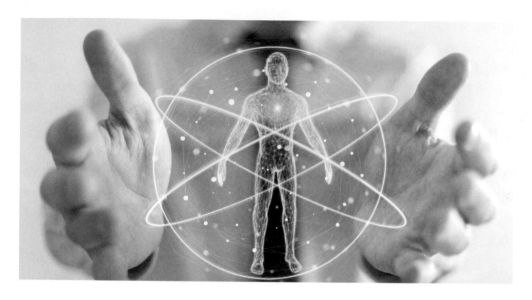

人體比任何的機器都要來得精密。即使用一台機器來控制人體的機能，這機器終究無法媲美人體，可以監控體內發生的所有變化。

我們的身體不斷監控著上百萬種不同的指標，包括不同含量的營養成分、化學物質，甚至我們的喜怒哀樂，以及情緒如何影響身體平衡。例如：壓力大的人會分泌與輕鬆狀態者不一樣的荷爾蒙。不同程度壓力需要分泌的荷爾蒙量也不同。人體會自動地調節荷爾蒙的分泌種類和數量，以保持身體的平衡。

我們可以服用人造荷爾蒙，但我們不知道最佳的劑量是多少，也不知道開始和停止服用的最佳時機。

當我們從外部攝取一些物質時，往往會在一段時間內持續地攝取一定的劑量，但並不會隨身體的需要而變化，因為我們無法考慮到所有的因素來進行調整。因此服用替代物會產生副作用。

我們不應該使用外來的藥物、補充劑等，替代各類營養、化學物質或是荷爾蒙，破壞體內的這種平衡。體內的平衡關係是極為錯綜複雜的，儘管我們認為自己在為身體提供幫助，實際上並沒有！

胰島素

不幸的是，對於一些人來說尋求替代是必需的。但是，即使有醫療支持和監測，替代物仍然永遠比不上身體原本分泌的那樣好。

1-型糖尿病患者別無選擇，只能為自己注射胰島素，因為他們的身體無法分泌胰島素。

胰島素是人體製造的一種荷爾蒙，它讓細胞能夠利用血液中的葡萄糖。葡萄糖是細胞的主要能量來源。沒有胰島素，糖尿病患者將會死亡。

儘管醫學界盡了最大的努力，科學家們仍然無法複製出「人體自然分泌的胰島素來控制血糖」的模式。因此，目前的科技永遠無法判斷胰島素注射的正確時機，抑或完全準確的劑量。這樣的結果是，糖尿病患者對血糖值的控制能力，將永遠無法像非糖尿病患者以及能夠自然分泌胰島素並且自行控制血糖的人那樣好。

因此，1-型糖尿病患者往往會出現多種健康問題，並且通常壽命較短，預期壽命據稱縮短了20年（在醫療不斷進步下，預期壽命已逐漸增加）。即便如此，糖尿病患者罹患心臟、眼睛、腎臟和神經疾病的風險依舊更高。糖尿病也會導致血液循環不良，進而損害人體的所有器官系統。

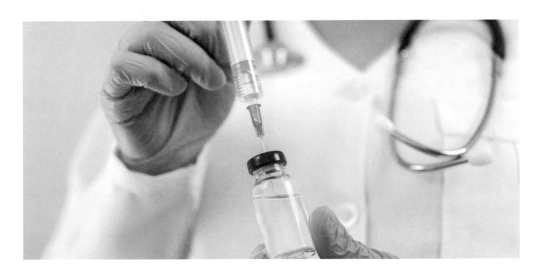

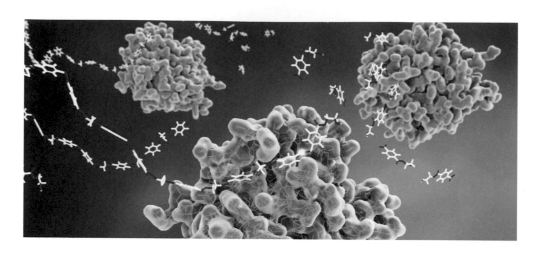

酶

消化酶在體內的作用是幫助分解食物。身體會根據所吃的食物和身體的需要，分泌不同組合、不同數量的酶。這種組合總是在不斷變化，每時每刻都在變化。無論人們多努力嘗試，依然永遠無法利用外來的酶補充劑複製出這種完美的組合。

如同胰島素注射之於糖尿病患者一樣，酶補充劑只有對於那些患有影響酶生成的疾病（例如：慢性胰腺炎或囊腫纖維化）的患者來說才是必需的。例如：乳糖不耐症患者缺乏一種幫助分解牛奶中乳糖的酶，因此，服用能緩解乳糖不耐症的酶補充劑，可提供助益。但是，對於其他的健康狀況，如：胃灼熱或腸易激綜合症，幾乎沒有證據顯示消化酶補充劑能夠提供幫助。

如果身體沒有出現影響酶生成的病症，健康人士無需服用酶補充劑。但是，有些人仍會錯誤地使用酶補充劑來促進消化。然而，攝取更多的酶並不會幫助身體更好地消化食物。

從總體上來看，酶補充劑遠遠不是人們使用的營養替代品中最危險的那一個。酶補充劑產生的副作用輕微，亦不會危及生命，包括噁心、腹瀉、脹氣、頭痛、腫脹、高血糖或低血糖、膽道結石、胃部發炎等。

即使如此，服用酶補充劑的助益抑或是不存在的助益，都不值得我們為之冒險。

類固醇

類固醇是具有一定分子結構的一類活性有機化合物。類固醇在人體中發揮著荷爾蒙的作用。類固醇荷爾蒙控制著新陳代謝、免疫功能、電解質平衡、炎症和青春期發育等機制；甚至影響著人體從疾病和創傷中恢復的能力。

對於人造類固醇，大多數人熟悉的是合成代謝性類固醇。這種類固醇是人工合成形式的睪固酮。有些人濫用合成代謝性類固醇來增大肌肉、增強體力或是降低體脂肪百分比。這會增加巨大的風險，因為人們使用的劑量通常都遠遠超過了身體所需要的。

濫用這些類固醇的人會出現一些健康問題，包括：

- 心臟病發作風險增加
- 中風風險增加
- 高血壓和高膽固醇
- 肝臟疾病和癌症
- 生育能力下降
- 體毛增生
- 情緒易波動
- 出現攻擊行為
- 妄想症
- 皮膚感染
- 痤瘡

長時間使用類固醇的人一旦停止服用，還會出現依賴性以及戒斷症狀。即使是那些需要使用類固醇（如：治療疾病的皮質類固醇藥物）的人，也會產生依賴性。

人體能夠自行產生皮質類固醇，產生的過程受到名為「下丘腦-垂體-腎上腺軸」的反饋迴路的控制。使用外部來源的類固醇，例如：服用藥物或自行濫用，都會干擾身體的這種反饋迴路。最終，由於身體感覺「不再需要」自己產生，就會停止自行產生皮質類固醇。隨後若停止使用類固醇藥物，會導致體內缺乏皮質類固醇；如此不僅危險甚至致命。這就是為什麼一旦長期使用類固醇就不能突然停止的原因。

談及營養成分和我們的身體，沒有必要尋求替代物。最好的選擇是尋找能夠支援身體與生俱來功能的方法。無論人們多麼努力地想使用人造替代品來替代身體的某些自然運作，人造替代品依舊永遠都不及人體天生擁有的那樣好。身體有一定的節奏和韻律——某些我們尚未完全了解的運作方式。干擾這些體內的運作和平衡，會導致嚴重的問題。人造替代品只有在沒有其他更好方法的情況下，才能作為最終的手段來使用。

天然完整才是最好的

營養免疫學敬重大自然的智慧。大自然涵蓋了所有的完整性食物，均衡地含有人類所需的全部營養，以及更多我們尚未發現的營養。在營養和疾病預防的議題上，堅持攝取天然完整植物性食物的理念。

人體內的一切事物都是相互關聯的。如果我們吃得好，身體從整體上都能得到改善。當一個器官的功能得到改善，其餘的器官也能夠相應地獲得改善。

保持健康就是要廣泛攝取各色各類的植物性食物，以獲得不同的植物性營養，例如：植物化合物（又稱植物營養素）、抗氧化劑和多醣體，從而支持我們體內的所有器官。此外，天然完整植物性食物不僅含有多種不同的營養成分，也含有纖維。纖維（如：洋車前子麩皮中的纖維）擁有諸多的助益，包括預防結腸癌、降低罹患2–型糖尿病的風險以及降低血液膽固醇等。纖維還能幫助保持腸道微生物群的健康，進而產生有助於人體健康的其他營養成分以及化合物。

改善飲食習慣可以產生巨大的正面影響。透過良好的飲食來保持身體的健康，我們可以全面地降低罹患各類疾病的風險，包括心臟病、肝臟疾病、糖尿病、癌症和中風等。一項發表在《國際流行病學雜誌》上的研究估計，相較於完全不吃任何蔬果的人，如果每天能夠吃多達10份蔬菜水果的人，罹患心臟病的風險降低24％，中風的風險降低33％，心血管疾病的風險降低28％，癌症的風險降低14％，提早死亡的風險也能降低31％。

天然完整的植物性食物才是最好的。沒有必要使用會引起副作用的人造維他命或激素來替代或補充我們的飲食。市面上可能充斥著很多聽起來十分高深的科學術語，但是最高深的科技始終是來自於大自然。大自然已經過了數百萬年的進化完善。因此，讓我們回歸根本。健康的飲食習慣，加上規律的運動以及愉悅的心態，才是長壽、健康人生的關鍵所在。

第四章

免疫監控——複雜且精密的平衡

正如人體不同的系統在和諧與平衡中相互配合、協同運作一樣，免疫系統自身也必須維持著恆穩與平衡。免疫系統是人體中最複雜的系統之一，由不同的器官、組織、細胞和化合物所組成。這些不同的組成部分各自扮演著其特定的角色；在它們的協同運作下，免疫系統就像一台機器中經過潤滑的齒輪一樣，平穩運轉。但是，當其中的任一組成部分發生故障或運行不順暢時，系統中的其餘部分就會受到牽連。失衡的免疫系統無法有效地發揮功能，甚至會成為導致疾病的源頭。

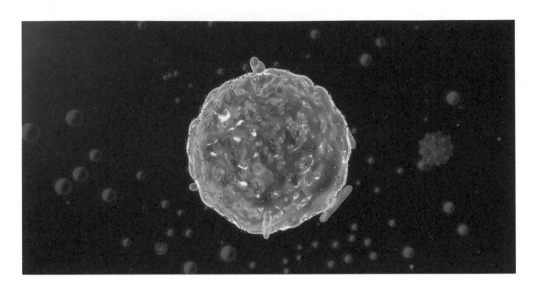

炎症──敲響作戰的警鐘

炎症是人體免疫系統針對傷口或者細菌、病毒等外來入侵物做出的一項重要自然反應。免疫系統就像軍隊一樣運作，不斷地在體內巡邏。炎症會觸發一系列的反應，包括發出不同的「警報」，提醒免疫軍隊有故障或入侵物，並且尋求幫助。這是人體在遇到問題時發出警示的方式，它能讓機體啟動針對問題部位的治療和防禦機制。

炎症發生的過程非常多樣化，涉及體內以及諸多免疫細胞（包括：嗜中性粒細胞、肥大細胞、T細胞、B細胞和嗜鹼性粒細胞）的各類不同機制。由於炎症過程受到調控，因此只有特定的免疫細胞會被召集到特定的區域去工作。這類活動受到許多細胞外介質以及調節劑的控制，例如：各類細胞因子、前列腺素、補體、多肽和生長因子等。但所涉及的介質、調節劑和細胞的類型和數量，則取決於很多因素。這些因素包括：引發炎症的原因、炎症處於什麼階段、炎症的類型，以及外來入侵物是細菌、病毒、真菌，還是寄生蟲。炎症沒有萬用的治療方法。它不是透過單一「警報」來提醒免疫軍隊有問題產生，而是生成一張警報網發出不同的警報和警示信號。這些信號會指示身體免疫系統軍隊的不同部隊準備戰鬥。這也是為了確保免疫系統派出最適合的軍隊去作戰。

炎症是人體自然修復系統的一部分

炎症為疾病的康復創造了條件。當有害細菌或病毒進入人體時，當膝蓋擦傷或腳踝扭傷時，就會引發炎症，這也是修復過程的開始。就像軍隊中的士兵會相互溝通一樣，免疫系統中的不同部分也會相互交流。每個細胞在發炎以及對抗外來入侵物的過程中，都扮演著各自特定的角色，幫助身體康復。每個細胞在發揮各自獨特的功能時，會透過釋放不同的化合物、對其他免疫細胞分泌的化合物作出反應，來「傾聽」免疫系統的其他細胞和部位發出的信息，並與之進行交流。例如：當前哨細胞發現並識別出外來入侵物，便會向免疫系統的其他部分發出警報。接著，收到信號的不同細胞會釋放化學物質，促使毛細血管滲漏血漿，以此來阻礙外來物的入侵。其他的細胞則會釋放細胞因子或有助於殺死或損害外來入侵物的物質，並召喚更多的免疫細胞前來「戰場」幫忙。免疫系統的這些不同部分會一起分工合作，直到問題解決為止。然後，免疫系統就會發出抑制免疫反應、減輕炎症的信號，並召回免疫細胞，告訴它們情況已得到控制，可以安全撤回。

如果沒有炎症，即使是輕傷或者輕微的感染，身體也無法痊癒。傷口會潰爛，感染將變得具有致命性。另一方面，如果炎症持續時間過長，或出現在不需要發炎的部位，也會對人體造成傷害。

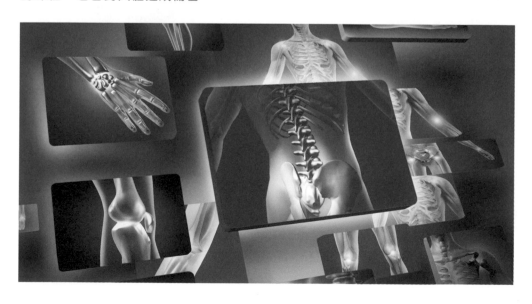

有些炎症是有益的，但太多則是壞事

炎症分為兩種類型：急性炎症和慢性炎症。

急性炎症

急性炎症是大多數人熟悉的一種炎症類型──當我們被割傷或長痤瘡時，皮膚會發熱、發紅、腫痛等。急性炎症的主要特徵是：

- 疼痛──這是由於創傷（如：割傷）本身引起的發炎，或是因腫脹導致的感覺神經被拉伸所引起

- 發熱──發熱的感覺是由於血液在問題部位的流動和循環增加而導致；血流量的增加，可以將營養物質、化學物質以及免疫細胞輸送到問題部位

- 發紅──更多的紅細胞流動到問題區域，使其看起來發紅

- 腫脹──這是由於血液和化學物質增加，導致小血管壁滲漏而發生的現象；這意味著液體從血管流到了周圍組織中，帶去了更多的免疫細胞

- 功能喪失──這就是指身體部位（如：關節）由於疼痛或腫脹，或是在恢復過程中結疤，而阻礙了活動能力

急性炎症之所以會發生，是因為免疫系統受到某種物質的刺激，進而觸發了免疫反應而導致發炎。例如：腳踝扭傷而導致發炎。扭傷本身觸發了免疫系統，使免疫系統進一步採取行動，從而引起炎症。這類炎症表現便是我們許多人所熟悉的

腳踝灼熱、腫脹、發紅、疼痛等。與之類似的過程，在遭受如：感冒或流感等感染時，也會出現。遭受感染期間，身體會發炎。這種分布廣泛的炎症，會引起身體不適、發燒等症狀。隨著身體的自我修復，急性炎症也會逐漸消退，直至最後完全消失。

儘管急性炎症有著一定的作用，但它能夠、也確實會對身體造成傷害。在極端的情況下，過度反應的免疫系統會產生問題。因為，這類免疫系統已不再受到身體完全的控制，或是已經失衡，結果會導致過多的急性炎症。這就像將火箭引擎安裝在汽車上一樣！無疑地，汽車的速度將會無比驚人的快，卻已經不再能被駕駛員控制。汽車最終可能會因不堪負荷而分離解體，或者撞車並損毀周圍的一切。

以重症新冠肺炎為例。導致新冠肺炎患者死亡的常見原因之一是細胞因子風暴。細胞因子是不同的免疫細胞之間用來相互交流的微型蛋白質。促炎細胞因子召喚免疫部隊發起進攻，而抗炎細胞因子則是告訴免疫系統任務已經完成，可以撤退。細胞因子本身並無害。我們的免疫系統需要細胞因子才能正常運作。當免疫系統運作良好時，促炎細胞因子和抗炎細胞因子會協同運作、相互制衡，共同擊敗入侵者——首先是發動攻擊，攻擊完後再撤退，從而讓免疫系統不會長久處於攻擊模式。細胞因子風暴是人體發動不恰當的、具有侵略性的免疫反應所產生的結果，會導致身體釋放出大量促使身體發炎的細胞因子（促炎細胞因子）。不受控制的免疫系統猶如汽車進入「超速檔」，將健康細胞連同患病細胞一併殺死，這台裝上了火箭引擎的汽車在體內四處橫衝亂撞，無法停止。所有的這些損害，都導致了重症新冠肺炎患者肺部以及多個器官的功能衰竭；而造成這類死亡的罪魁禍首，就是過度反應、不受控制的免疫系統。

慢性炎症

在發炎期間，免疫系統會召集某些特定的免疫細胞士兵到發炎部位進行戰鬥。這是身體的一項必要反應。但是一旦戰鬥結束、敵人被擊退，士兵們就必須停止攻擊。當士兵撤退時，急性炎症就會消退，受損部位會逐漸癒合。然而，如果士兵繼續進攻，且未曾收到停止作戰的命令，那麼士兵們將會在受損部位造成不必要的損害。

正常情況下，免疫系統可以控制士兵，命令它們何時啟動戰爭、何時停止作戰。免疫系統會將士兵送至體內任何一個有需要的部位。免疫系統對士兵的控制極為精細嚴密。身體可能會有多個不同部位同時發炎；不同的部位甚至還會處於炎症的不同階段，有些部位的炎症才剛剛開始，有些部位則已經結束。例如：臉上的痤瘡正在癒合，就意味著身體抗炎「戰鬥」接近尾聲；這個部位的免疫士兵也正在撤退，因為它們的工作已經完成。但是這時如果扭傷了腳踝，身體則會將免疫士兵輸送到這個受傷部位。有些士兵從身體的一個部位撤退，有些士兵則被派往身體的另一個部位進行戰鬥。身體有能力同時控制分布於不同部位、處於不同階段的炎症。但是，如果免疫系統失去這種精密的控制，身體就會出現問題。

有時，身體自癒的力量卻會產生相反的效果。例如：本該只是幫助自癒的短暫發炎狀態，卻無法停止。在某些情況下，炎症似乎永遠都不會消失，甚至可能終其一生。這就是慢性炎症。

慢性炎症是由於免疫系統被某種物質觸發而產生。但是，科學家們尚無法確切知曉到底是什麼觸發了免疫系統。可能是人體內部的某種機制，例如：不適當的免疫反應；也可能是外部的某些物質，例如：毒素或不良飲食。無論觸發因素是什麼，只要人們罹患慢性炎症，免疫系統就等同始終處於戰爭狀態。

急性炎症僅會在有限的一段時間內對疾病部位或傷口造成影響。而慢性炎症則會使整個身體在很長一段時間內持續處於輕度發炎的狀態。就好像免疫系統在與一個看不見的敵人進行著長期的戰鬥──這個敵人是免疫系統所不了解、也看不到的。

世界上沒有不會造成傷害的戰爭。免疫系統在與一個看得見、明確的敵人作戰時，附帶產生的傷害是有限且可控、可抑制的，因為當敵人被擊敗時，戰爭也就隨之結束，身體就會恢復。但當敵人不明確時，例如：在慢性炎症的情況下，免疫系統就會無止盡地戰鬥下去，因為它無法確認敵人是否已被擊敗，因此會產生

一些無端的附帶傷害，並且這些傷害會在體內不斷累積。這種全身性的炎症會對身體造成損害，並導致疾病的生成與發展。

科學家們正在努力地了解慢性炎症對人體的影響及其背後的機制，卻還沒有人完全了解免疫系統是如何發生這種故障情況的。但是科學家們很早就知道，當免疫系統失控時，就會出現諸如：狼瘡和類風濕性關節炎之類的疾病。長期以來，科學家們都認為自體免疫疾病會引起炎症。然而，如今越來越多的數據顯示，炎症本身其實就是導致疾病的危險因素。慢性炎症與糖尿病、自體免疫疾病、心臟病和中風等疾病都有關聯。

對於炎症為什麼會導致疾病，研究人員有很多理論。他們推測：長期發炎會促使血管內部斑塊的形成，從而引發心臟病。由於身體將斑塊視為外來入侵者，因此會試圖將其排出體外或是封鎖住，以防止其進入動脈，但這只會加劇問題的嚴重性。如果斑塊破裂，就會形成凝塊，這些凝塊會突然地阻塞向心臟供血的動脈，從而導致心臟病發作；或者阻塞為大腦供血的動脈，從而導致中風。

慢性炎症造成的影響並不僅限於疾病源頭。身體某一部位的炎症可能會導致身體另一部位的損傷。例如：慢性牙齦疾病和炎症會增加罹患心臟病的風險。炎症還會導致高血壓，甚至阿茲海默症。

炎症甚至與癌症有關。慢性胃灼熱會導致食道發炎。長時間接觸胃酸和處於發炎狀態，會改變食道內壁細胞的特性，從而導致突變，進而可能導致食道癌。此外，不健康的腸道微生物群會在炎性細胞因子的推波助瀾下增加身體的罹癌風險。細菌會破壞黏膜這層保護壁，使黏膜與結腸細胞分離，引起結腸內壁發炎。如果細菌成功地「安營紮寨」，就會招致更多的細菌前來「助陣」。隨著身體產生更多的炎症來對抗細菌，結腸癌的風險也隨之增加。

生活方式和飲食習慣會導致慢性炎症

除了疾病所造成的炎症以外，生活方式、日常習慣以及接觸環境污染物等因素也會導致慢性炎症。目前，醫生尚未充分清楚地了解慢性炎症，因此無法對其進行有效治療或完全治癒。但是，環境因素和生活方式對慢性炎症的影響確實很大，改善這些因素，就可降低罹患慢性炎症的風險。

醫生指出，肥胖以及久坐、不活躍的人士體內存在著長期的輕度發炎狀態。肥胖與血液炎症標誌物之間存在著關聯。研究人員發現，脂肪細胞會觸發身體持續性地釋放低量的炎性細胞因子。但由於這些炎性細胞因子沒有攻擊的對象，因此會轉而攻擊人體的健康組織。脂肪（尤其是腹部的脂肪）越多，炎症就越多。

許多生活方式及其帶來的健康問題都會增加體內的炎症，例如：

- 肥胖
- 不健康的飲食
- 抽菸
- 壓力
- 睡眠問題
- 接觸污染物或有害的化學物質

不良的飲食是導致體內慢性炎症的一個關鍵因素。富含動物性食物的飲食，例如：紅肉，會加劇體內的炎症。動物性食物往往含有大量的脂肪和膽固醇，以及其他對人體健康有害的化合物。例如：紅肉中含有 N-羥基乙醯神經氨酸（Neu5Gc）。如果我們持續食用紅肉，Neu5Gc就會加重體內易發炎的情形；隨著時間的過去，就會導致慢性炎症，繼而又會促使癌症形成，增加罹患胃癌、乳癌以及腸癌的風險。

動物性食物也可能導致氧化三甲胺（TMAO）的形成。體內較高含量的TMAO，與較嚴重的炎症、氧化壓力以及血管損傷都有關聯。TMAO在動脈內就像強力膠一樣。人體的動脈本應保持滑順流暢，以便血液能夠自由地流動。但是，TMAO會使血管變得「黏稠」，從而增加斑塊形成以及罹患心臟病的風險。研究顯示，體內TMAO含量較高的人，罹患心臟病或中風的風險是含量正常者的兩倍以上，

而且往往更早死亡。此外,當研究人員餵食實驗鼠TMAO,牠們的血管很快就發生了老化——原本12個月大(約相當於人類的35歲)的實驗鼠,居然老化成像27個月大(約相當於人類的80歲)!這些實驗鼠的學習和記憶能力也都有所下降。防止這類損害的最佳方法,就是避免食用會形成TMAO的食物,並且攝取以植物性食物為主的飲食。

不健康的免疫系統無法正常、良好地運作。它是一支力量薄弱、缺乏訓練的軍隊,無法發動進攻,並且混亂無序。這樣的軍隊不知道哪裡需要作戰,所以向各處都派遣了士兵。士兵們也不知道戰鬥該何時結束,因此會一直發動攻擊。在這種情況下,輕微的炎症就會出現在全身各處,引發各種問題。另一方面,健康的免疫系統就像一支完善且強大的軍隊,擁有強壯並且訓練有素的士兵。這些士兵們知道最好的攻擊方法,且能夠對敵人發起最有效的進攻。更重要的是,士兵之間擁有良好的溝通以及團隊合作默契。它們被派遣到指定地點作戰,完成戰鬥後就停止攻擊。戰爭結束後,士兵們就撤退了。這是急性炎症和慢性炎症之間的主要區別。急性炎症發生在特定的部位,並且一段時間後便會停止;而慢性炎症則是一種輕度發炎狀態,廣泛存在於人體多個部位,通常是遍及整個人體,並且會持續很長的時間,或永不消退。目前,科學家們尚無法有效治療或完全治癒慢性炎症。我們能夠做到的最好方法,就是控制風險因素以及改善生活方式。保持健康的生活方式,對控制炎症至關重要!

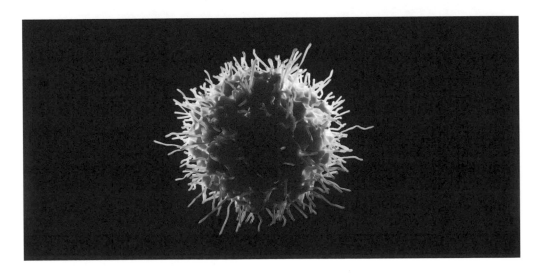

人為地操控免疫系統會導致失衡

市面上充斥著各種聲稱「能夠透過增加巨噬細胞數量或促進抗體產生，來『刺激』免疫系統」的補充劑及藥丸。人們廣泛存在錯誤認知：如「免疫力差是因為體內缺乏免疫細胞」，「增加免疫細胞的數量可以改善免疫系統」。因此，五花八門的療效聲明成功地推銷了許多所謂的免疫補充劑及藥丸。總體來說，這些說法都並不正確；且遺憾的是，那些聲稱能「刺激」免疫系統或免疫系統某些部位和細胞的產品，其實壓根毫無助益。

很多這類型的產品，都是透過挑起與免疫系統之間的戰爭而產生作用──這就是那些療效所聲稱的可以增加體內免疫細胞數量的方式。免疫系統在對抗細菌毒素等外來入侵物時，會自然地產生更多的細胞。這類產品會觸發免疫反應，因為免疫系統會將它們視為外來入侵物而加以攻擊。若服用這類產品，就意味著我們不必要地攝取了「有害」的物質──我們的身體會與之戰鬥的敵人。此外，也沒有任何科學證據顯示這類產品可提升免疫功能或能幫助抵抗疾病。例如：有些發酵的麥胚提取物補充劑含有細菌內毒素。人體的免疫系統把細菌內毒素認定為具潛在危險的外來入侵物，並會對這些物質發動免疫反應，包括增加免疫細胞的數量，如：巨噬細胞。許多人就會把巨噬細胞數量的增加視為該補充劑對免疫系統有益的「證明」。其實，僅單純地讓免疫細胞數量增加並不代表某種補充劑是健康的。這只是意味著免疫系統對某種外來物起了反應。就像由細菌或病毒引起的感染也會引起某些免疫細胞數量的增加，但這絕不代表細菌或病毒對人體健康有益。同理，這樣的補充劑不能被認定為對人體健康有益。維護免疫系統最好的方法不是刺激它，而是用天然完整的健康飲食滋養它。

「任何人都可以『操控』免疫系統、從而獲得更好的免疫力」這個基本概念，從根本上來說就是有問題的。要了解其中的原因，我們就需要再來看看免疫系統是如何工作的。

免疫系統異常複雜

在免疫系統的軍隊中，想要透過增加任何一種細胞（也就是一種士兵）的數量，進而期望整個部隊能夠運作得更好，這種想法未免太過單純。免疫系統是作為一個整體來發揮作用的。如果陸地上有敵人入侵，但軍隊卻增派了海軍的數量，這並不意味著免疫系統能夠更輕鬆地擊敗敵人，亦不意味著海軍的戰鬥力更為出色。更不用說，科學家們對免疫系統的精妙運作，仍然沒有明確的認知。醫生也無法說出哪些細胞更為重要，或各類免疫細胞的最佳配比是多少等等。單獨增加或「刺激」某一種類型的細胞，並不會帶來任何益處。

此外，即使刺激了免疫系統，讓它變得更強、更活躍，這也是不可取的。免疫系統受到嚴密精準的控制。免疫系統是能有效抵禦外來入侵物，還是會因過度反應或失去控制從而引發過敏、自體免疫疾病等問題，這二者之間僅僅一線之隔。人體的免疫系統會維持並預備一定數量的細胞，就像軍隊會維持並儲備一定數量的士兵。當身體出現問題時，例如：受到感染時，免疫系統就會根據需要來部署這支軍隊。我們可能認為，透過服用所謂的補充劑來刺激免疫系統、增加免疫士兵的數量，會對人體有幫助。但實際上並非如此！這樣做只會導致免疫系統軍隊的部署混亂失序。

當人體遭受感染，免疫細胞——特別是白細胞的數量就會增加。這就是為什麼當醫生看到白細胞的數量很高時，通常會懷疑患者體內出現了某種感染。任何會引起這類反應的物質，包括刺激免疫系統的補充劑，都會被免疫系統視為外來有害物質。當免疫系統開始攻擊這些敵人時，就會導致一連串讓人感到不適的症狀。

以流感為例。人們會出現身體酸痛、肌肉疼痛、發燒導致大腦不清晰、大量的鼻涕和痰液等症狀，這些確實讓人非常不舒服。但是，大多數症狀實際上並非由病毒本身引起的；相反地，是由人體自身的免疫反應所引發。鼻涕和痰液中的黏液有助於將外來入侵物沖刷出體外，並使它們難以傳播。發燒有助於打造一個既能幫助免疫細胞、同時又能阻礙外來入侵物的環境。酸痛及疼痛則是炎性化學物質向免疫系統發出警報時衍生的現象。這些都是免疫系統在發揮作用的跡象，只是過程卻讓人備受折磨。

刺激免疫系統作出反應，或是一味增強免疫系統，只會導致人體出現更加不舒服和更為嚴重的症狀。即使這類補充劑真的能起作用，人們其實也無法擁有容光煥發的健康狀態；相反地，人體會因為過度反應、難以控制的免疫系統而持續地感到疲憊、精神狀態不佳。諷刺的是，很多這類刺激免疫系統的補充劑，竟還聲稱能夠減輕炎症。

我們不應該人為刻意地刺激免疫系統。如果免疫系統因受到刺激而導致失衡狀態，就可能會引發自體免疫疾病以及其他問題。最明智的做法就是讓免疫系統自我調節，並且為其提供保持健康所需的營養；而不是以一些人類尚未完全了解的做法去干擾它。

藥物沒那麼「聰明」

如果增強免疫力的補充劑起不了作用,那什麼才是有效的做法?

醫生可以使用藥物來影響免疫系統的運作。但藥物影響免疫系統的方式只有兩種,要麼刺激免疫系統、使其變得過度反應;要麼抑制整個免疫系統。藥物無法同時兼顧兩者。

醫生有能夠讓免疫系統總體上變得更活躍的藥物,例如:干擾素。干擾素是在自然免疫反應中產生的蛋白質,在免疫系統內充當著信使的角色,例如:干擾素能夠通知一些免疫細胞有外來入侵物的存在,或是觸發其他細胞展開行動。人體會自然地分泌干擾素;當人體自然地分泌干擾素時,就是在吹響發動戰爭的號角。干擾素會召喚免疫細胞前往有需要的部位。人體會在一定的時間內,分泌數量精確且是所需種類的干擾素。透過這種方法,免疫系統就可以盡可能地發動最有效的作戰。

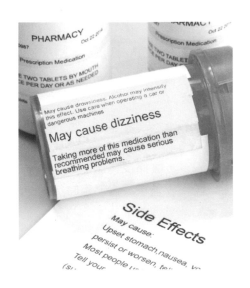

干擾素療法源自於干擾素蛋白質,可以用來治療某些類型的病毒感染,例如:慢性C型肝炎(丙型肝炎);也可以用來治療其他疾病,如:卡波西氏肉瘤和慢性骨髓性白血病等。這類療法能觸發免疫系統對病毒發動攻擊,並阻止病毒的複製;甚至可以幫助減緩癌細胞的擴散。但是,它們有別於人體自然分泌的干擾素。干擾素藥物治療是全身性的,這意味著會影響到整個人體,而不僅限於出現問題的部位。此外,這類療法也無法像人體自然機制那樣擁有高超的控制技巧。由於醫生對人體內部的運作缺乏深入而詳細的了解,因此他們必須根據所掌握的知識以及經驗對所需藥物的種類、劑量和使用時間進行推測。況且,他們無法做到像身體一樣不斷地進行微調。因此,干擾素藥物療法存在著值得我們關注的風險。

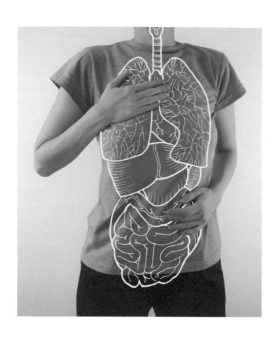

干擾素會導致：

- 心臟問題
- 心理健康問題
- 眼部疾病
- 甲狀腺疾病
- 肺部疾病
- 勞累與疲倦
- 肌肉疼痛
- 食慾不振
- 噁心與嘔吐
- 更高的受感染風險
- 孱弱
- 肝臟問題
- 不易受孕

醫生也有能夠抑制全身免疫系統的藥物。類固醇通常用於治療自體免疫疾病以及過敏，這些病症是由於免疫系統過度反應、不受控制而造成的。醫生透過類固醇藥物，試圖在患者體內模仿人體自身的類固醇。人體天生會分泌能抑制免疫系統的類固醇來合理可控地緩和戰爭，從而維持體內的平衡。然而醫生對藥物的控制水準，無法比擬身體的自我控制水準。人體知道什麼時候應該停止抑制免疫系統、停止釋放類固醇，但醫生卻無從得知。同理，醫生必須再度根據知識和經驗進行推測。因此，儘管類固醇藥物在抑制症狀和改善患者生活品質方面都有著良好的表現，它們卻具有副作用；而最明顯的副作用之一，就是過度抑制免疫系統。類固醇會抑制全身的免疫系統。過度使用這類藥物可能會增加遭受感染以及罹患癌症的風險，因為免疫系統將無法抵抗外來入侵物，也無法偵測和殺滅癌細胞。

目前，醫生使用的能影響免疫系統功能的藥物，會對全身發揮作用，意味著這些藥物並非只針對特定的某個部位有效果，而是會影響到整個人體。

另一方面，免疫系統的工作原理類似於鎖定了特定攻擊目標的導彈，一旦發射出去，就會前往一個特定的區域進行攻擊。

藥物卻是以「非黑即白」的極端方式來運作，要麼刺激整個免疫系統，要麼抑制整個免疫系統。其作用原理就像是地毯式轟炸，無法瞄準特定的一個區域，而是大面積、大範圍地進行「轟炸」，希望藉此把問題部位一併「解決」。這些藥物也不知道該何時停止攻擊、或是該如何調控攻擊的力道。

免疫系統可以精準地控制反應強度，但藥物卻只能透過增加劑量的方法來進行調節。使用藥物，會給身體帶來很多附加損害。並且，我們只能祈禱著藥物能把問題解決掉；如果用了藥物還沒有解決問題，那就得不償失了。

藥物沒那麼「聰明」，因為它們無法自發地做出反應，來幫助維持身體的內部平衡、維持身體的恆穩狀態。這就是為什麼保持體內平衡和免疫系統平衡至關重要的原因所在。當身體處於平衡狀態時，人體自然分泌的干擾素、類固醇以及其他物質，都能發揮出強大的功效，有益於身體健康。然而，若試圖透過藥物或其他物質來「操控」免疫系統，則將無法達到預期的增強免疫功能、治療或治癒疾病的效果。人體時刻在監控著體內數百萬個因子，因而擁有著極其精準、人為外力無法模仿比擬的控制水準。

世界上沒有仙丹靈藥可以增強免疫系統，使人體對疾病具有更強的抵抗力。但存在一種可以支援免疫系統功能的方法。雖然此種方法沒有光鮮亮麗的名字也沒什麼吸引力，但經證明，的確行之有效。

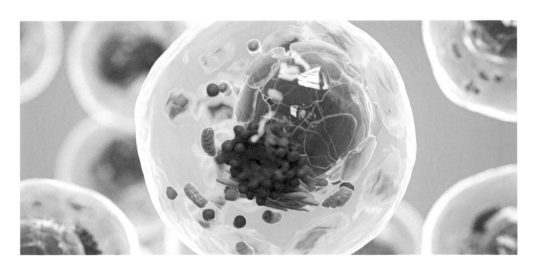

天然完整的植物性食物是「聰明的」

攝取富含各色多彩蔬果的飲食

免疫系統需要燃料才能運作，而這種燃料必須滿載各類營養物質，這一點非常重要。不要只攝取少數幾種類型的食物和營養成分。以均衡的飲食來支持免疫系統的生長和運作至關重要。

慎選飲食

免疫系統唯一的營養來源，也是滋養免疫系統唯一的途徑，就是透過飲食。

比起試圖操控免疫系統，我們必須滋養它，為它提供可以保持健康狀態以及高效運行的營養。免疫系統，也就是人體的軍隊，發揮著至關重要的功能。免疫系統知道：

- 何時發動戰爭以及何時停止戰爭——也就是該何時開始以及停止免疫反應，例如：炎症
- 所需的士兵和彈藥種類的最佳組合——也就是最需要的免疫細胞類型和其他物質
- 所需的士兵和彈藥數量
- 敵人所在位置
- 派遣適合類型士兵進行攻擊的時機

攝取天然完整的植物性食物，是最明智的飲食選擇之一。天然完整植物性食物所含的成分之間有著複雜且精妙的平衡，因此所有營養物質都能夠協同運作。這意味著人體可以利用這些營養來維持體內的恆穩狀態。不同於一味刺激或抑制免疫系統，造成全身性影響的藥物，天然完整植物性食物並非是經由人為外力來操控免疫系統。

使用藥物，就如同鞭打一匹馬迫使牠加快速度。馬兒的速度是會提升，但也會因此受到傷害、付出代價。另一方面，如果我們給馬兒補充良好的營養，就能讓牠變得更為強壯，並且可以在不受傷害的情況下跑得更快。

天然完整植物性食物中蘊含有助於增強免疫系統、減少慢性炎症的營養物質。很多優異的天然完整植物性食物，都可以對人體提供幫助。以下的這些，只是存在於自然界中的少數幾個例子。

菇類

菇類通常被認為是蔬菜，但嚴格來說它們是真菌，而不是植物。與自然界的絕大部分物種一樣，科學家們仍然不清楚究竟是什麼讓蘑菇成為了蘑菇，但關於這方面的研究仍在持續進行著。

菇類具有很高的營養價值。與藥物不同，菇類兼具了增強免疫力和抗炎特性，且含有各種各樣有益的化合物，例如：多醣體、蛋白聚醣、萜類化合物、酚類化合物、類固醇和凝集素等。每種菇類都含有獨特的生物活性化合物組合，各自具有不同的助益，例如：抑制慢性炎症、保護人體免受感染，以及幫助對抗癌症等。

增強免疫力

菇類多醣體有助於直接影響免疫系統。這些多醣體透過協助免疫細胞更快地工作或是更快地再生，來強化免疫細胞。菇類多醣體透過增強免疫系統功能來為其提供幫助，從而增強人體的防禦能力。

椎茸也稱為香菇，是世界上最被廣泛研究的菇類之一。香菇味道鮮美，常見使用於日本料理中，並且其實對健康也助益良多。研究多集中在香菇菌絲體(LEM)中的多醣體，如：香菇多醣體。

香菇多醣體是一類具有多種免疫增強特性的多醣體，例如：能夠活化自然殺手細胞和增加干擾素-γ的產生──這些有助於人體對抗癌症、細菌感染以及病毒感染。LEM多醣體則可以增強免疫細胞以及人體的抗體反應。此外，東京山口大學的研究指出，LEM多醣體能夠增強淋巴細胞和巨噬細胞，這兩類細胞在人體對抗病毒性和細菌性感染的防禦過程中都起著重要的作用。

舞茸也是一種非常受歡迎的料理食材，能夠增強人體的免疫系統以對抗病毒和細菌感染。舞茸含有一種名為瓊脂酸甘油酯(agaricoglycerides)的真菌次級代謝產物。舞茸還能夠提高巨噬細胞的活性，以及增加白細胞介素-1、白細胞介素-6和白細胞介素-8等細胞因子的產生，使人體能夠更好地對抗感染。

抗炎特性

研究發現巴西蘑菇萃取物具有抗過敏及抗炎活性，並且能夠減少體內促炎細胞因子的含量。其他研究顯示，這種菇類所含的多醣體可以增強人體抵抗細菌感染的能力。此外，科學家們還發現，巴西蘑菇所含的化合物，會根據測試方法的不同而顯現出不同的效果。當科學家在實驗室中對細胞培養物進行試驗時，這些化合物顯現出促炎效果。

但是對人體進行的研究卻顯示，這類化合物在體內具有抗炎功效。在人體內，巴西蘑菇中的營養物質可以和炎症細胞（例如：白細胞）以及控制炎症反應的基因相互作用，從而顯示出不同的功效。單純在人造環境中對巴西蘑菇進行測試，並不能反映出其所含成分會如何與人體協同作用。

即便是超市中常見的菇類，例如：雙孢蘑菇（俗稱白蘑菇、洋蘑菇等）、滑菇（又稱為光帽鱗傘、光帽黃傘、珍珠菇等），也含有具抗炎功效的化合物。

每種菇類都是一種獨特的綜合體，含有不同種類的生物活性物質。每種菇類都能以不同的方式作用於免疫系統，為其提供助益。想要最大限度地獲取菇類的營養，最好的方式就是多吃各種菇類！

人參

傳統中醫使用人參的歷史已長達幾個世紀。現今，科學家們進一步地了解到為何人參會如此珍貴。人參含有一種被稱為人參皂苷的獨特化合物。研究指出，人參皂苷可以抑制炎症並增加抗氧化能力，從而減輕氧化壓力。

人參皂苷還能進行「瞄準」，準確地在免疫系統的不同區域發揮作用。它們可以發揮一系列的功效，來增強人體自身適應壓力、從壓力中恢復，以及抵抗外來入侵物的能力。例如：研究發現人參在針對普通流感的疫苗接種中可誘導機體發揮更好的免疫反應。科學家們發現相較於未食用人參萃取物、接種了疫苗的受試組，食用人參萃取物、接種了疫苗的受試組體內的自然殺手細胞活性更高且罹患流感的人數也更少。自然殺手細胞負責搜索和摧毀被病毒感染的細胞。

仙人掌

仙人掌對於免疫系統而言是一種絕佳的天然完整植物性食物選擇。仙人掌富含各種各樣的植物化合物（又稱植物營養素）和多醣體，這些成分透過協助免疫系統運作並降低患病風險，從而為人體健康提供極大助益。例如：山奈酚具有抗癌特性，有助於抑制癌細胞轉移；槲皮素具有強大的抗炎活性；沒食子酸具有強效的抗氧化特性，以及抗癌、抗病毒和抗真菌的作用。

類黃酮是廣泛存在於植物中的天然化合物。研究報告指出，類黃酮在預防常見疾病方面能夠發揮多重功效。這些化合物與免疫系統協同運作，以防止氧化損傷、調節免疫細胞活性以及傳導細胞信號，並具有抗炎功效。

營養是免疫系統良好運作的關鍵

人體的免疫系統可以說是體內最重要的系統之一。沒有免疫系統，人體就無法進行防禦，哪怕是一粒灰塵，也能讓人喪命！即使人類已擁有先進的醫學技術，醫學及藥物所能做的大部分工作，也僅是幫助人體「自助和自救」，或是幫助免疫系統發揮作用。沒有免疫系統，即便是最先進的技術、藥物或是最好的醫生，也無法拯救我們。沒有適當的營養，免疫系統就無法發揮最佳的功能。與其試圖人為地操控免疫系統，不如為其提供保持最佳運作狀態所需的營養——天然完整的植物性食物。植物性食物所具有的諸多特性便是它們之所以「聰明」的原因所在——含有的營養物質能與免疫系統各個部分協同運作，以此增強我們的身體，使其變得更健康。

第五章

微生物——
人體的好朋友

並非所有的細菌都是敵人——有些是我們非常好的朋友。
我們的身體是自身細胞和數不勝數的微生物的家園。身體
為友好的微生物提供了良好的生存環境,而這些微生物再
以各種方式幫助我們保持健康。體內的腸道微生物群對於
保護人體免於感染是必要的;它們還會影響免疫系統、消
化健康,甚至會合成某些營養素。僅僅照顧好人體細胞是
不夠的,也需要照顧好體內的腸道微生物群。

我們並非100%人類

人體從內到外包含了不計其數、不同種類的生物──不僅僅是人類細胞而已。事實上，有些研究表明，人體含有的細菌數量可能比人體細胞還更多！科學家相信，單單腸道微生物群就含有大約超過100萬億個、5,000多種不同種類的微生物；人體約2公斤的體重，都是這些微生物的重量。不僅如此，每個人都有各自不同的微生物群──就如同指紋一樣獨一無二。

當人們想到細菌時，通常會想到感染。人們認為細菌是應該極力避免和消滅的不良物質。然而，並非所有細菌都是有害的。人類與生活在自己身上（如：皮膚上和腸道內）的有益菌群之間存在著互利共生的關係。雖然皮膚形成了人體抵禦外界微生物的重要屏障，但同時也是大量友好的微生物生存的家園。

平均一個人的皮膚總面積大約有1.8平方米，上面生存著超過1.5萬億個細菌！皮膚上無害的細菌能幫助免疫細胞抵抗引起疾病的微生物，同時也對免疫反應以及皮膚的健康發揮作用。例如：痤瘡丙酸桿菌(*Cutibacterium acnes*)會透過阻止有害細菌侵入毛孔來維護皮膚健康。研究也指出，患有濕疹或皮膚過敏等皮膚問題的人士，其皮膚菌群都處於不平衡的狀態。

人體內部和體表的有益細菌，與整體健康之間存在著密切的關聯。尤其是與人體內的腸道細菌，這種關聯更是緊密。這些細菌是人類的朋友，人體因腸道微生物群的存在而受益良多。

細菌最初來自於什麼地方

與人體共生、或對人體有益的細菌有很多的來源。目前，科學家們認為胎兒在子宮內是無菌的，這意味著胎兒的體內沒有任何的細菌。然而當嬰兒出生時，就會獲得細菌。母親送給嬰兒的第一份禮物，就是健康的微生物群。透過陰道分娩出生的嬰兒，會從母親的陰道中獲取細菌。這對嬰兒而言非常重要，因為他們得以開始發展自己的共生菌群。

然而，透過剖腹產出生的嬰兒就有所不同。發表在《自然》雜誌上的研究發現，透過剖腹產出生的嬰兒缺乏共生細菌菌株。研究人員對1,679份來自596名嬰兒以及175名母親的腸道細菌樣本進行了研究，並對其中的一些嬰兒進行追蹤直至1歲。研究人員運用DNA測序技術，發現了自然分娩嬰兒和剖腹產嬰兒的腸道微生物群之間存在著明顯的差異。自然分娩嬰兒的腸道內存在著對健康有益的細菌群落，而剖腹產嬰兒的腸道內則受主要與醫院環境有關的伺機性細菌所支配，例如：腸球菌（*Enterococcus*）和克雷伯氏菌（*Klebsiella*）等。

嬰兒的腸道微生物群會隨著時間而發生變化，其中的影響因素包括嬰兒的哺育方式是配方奶還是母乳，以及嬰兒從生活環境中接觸到的細菌。即便如此，出生時最初的細菌接觸，似乎會造成持久性的影響。出生的幾個月後，儘管自然分娩嬰兒和剖腹產嬰兒攜帶的腸道微生物群會變得愈加相似，但剖腹產出生的嬰兒卻缺乏一種名為擬桿菌（*Bacteroides*）的健康細菌種群；擬桿菌能夠影響免疫系統，並具有減少體內炎症的功效。九個月後，大多數的剖腹產嬰兒，腸道內仍然幾乎沒有擬桿菌的存在。這可能是因為，與自然分娩的嬰兒不同，剖腹產嬰兒透過胎盤接收到抗生素——所有進行剖腹產手術的產婦都會被給予抗生素以預防術後感染。兩組嬰兒之間的這些差異，被認為是剖腹產嬰兒在日後罹患哮喘、1-型糖尿病甚至肥胖等疾病風險較高的原因之一。

因為這些研究的發現，許多父母嘗試使用「陰道播種」等方法，希望在初生時期為嬰兒提供健康的細菌。「陰道播種」即在嬰兒出生之後，馬上使用一塊紗布沾取母親的陰道分泌物，轉而塗抹在嬰兒的嘴巴、鼻子和皮膚上；通常是在剖腹產時使用這種方法。但遺憾的是，迄今為止的研究結果都沒能給「陰道播種」提供任何的支持論述。事實上，許多專家都對這種做法發出警告，給予嬰兒不明確的微生物可能非常危險，因為他們的免疫系統尚未完全發育成熟。

腸道微生物群和免疫力

人體內的腸道細菌是腸道微生物群中極其重要的組成部分；包括數以千計不同的種類，還有一些是人類未知的。

腸道微生物群與免疫系統之間的互動

除了人體免疫系統會與腸道內的物質（例如：消化的食物）以及腸道內的微生物進行接觸，它們還在其他部位有一些關鍵的互動區域。

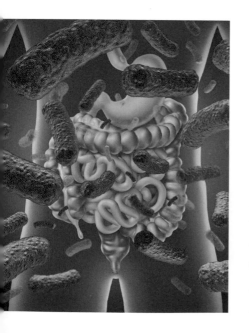

集合淋巴結

集合淋巴結是小腸黏膜中的多組淋巴濾泡，它們含有高濃度的、不同種類的免疫細胞，發揮著「免疫監控」的重要作用。這意味著免疫細胞能夠監控腸道內的物質，密切留意病原體的蹤跡並將其消滅。腸道不斷地與各種各樣的外來物質接觸，但並非所有的這些物質都是有害的。集合淋巴結和其中的免疫細胞處在關鍵的位置──能夠對腸道微生物群以及通過腸道的物質進行採樣；這種不斷與各種外來物質的接觸也有助於免疫細胞產生耐受性，從而免疫系統就不會做出不恰當的反應，對包括攝取的食物或生存在此處的有益細菌等一切腸道內物質發起攻擊。這種耐受性可以對黏膜提供保護，免受有害炎症性免疫反應的侵害。

闌尾

之前人們認為闌尾可能在古時候對人類而言有用，而現在並沒有多大的用處。然而研究表明，闌尾可能作為二級免疫器官發揮著重要的作用，它有助於免疫系統的訓練及成熟。闌尾也能協助免疫細胞廣泛接觸到各種外來物質，從而有助於抑制具破壞性、不恰當的免疫反應，同時促進局部的免疫力。闌尾還是某些有益腸道細菌的安全棲息地。

腸道微生物群如何守護我們的健康

科學家們仍然在研究微生物群影響人體健康的多種方式。讓我們來看一下微生物群是如何保護我們的。

幫助控制壞的細菌

早在1900年代初期，科學家們就注意到人體腸道中的「好」細菌能夠對「壞」細菌產生遏制作用。他們推測，消化道中的大多數疾病，都發生在「好」細菌無法再控制住「壞」細菌、從而讓「壞」細菌在腸道中過度生長的時候。當這類情況發生時，就被稱為微生物群失調。腸道微生物群失調與許多疾病都有關聯，例如：炎症性腸病、乳糜瀉、肥胖、代謝紊亂等。

預防感染

腸道細菌透過多種方式幫助人體預防感染！首先，腸道細菌有助於保持腸道屏障的完整性。健康的狀態下，腸壁具有一層濃稠的黏液以及緊密的連結結構，有助於保護腸壁免受腸道中物質的侵害，還可以阻止腸道內的外來異物穿透腸壁。腸道微生物會分泌能幫助維持腸壁屏障功能的物質，如：抗菌肽。共生細菌對特定受體的刺激，可以促進腸道上皮幹細胞的存活以及上皮組織的再生，這些都有助於腸道內壁的新生。

其次，有益的腸道細菌只需存在腸道中，就可以幫助預防感染，還有助於防止有害的細菌引起疾病。它們僅僅只是存在，就意味著有害細菌得與它們進行一場對腸道資源、營養以及生存空間的激烈競爭。對有害細菌而言，這是一個既重大、且大多數有害細菌都無法克服的障礙。共生細菌也會產生乳酸鹽和短鏈脂肪酸，使腸道內保持在較低的pH酸鹼值，從而能夠殺死或抑制有害細菌的生長。然而，如果這些有益的細菌被消滅了，有害細菌就能夠站穩陣腳。例如：艱難梭菌（*Clostridioides difficile*）實際上存在於健康人體的腸道中，卻不會引發任何問題，因為腸道中的其他細菌會將此菌控制住且不允許其進行大量增殖。但是，如果這些有益細菌由於抗生素的使用而被消滅，諸如艱難梭菌這類「壞」菌將獲得自由、不受控制，可能造成嚴重的疾病，進而導致沉重的後果甚至死亡。

第三，除了預防細菌感染之外，腸道微生物群還可預防病毒感染。研究表明，腸道細菌可以透過分泌不同的分子或代謝物與腸道細胞進行溝通交流。美國哈佛醫學院的研究人員對實驗鼠腸道中的細菌進行觀察，他們發現某些腸道微生物會釋放一種名為「外膜多醣A」的分子，它可以透過觸發免疫細胞釋放1-型干擾素來幫助預防和擊退病毒。

即使在沒有活性病毒感染的情況下，低濃度的干擾素信號也具有抗病毒的功效。人類出生後沒多久，干擾素就作為一種保護機制出現在人體中；但直到現在，科學家們還不清楚是什麼原因促使免疫系統產生這些干擾素。研究表明，這種保護反應源自於結腸壁中的免疫細胞與腸道微生物群之間的交互作用。實驗表明，某些腸道細菌表面的分子，可以透過激活名為「TLR4-TRIF」的免疫信號通路，來觸發體內抗病毒干擾素-β的釋放。這類分子存在於多種細菌中，也就表明了有非常多種腸道細菌都可以激發這種具免疫保護作用的信號通路。為了測試是否真的能夠預防感染，研究人員測試了兩組實驗鼠：一組具有完整的腸道微生物群，另一組則餵食抗生素來破壞腸道微生物群。研究人員讓兩組實驗鼠與水疱性口炎病毒接觸。缺乏健康腸道微生物群的實驗鼠比擁有完整腸道微生物群的實驗鼠更容易發生嚴重感染的情況，顯示出腸道微生物群確實在誘導保護性干擾素信號以及預防病毒感染方面發揮著關鍵的作用。

最後，腸道細菌甚至可以在更遠端的部位發揮對抗病毒的功效，而不僅僅是在腸道屏障處。例如：腸道微生物群可以調節呼吸道黏膜的免疫系統（如：肺部）透過免疫球蛋白A（IgA）的分泌和其他信號通路，對流感病毒感染做出反應。其他有益的腸道細菌，如：副乾酪乳桿菌（*Lacticaseibacillus paracasei*）和植物乳桿菌（*Lactiplantibacillus plantarum*），可以在流感感染期間增加體內的細胞因子，並增加肺部的免疫細胞，例如：自然殺手細胞、巨噬細胞以及樹突細胞。

幫助訓練人體的免疫系統

人類的腸道已經進化為能夠與腸道細菌相互共存。腸道細菌與免疫系統協同運作，幫助訓練免疫系統去抵禦外來入侵者。還有一些證據表明，人體的微生物群可以影響免疫系統產生的抗體類型！共生細菌在腸道中定居，對於免疫系統的發育和成熟具有舉足輕重的作用。免疫系統發育過程中大多數關鍵的環節，都發生在出生後最初的幾年——那時微生物群和免疫系統之間存在著高度的交互作用；之後，它們將漸漸穩定下來、變得更「成熟穩重」。這意味著在這段變動期間，免疫系統更容易受到有害的影響。這個微妙的系統一旦被破壞，就會對機體造成深遠的影響。

腸道微生物群可以調節免疫系統，這樣免疫系統就不會攻擊和破壞有益的細菌，而是學會與有益細菌在互利雙贏的關係中和平共存。透過對無菌動物模型的研究，這種關係就更加清晰地顯示出來。無菌動物是體內或體表都沒有微生物存在的實驗動物。相較於體內和體表具有正常微生物群的動物，無菌動物的腸道功能並不完善，免疫功能也遭到擾亂破壞。這些無菌動物缺乏IgA抗體，而IgA抗體是具有保護功效的體液黏膜免疫的重要支柱；牠們同時也缺乏某些類型的免疫細胞。但是這種缺乏的情況，卻能隨著微生物的定殖而得以迅速地恢復。

研究人員進一步指出，一種來自名為脆弱擬桿菌（*Bacteroides fragilis*）共生細菌的細菌多醣，可以引導實驗鼠的免疫系統趨於成熟，並有助於撥正任何免疫細胞的失衡。在孩童時期就擁有多樣性、健康的腸道微生物群，對於建立一個功能健全的免疫調節網絡系統而言至關重要。隨著這方面的研究越來越多，人們意識到腸道微生物群對健全的免疫系統有多麼重要。科學家也愈發意識到，在幼年的關鍵時期，腸道微生物群與免疫系統之間的交互作用是多麼重要。這種交互作用對於免疫系統的很多功能都會產生持久性的影響，從而影響到免疫系統的恆穩狀態，以及對日後出現的傳染病或免疫類疾病的易感性。

抗原提呈細胞

抗原提呈細胞（也被稱為抗原呈遞細胞）是透過處理源自外來入侵者的抗原，並將其呈遞給其他免疫細胞以啟動免疫反應，從而做到調節免疫反應的一組細胞。抗原提呈細胞包括：巨噬細胞、樹突細胞和B細胞。腸道中抗原提呈細胞的一個關鍵特徵，就是能夠抵禦感染，同時能夠耐受正常腸道微生物群的存在。

腸道微生物群在抗原提呈細胞的發育過程中起著關鍵的作用。研究發現，無菌動物腸道內的抗原提呈細胞數量較少。科學家們發現，微生物群可以刺激一部分的抗原提呈細胞在其細胞表面表露出某些配體，從而產生有助於誘導T細胞分化的信號。其他研究表明，不僅僅是腸道，無菌實驗鼠全身的巨噬細胞數量都減少了；此外，實驗鼠的巨噬細胞功能也受到了損害。

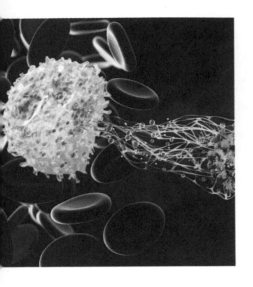

嗜中性粒細胞

嗜中性粒細胞是一種有助於抵抗感染的白細胞。研究人員發現，無菌實驗鼠患有「嗜中性粒細胞低下症」，這意味著牠們體內缺乏嗜中性粒細胞，或者嗜中性粒細胞的含量非常低。牠們的嗜中性粒細胞生成過氧化物陰離子和一氧化氮的機能受損，吞噬功能也下降。這意味著這些嗜中性粒細胞不能像原本應該的那樣，吞噬和摧毀外來入侵者。缺乏健康的腸道微生物群對這些實驗鼠產生了持久的影響，因為即使之後被轉移到可以形成腸道微生物群的環境，牠們的嗜中性粒細胞也無法再恢復正常的功能。

自然殺手細胞

自然殺手細胞可以偵測並摧毀受感染或發生突變的細胞，並透過產生干擾素-γ來實現這一機能。研究人員已經確定了兩種類型的自然殺手細胞——一種是存在於腸道中、類似於普通的自然殺手細胞，另一種則是因其干擾素-γ產量有限而有所不同。由於無菌實驗鼠缺乏正常的自然殺手細胞，因此研究表明腸道微生物群在促進自然殺手細胞分化和成熟方面發揮著重要作用。

T細胞

T細胞在後天免疫反應中發揮核心的作用。初始的CD4+ T細胞可分化為四種主要的亞型：輔助T細胞1(Th1)、輔助T細胞2(Th2)、輔助T細胞17(Th17)，以及調節T細胞(Treg)。每種類型的T細胞在免疫反應中都發揮著不同的作用。例如：Th1細胞有助於抵禦微生物，Th2細胞有助於防禦寄生蟲，Th17細胞有助於控制感染，Treg細胞有助於調節免疫反應。

免疫系統必須適當地平衡不同類型的T細胞。不受控制或失去平衡的T細胞反應，與過敏反應或自體免疫等疾病都有關。例如：Treg細胞功能異常會導致免疫反應不再受到調控，從而導致自體免疫疾病。

腸道微生物群，對於腸壁內和腸道外T細胞的發育、分化以及成熟都起著關鍵的作用。研究表明，無菌實驗鼠體內的Th1/Th2細胞皆失衡，因此牠們的免疫反應偏向於Th2細胞的反應。更多近期的研究表明，特定類型的細菌能夠影響T細胞的發育，例如：脆弱擬桿菌可誘導Th1細胞反應的發展，而分段絲狀細菌可更多地誘導Th17細胞。大多數的結腸Treg細胞具有獨特的受體，使其能夠辨別出有益的腸道細菌。如果攜帶這些特殊受體的T細胞未能正常地發育並生成對腸道微生物群的耐受性，就會誘發結腸炎（結腸部位發炎）。腸道微生物群的組成若發生不健康的轉變，都會導致疾病的產生。

CD8⁺ T細胞，也稱為細胞毒性T細胞，在無菌實驗鼠身上出現了數量減少及細胞毒性降低的情況。這項結果表明腸道微生物群有助於維持腸道CD8⁺ T細胞的數量和功能；還可以訓練這些CD8⁺ T細胞，進而對其他免疫細胞進行調節，從而在腸壁之外的部位發揮功效。

B細胞

腸道中的B細胞主要存在於集合淋巴結中。腸道中大部分的B細胞會分泌免疫球蛋白A（IgA）。IgA是一種有助於預防感染的抗體。這在腸道中尤其重要，因為腸道黏膜會不斷地接觸到潛在的致病因子。在無菌實驗鼠身上，集合淋巴結的數量和細胞性都大大減低。伴隨發生的就是B細胞數量的減少以及IgA分泌量的下降。IgA不足會導致機體對感染的易感性增加。只有給這些實驗鼠餵食大劑量的活菌後，才能刺激分泌出高量的IgA。

研究人員還發現，與過敏相關的免疫球蛋白IgE，在無菌實驗鼠的身上也出現了數量增加的情況。IgE的含量較高會導致過敏性疾病。

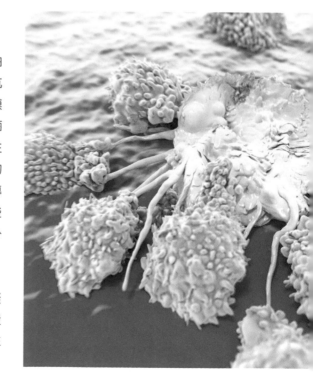

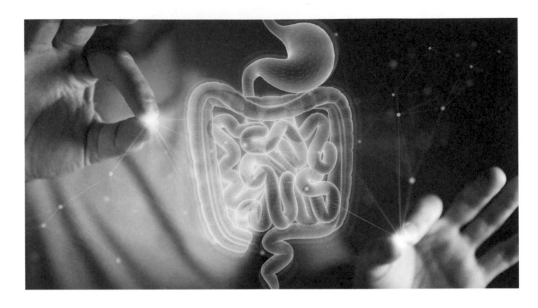

微生物群在營養和健康方面發揮的作用

營養的合成

擁有數千種不同微生物的健康腸道微生物群可以合成許多營養素，包括維生素K和維生素B群，如：葉酸、硫胺素、核黃素等。腸道微生物群還能夠產生數千種全新的、未經確認的微型蛋白質；這些蛋白質最近才剛剛被發現。這些微型蛋白質屬於超過4,000種新的生物家族，目前科學家們仍在研究這些蛋白質能如何對人體提供幫助。

消化

人體大部分的營養都是從腸道中吸收的。人體依靠腸道細菌來分解攝入的一些食物。腸道微生物群也有助於身體吸收必需礦物質，例如：鈣和鐵，並能夠製造一些維生素，例如：葉酸、維生素K以及生物素。人體依賴腸道細菌分解的主要食物之一就是不可消化的物質，例如：膳食纖維。雖然人體不能消化纖維，但腸道細菌能夠發酵和分解纖維，將其用作為自己的食物。在此過程中，腸道細菌還會產生有益於人體健康的氣體和短鏈脂肪酸（SCFAs），例如：乙酸鹽、丁酸鹽和丙酸鹽。

乙酸鹽有助於保持腸道環境穩定，滋養結腸中的有益細菌。丁酸鹽可誘導結腸癌細胞的凋亡，並有助於維持葡萄糖的恆穩狀態。丙酸鹽則會被肝臟利用，幫助調節葡萄糖的恆穩狀態。而構成腸道黏膜的上皮細胞，在人體發生 β-氧化過程（一種代謝過程）時會消耗大量的氧氣。這有助於維持氧氣平衡，從而促進健康腸道微生物群的生長，並防止微生物群受到侵擾。

微生物群多樣性的重要性

人類與各種各類的微生物群和諧共生。腸道微生物群極其複雜。科學家們尚無法確認構成腸道微生物群的所有種類微生物。腸道微生物群也極其獨特。每個人體內的微生物群都是獨一無二的，就像指紋一樣。人體的微生物群是由個人的生活方式、體質、生活環境以及個人的飲食習慣所塑造的。

就像一個社會一樣，腸道微生物群中的每種微生物都有自己的定位和分工。例如：一個社會中有多種不同的職業，如：水管工、電工、老師、醫生、工程師等。社會作為一個整體，所有人分工合作，每一分子都貢獻自己不同的力量。如果每個人都是水管工或老師，那麼就會出現問題。腸道微生物群也是如此。當腸道內的平衡被擾亂時，問題就會出現。微生物群的失衡與許多炎症以及自體免疫症狀都有關。腸道微生物群的多樣性與腸道內不同微生物的種類數量成正比；存在的物種越多，多樣性就越豐富。多樣化的腸道微生物群，由大量和諧共存、各種各類的微生物所組成。

有益腸道微生物群豐富的多樣性，是腸道健康的良好指標。炎症性腸病、乾癬性關節炎、1-型糖尿病、濕疹、乳糜瀉、2-型糖尿病、神經性疾病、癌症、克隆氏症以及其他炎症性疾病的患者，體內的腸道微生物群多樣性程度都比較低。具有多樣性的腸道微生物群才是最健康的。

益生菌

人造益生菌廣受歡迎，但它們可能並不會帶來人們所認為的那些好處，或者是像表面看起來那樣無害。

打造健康腸道微生物群的最佳方法是透過食物的攝取，而不是透過益生菌補充劑。

益生菌補充劑往往只含有一種或兩種類型的有益細菌。雖然在腹瀉這類因腸道有害細菌氾濫的情況下，補充益生菌可能有用；但對於健康的人體而言，需要的遠遠不只兩種、而是多種不同類型的有益細菌才能為健康帶來益處。此外，益生菌補充劑中包含的細菌數量就如同滄海一粟，不足以改變腸道內已經存在的細菌群種的組成。每個人的腸道菌群和免疫功能都是獨一無二的。科學家們仍然需要對腸道微生物群進行更多的研究──包括它們的各項功能，以及對不同種類微生物的研究。如果不對腸道微生物群的工作方式以及每種微生物的功能進行深入的了解，那麼想要根據有限的知識來肆意改變腸道菌群，結果可能會弊大於利。

研究已經證實人造益生菌具有一定的危險性。儘管人造益生菌通常都包含好細菌，但只有在與現存的細菌保持平衡時，這類好細菌才是真正有益的。一旦腸道菌群的平衡被擾亂，好細菌就會變得有害。研究表明，某些人造益生菌會攻擊腸道的保護層，並增加罹患腸易激綜合症的風險。

人造益生菌中的細菌也會產生D-乳酸。這聽起來雖然與運動時肌肉中產生的乳酸相似，但二者實則不同。D-乳酸會使腦細胞暫時性地中毒，並可能導致「腦霧」（大腦不清晰）以及認知和思考能力出現問題。

人造益生菌中所含的細菌可能對抗生素具有一定程度的耐藥性。一些研究發現，市面上常見的人造益生菌對多種抗生素都具有耐藥性，例如：青黴素、氨苄西林和頭孢他啶等。人造益生菌有可能將抗生素耐藥性傳遞給腸道中的有害細菌，從而對人體構成嚴重的健康威脅。抗生素耐藥性是全球健康最大的威脅之一。越來越多的傳染性細菌產生抗生素耐藥性的速度，比人類所研發殺滅它們新方法的速度還來得更快。所有這些「超級細菌」，都會導致患者出現更嚴重的感染、經歷更長的住院時間以及造成更高的死亡率。

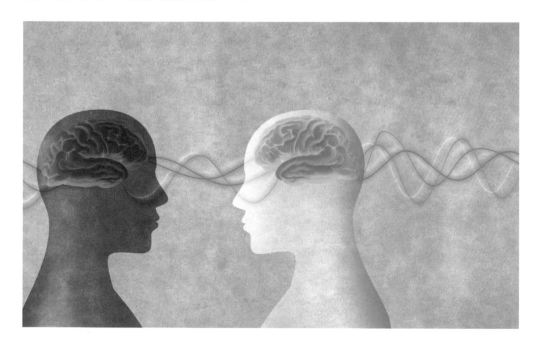

食物對腸道微生物群多樣性的影響

「人如其食」這句話有一定道理。每天攝取的食物對身體和腸道微生物群都有著巨大的影響。

人造甜味劑

人造甜味劑藉著減肥這股趨勢，變得越來越流行、越來越普及。許多減肥食品，例如：零卡汽水，通常使用的就是人造甜味劑，因為它們幾乎不含卡路里。越來越多的人正在使用這類減肥飲料和食品來減肥。一些糖尿病患者也會選擇這些食物來幫助控制血糖水平。然而，已有研究指出人造甜味劑會破壞腸道的平衡，並降低腸道微生物群的多樣性。科學家們對動物模型進行的研究發現，相較於沒有給予蔗糖素（一種人造甜味劑）的實驗鼠，給予蔗糖素的實驗鼠腸道中某些類型細菌（例如：梭狀芽孢桿菌Clostridia）的占比明顯更高、嗜氧性細菌的總量也更高，同時糞便的pH值也比較高。這些實驗鼠腸道中促炎基因的表現增加得更多，糞便代謝物內也發生了紊亂。

纖維是關鍵

幸運的是，人們可以透過改變飲食來調控腸道微生物群。僅僅在執行新飲食計畫的幾天內，腸道微生物群就可以發生變化。研究發現，植物性和動物性飲食之間的轉換，可讓腸道微生物群僅在5天內就發生變化。

膳食纖維是發展和維持腸道微生物群的健康及多樣性的關鍵所在。纖維的攝入量低，會減少短鏈脂肪酸的產生，並迫使腸道微生物群依賴較為不健康的營養物質來生存，這意味著會產生可能有害的代謝產物。研究表明，纖維含量通常較低的「西式」飲食，會增加人體對病原體的易感性、導致更多的炎症，並降低腸道黏膜的屏障性能。這為西式飲食為什麼經常會與慢性病有關聯提供了一個解釋。研究還指出，高纖維的飲食不僅可以促進腸道微生物的多樣性，還有助於保護和維持腸道內完整的黏膜屏障功能。

腸道微生物群與肥胖

腸道細菌產生的短鏈脂肪酸在腸道外也能發揮功效。短鏈脂肪酸被用於膽固醇的代謝、三酸甘油酯的形成，甚至對於掌控食慾的中樞調節機制也能發揮作用。研究表明，體內的短鏈脂肪酸含量較高，與較低的肥胖率以及胰島素抗性的降低都有關聯。丁酸鹽和丙酸鹽可以透過與腸道脂肪酸受體的交互作用來控制腸道荷爾蒙、降低食慾和飢餓感。

大多數針對超重和肥胖人士的研究表明，這類人的腸道菌群失調都具有一個關鍵特徵——腸道細菌的多樣性低。研究發現，長期的體重增加與腸道微生物群多樣性低有關，而膳食纖維攝入量低更會加劇這種情況。事實上，被給予肥胖人士體內腸道微生物群的無菌實驗鼠，比被給予一般人士體內健康腸道微生物群的無菌實驗鼠，增加了更多的體重。

研究人員認為，腸道微生物群失調不僅會促成肥胖，還會引起其他併發症，例如：代謝紊亂、免疫失調、腸道荷爾蒙調節改變，同時也會激化身體的炎症機制，例如：使更多的內毒素滲透腸壁進入血液循環中。

腸道微生物群與自體免疫疾病

研究人員已經對腸道微生物群與免疫系統之間的關聯展開了研究。他們發現腸道微生物群能夠對免疫系統產生影響，兩者之間能夠產生交互作用，預防疾病或導致疾病。例如：不健康的腸道微生物群會導致自發性的T細胞增殖，或是激活某些實際上會引發炎症以及疾病的T細胞。

炎症性腸病

炎症性腸病(IBD)是一類自體免疫疾病，會對胃腸道造成影響。炎症性腸病的兩種主要類型是克隆氏症和潰瘍性結腸炎。多項研究發現，腸道細菌與這些疾病的發病機制之間存在關聯。沒有罹患炎症性腸病的人士與炎症性腸病患者，兩者的微生物群有著很大差異。在炎症性腸病患者體內，某些類型的有益細菌減少，厭氧性細菌卻出現過度生長的情況。此外，科學家們發現，在患有急性結腸炎的實驗鼠體內，T細胞攻擊了腸道內壁而引起炎症，這表明腸道細菌和免疫系統之間的交互作用遭到了破壞。其他研究表明，健康的共生菌群能夠改善此類疾病的狀況。例如：健康細菌可以產生某些代謝產物，這些代謝產物能夠透過刺激T細胞產生具抗炎性的白細胞介素-10(IL-10)，同時減少會促發炎症的白細胞介素-7(IL-7)來抑制疾病。健康腸道微生物群產生的短鏈脂肪酸，還可以透過與免疫細胞以及其他化合物的交互作用來幫助減少炎症。

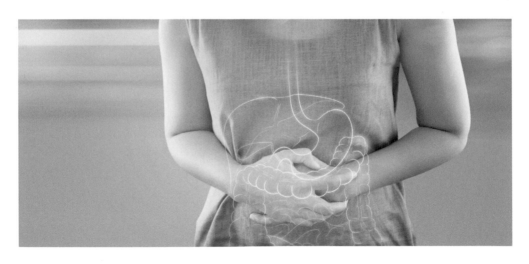

纖維對炎症性腸病能夠產生抗炎的功效。膳食纖維有助於將腸道微生物群轉變為友好菌株，從而減少炎性細胞因子、增加免疫調節分子，甚至有助於加速炎症性腸病的恢復過程。其他研究表明，罹患結腸炎的實驗鼠在給予高纖維飲食後，其腸道黏膜損傷較少、黏膜蛋白的含量則更多，這意味著高纖維飲食有助於維持黏膜的完整性並能防止腸道受損或發生病變。

潰瘍性結腸炎(UC)患者在補充洋車前子麩皮後，有助於緩解胃腸道症狀，同時有助於維持臨床的病情緩解。一項案例研究則表明，在食用富含植物性食物的高纖維飲食後，克隆氏症患者的病情獲得改善。補充纖維有助於增加有益細菌的數量，例如：長雙歧桿菌（又名：比菲德氏龍根菌*Bifidobacterium longum*）。研究人員得出總結，克隆氏症患者體內常見的腸道微生物群失調可以透過補充纖維來加以改善。

類風濕性關節炎

類風濕性關節炎是一種自體免疫疾病，會導致關節發炎。雙胞胎中兩人都罹患類風濕性關節炎的機率偏低，這表明環境因素在其中占有更重大的影響，而不是遺傳因素。研究人員認為，腸道微生物群的失調可能起著關鍵的作用。研究人員發現的證據顯示，腸道微生物群可以透過發送信號、調節全身的免疫組成來對非腸道內疾病產生影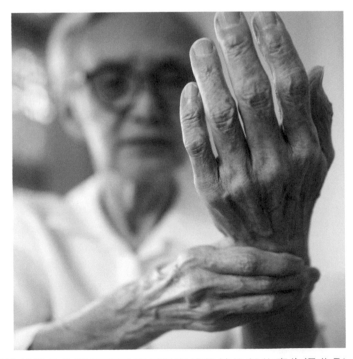響。然而，研究人員並不清楚微生物群究竟是如何對身體的其他部位產生這些影響的。

1-型糖尿病

1-型糖尿病是一種自體免疫疾病,因為免疫系統破壞胰臟中的 β 細胞而導致了糖尿病。研究發現,1-型糖尿病患者腸道中的調節T細胞明顯減少,顯示出腸道微生物群在其中發揮了作用。研究顯示,在進行了生物改造而罹患糖尿病的實驗鼠模型中,有些實驗鼠不受糖尿病的侵害,但前提是牠們必須擁有腸道微生物群。缺乏腸道微生物群的實驗鼠,很容易患上糖尿病。這表明某些類型的微生物,以及它們所影響的免疫調節途徑,保護了實驗鼠免受糖尿病的侵害。

腸道微生物群與結腸直腸癌

越來越多的研究表明,腸道微生物群失調與結腸直腸癌的發展存在關聯。證據指出,在癌變組織以及周圍的組織中,出現了嚴重的微生物群失調的情況。

腸道微生物群有助於預防結腸癌。健康的腸道微生物群能夠抑制促癌基因,並削弱癌細胞的再生能力。另一方面,腸道微生物群失調會透過抑制免疫系統的抗腫瘤反應,促使結腸癌的形成;還會抑制T細胞和自然殺手細胞的行動,使得偵測和摧毀腫瘤細胞的機制遭受阻礙,從而導致了癌症的發展。

除此之外，健康的腸道微生物群可以透過對膳食纖維的發酵而產生大量的短鏈脂肪酸。短鏈脂肪酸能夠幫助維持健康的腸壁黏膜屏障功能，並透過腸道微生物群與不同免疫細胞之間的交互作用來幫助維持健康的免疫系統。丁酸鹽是一種短鏈脂肪酸，具有抗炎的特性，有助於調節免疫系統並維持微生物群的恆穩狀態；丁酸鹽也因為能誘使結腸癌細胞死亡而具有抗腫瘤的特性。

腸道微生物群與心臟病和中風

研究表明，每天食用洋車前子麩皮可以減少低密度脂蛋白膽固醇（也稱為「壞」膽固醇）以及其他兩種心臟病的脂質標誌物。《柳葉刀》雜誌發表的一篇綜述指出，高纖維的飲食可以使總死亡率和心臟病致死率降低15％至30％。即使每天僅增加8克的纖維，也可以將死亡率降低5％至27％。高纖維的飲食也有助於腸道細菌產生能夠降低高血壓有害影響（例如：血管損傷、心臟損傷以及心律異常）的代謝產物。

腸道微生物群與過敏

越來越多證據顯示，免疫細胞和長期棲居體內的微生物群之間的交互作用，對於構建和維持對某些物質的耐受性而言至關重要。腸道微生物群失調，以及後續腸道微生物群與免疫細胞之間的互動交流遭到破壞，都可能會導致食物過敏。對實驗鼠進行的研究發現，如果科學家們消滅了腸道中的有益微生物群，實驗鼠就會變得容易對食物產生過

敏。在被培養成體內沒有長期棲居微生物的實驗鼠中，研究人員發現，引入某些細菌菌株可以保護這些實驗鼠免於食物過敏。研究人員還發現，帶有腸道菌群的實驗鼠擁有更多的調節T細胞，腸道的屏障功能也更強。

在對嬰兒進行的觀察研究中，研究人員發現其他方面健康狀態良好、但患有食物過敏的嬰兒，其腸道菌群與沒有罹患食物過敏的嬰兒有所不同。研究人員指出，相較於那些從嬰兒時期就罹患過敏、長大後也一直沒有康復的孩童，在嬰兒時期過敏、但隨著年齡的增長克服了過敏的孩童，其糞便中的有益細菌含量較高；這表明腸道細菌和免疫系統之間的交互作用，能創造一個短暫的時機點，幫助預防嬰幼兒時期的過敏。在另一項研究中，科學家分別從對牛奶過敏的嬰兒以及對牛奶不過敏的嬰兒身上收集腸道細菌，再將這些菌群置入實驗鼠體內。來自無過敏症狀嬰兒的細菌，能夠保護實驗鼠免於牛奶過敏

反應；但來自過敏嬰兒的細菌卻沒有這種功能。這表明機體需要具保護力的微生物來幫助調節免疫反應，並維持強健的腸道屏障功能。

腸道的平衡也很重要

整個人體就是關乎一個平衡的狀態，這樣的平衡對於生活在體表和體內的有機體而言也非常重要。健康不僅取決於自身的器官、組織和細胞的功能如何，也取決於它們與棲居於人體的有機體協同運作的功能如何。

微生物群失衡不僅會增加人體對各種疾病的易感性，也會對日常生活造成影響，甚至影響體重的增加、導致肥胖。處於平衡狀態且具多樣性的腸道微生物群才是最健康的。保持腸道微生物群健康和活躍的關鍵，就是透過大量攝取富含纖維的天然完整植物性食物的健康飲食。研究已經證實，試圖以人造益生菌等物質來肆意改變細菌的平衡只會導致許多副作用，卻無法帶來多少好處。科學家們仍在不斷地增進關於「微生物群如何影響人體」這方面的認識，但有一點是肯定的──人們應該致力去保持腸道微生物群的活躍、多樣性以及健康狀態。

第六章

自體免疫疾病

我們持續不斷地面對來自身體外部世界的威脅，以及來自身體內部的威脅，然而，我們依舊生存無礙。我們進食、相互交流，並且不停接觸各種可能使我們致命的物質。但我們不僅活得好好的，甚至往往對這些威脅毫無覺察！那是因為我們強大的免疫系統幫助身體抵禦住了種種威脅。

免疫系統是我們的超級武器，在各種威脅造成問題之前，即能將其消滅。然而，這需要免疫系統正常地工作，能夠正確地辨別出威脅並進行防禦。若免疫系統出現故障，身體就會出現問題。為了能夠正常工作，免疫系統必須具備的關鍵特徵之一，是能夠將人體自身的細胞（「自身物質」）與外來物質（「非自身物質」）區分開來。當我們的免疫系統失去這種能力，它就會開始攻擊人體自身的細胞，從而導致自體免疫疾病。

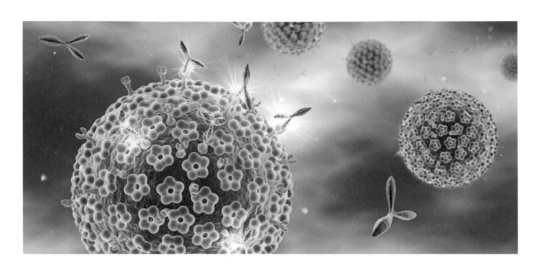

自體免疫疾病愈來愈普遍

自體免疫疾病的發病率正呈現上升趨勢。研究人員觀察了超過14,000人血液中的抗核抗體（ANA）指數隨時間而產生的變化。ANA是用來檢測是否罹患自體免疫病最常見的生物標誌物之一。他們發現，在大約20年的時間裡，ANA檢測為陽性的機率從11％增加到了15.9％，並且ANA呈陽性的比例在12至19歲的青少年中出現了急劇上升。ANA陽性機率的升高令人擔憂，因為這也預示著自體免疫疾病的罹患率增加，並突顯出科學界需要進行更多的研究來確認驅使此現象出現的主要原因，同時幫助制定可行的預防措施。

流行病學數據也顯示，西方社會中的自體免疫病例持續增加。在諸如加拿大、以色列、丹麥、荷蘭、瑞典和美國等國家，乳糜瀉、1-型糖尿病、類風濕性關節炎和重症肌無力症（神經肌肉疾病）等自體免疫疾病越來越頻繁地出現。英國進行的研究顯示，某些自體免疫疾病的發病率每年增長高達9％。遺憾的是，科學家們並不知曉自體免疫疾病發病率增長的原因。然而，西方國家自體免疫疾病發病率的上升，以及多個先前如：多發性硬化症等自體免疫疾病罹患率較低的國家（如：日本），其罹患率亦急速攀升，這些都顯示出人類自身的行為才是導致這類疾病的原因。但由於過去幾十年來人類的基因並沒有發生明顯的變化，因此罹患率上升的原因更有可能是源自生活方式或環境發生的改變。

自體免疫疾病仍是一個謎團

自體免疫疾病是炎症性的疾病。當免疫系統無法區分自己（安全）和外來入侵物（危險）時，就會導致自體免疫疾病的產生。由於免疫系統混淆了人體自身細胞和外來入侵物，致使其錯誤地攻擊自身細胞，從而造成發炎和損傷，並導致自體免疫疾病。遺憾的是，科學家們尚未弄清楚人體為什麼會進行自我攻擊。科學家們不知道究竟是什麼觸發了自體免疫疾病，他們也不知道為何有些人會罹患此病、有些人卻不會。自體免疫疾病可能會影響身體的某些部分、也可能會影響整個身體。

自體免疫疾病的類型

目前已知有超過100種不同的自體免疫疾病，它們往往會造成長期患病，有些甚至會危及生命。

急性瀰漫性腦脊髓炎	扁平苔蘚
斑禿	1-型膜性增生性腎小球腎炎
抗腎小球基底膜病	多發性硬化症
再生不良性貧血	重症肌無力症
自體免疫性萎縮性胃炎	尋常型天皰瘡
自體免疫性多內分泌腺病綜合症	惡性貧血
自體免疫性蕁麻疹	乾癬
大皰性類天皰瘡	類風濕性關節炎
乳糜瀉	硬皮病
慢性發炎脫髓鞘性多發神經病變	修格蘭氏症候群（乾燥症候群）
克隆氏症	全身性紅斑狼瘡
格雷氏病（突眼性甲狀腺腫）	1-型糖尿病
格林-巴利症候群（急性感染性多神經炎）	潰瘍性結腸炎
橋本氏甲狀腺炎	血管炎
自體免疫性血小板減少性紫癜	白斑病

自體免疫疾病無法治癒

自體免疫疾病不僅會增加患者面臨長期患病的風險，還會增加其罹患癌症的風險；這是由於免疫系統失調而攻擊自身細胞組織，導致人體組織持續退化造成的。目前，醫學上沒有治癒自體免疫疾病的藥物。自體免疫疾病是一種慢性的進行性疾病。當前的治療策略著重於控制症狀並減緩病情的惡化。用於治療自體免疫疾病的藥物包括免疫抑制劑以及非甾體抗炎藥物。

免疫抑制劑

免疫抑制劑是目前治療自體免疫疾病的主流、不二標準。這類藥物透過抑制免疫系統來發揮作用。由於自體免疫疾病是因免疫系統攻擊人體自身細胞而對身體造成損害，因此抑制免疫系統有助於緩解自體免疫疾病的症狀。

與其他的藥物一樣，免疫抑制劑也附帶著風險。它們會產生讓人不適的副作用，例如：食慾不振、噁心和嘔吐等。然而，最大和最嚴重的風險則是患者更容易發生嚴重感染，以及罹患癌症的風險增加。

服用免疫抑制劑會使人增加遭受各種感染的風險，包括一些人們通常不會得到的感染。還可能因此而重新激活原本在服用者體內潛伏的病毒，例如：水痘帶狀疱疹病毒、單純疱疹病毒、巨細胞病毒以及B型（乙型）和C型（丙型）肝炎病毒。全身性的嚴重感染也會導致這類患者住院的機率更高。

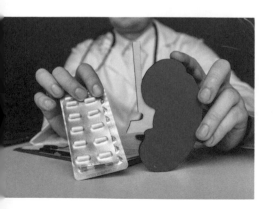

器官移植者通常需要服用免疫抑制劑，阻止免疫系統攻擊（排斥）移植的器官。研究人員發現，器官移植患者罹患癌症的風險總體上增加了兩倍，罹患32種癌症的風險也增加了。最常見的癌症通常是皮膚癌、淋巴瘤、卡波西氏肉瘤、肺癌、腎癌和肝癌。發表在《新英格蘭醫學雜誌》上的一項研究表示，與健康人士相比，使用免疫抑制劑20年後，40%接受此種療法的患者罹患了癌症。

非甾體抗炎藥物 (非類固醇消炎藥，NSAIDs)

市面上有許多種非甾體抗炎藥物，包括：布洛芬、萘普生、依托度酸和塞來昔布等。這類藥物通常作為止痛藥，例如：用來治療頭痛。NSAIDs是透過阻止一類名為「前列腺素」分子的形成，從而發揮功效。前列腺素參與了人體的炎症反應。透過阻止身體產生前列腺素，NSAIDs有助於遏止發炎的過程。由於這類藥物可以減少炎症，因此有助於緩解自體免疫疾病的一些症狀。然而，NSAIDs會導致一些副作用。

NSAIDs藥物潛在的副作用包括：

- 胃部不適
- 高血壓
- 體液滯留（水腫）
- 消化不良
- 胃炎
- 血小板功能受損
- 頭痛
- 增加心臟病發作和中風的風險
- 皮疹

NSAIDs會導致的嚴重副作用還包括胃出血以及腎功能惡化。

觸發自體免疫疾病的風險因素

儘管造成自體免疫疾病的確切病因尚不清楚，但仍存在一些風險誘因：

- 性別——更常見於女性患者
- 遺傳——某些疾病（例如：狼瘡）通常會在家族中集體發生
- 罹患一種自體免疫疾病，會增加罹患另一種自體免疫疾病的風險
- 肥胖——與輕度發炎有關
- 吸菸——香菸與多種自體免疫疾病的生成有關，並可能會損害免疫系統
- 藥物——有些藥物可能會經由多種機制來觸發自體免疫疾病
- 某些類型的感染——例如：由第四型人類疱疹病毒（愛潑斯坦-巴爾病毒，EB病毒）、C型肝炎（丙型肝炎）病毒以及巨細胞病毒引起的感染
- 營養因素——如：營養不良，以及攝取富含飽和脂肪的飲食

自體免疫疾病必須受到觸發才會產生

有些人認為患上自體免疫疾病就像患上感冒或癌症。它被看作是什麼都不做也會「發生」的疾病，人們無法阻止。有些人則認為，如果本身帶有自體免疫疾病的基因，就意味著必定會患上這種疾病。其實這兩種觀點都不正確。

儘管遺傳可能是造成自體免疫疾病的重要因素，但僅遺傳了自體免疫疾病的「易感性」並不代表就會罹患此病。針對雙胞胎的若干研究顯示，具有相同遺傳基因的人並不意味他們會罹患上相同的疾病。環境因素比「遺傳易感性」影響更大。觸發自體免疫疾病，需要具備兩個條件。其一，此人必定較容易罹患此疾病；其二，必定存在某種觸發因素。

儘管科學界已經確定了數種遺傳性誘發因素，但由遺傳而導致的自體免疫疾病僅占總病例的一小部分。大多數的自體免疫疾病都與影響基因表達的外部因素有關。基因並非一成不變的。它們是構建身體的藍圖，但並不是所有的「藍圖」身體都用得到——有些基因會在體內活躍，而另一些則相反。環境因素可以「啟動」或「關閉」特定的基因群，包括那些會導致自體免疫疾病的基因。

避免會引發自體免疫疾病的種種因素，才是預防的關鍵。可能觸發自體免疫疾病的因素包括細菌和病毒感染；接觸到各種毒素，例如：化學溶劑和其他化學物質、重金屬、菸草、防腐劑與染料等；以及受傷，甚至是壓力。

不幸的是，目前對於某些因素如何、以及為何會觸發自體免疫疾病的了解依然甚少。我們有一些與此相關的理論。

自體免疫疾病背後的理論

所有的自體免疫疾病都有一個共同的特徵，那就是對自己的身體失去耐受度，這意味著免疫系統無法再區分清楚哪些屬於人體自身（這些地方是不應該被攻擊的），以及哪些是外來入侵物。科學界尚未弄清楚究竟是什麼導致了這項機能的混亂，但這通常與許多被過度刺激或不恰當的免疫反應有關。自體免疫疾病背後有許多的理論，但在找到明確的病因之前還需要更進一步的研究。

「腸漏」理論

雖然大多數人會認為皮膚是人體與外界接觸面積最大的身體部位，但實際上正確答案卻是腸道。腸道的表面積超過370平方米，幾乎是皮膚表面積的200倍。腸道接觸到的外來物質，遠比皮膚接觸到的更多。

腸道必須保持腸壁滲漏性的平衡。腸壁必須維持足夠的滲漏性，讓液體、營養物質以及食物中的其他成分能夠通過，同時還要阻止潛在有害物質的進入。腸道不健康意味著這道屏障受損，就會發生「滲漏」現象，可能出現裂縫和孔洞，使毒素或未完全消化的食物顆粒穿透、滲入腸道組織，從而引發會導致自體免疫疾病的炎症。

每個人都有一定程度的腸漏，因為腸道不可能完全不具滲漏性。然而，腸道「滲漏」的程度取決於許多因素。有些人可能有遺傳傾向。但現代的生活方式和飲食，可能才是腸漏和腸道炎症背後的主要驅使因素。越來越多的證據顯示，營養不均衡的飲食，例如：低纖維且高脂肪的飲食，會導致腸漏。飲酒和壓力似乎也會造成影響。

臨床研究顯示，炎症性腸病（例如：潰瘍性結腸炎和克隆氏症）患者腸道中的炎性細胞因子含量偏高。科學研究已經發現這類細胞因子會破壞腸壁的屏障功能。尤其是細胞因子TNF-α扮演著特別重要的角色，因為它會誘導炎症並增加腸道的滲漏性。

科學家們認為，部分已消化或未消化的食物顆粒、細菌毒素或其他外來物質都可以穿過發生滲漏的腸道屏障進入體內，從而誘發免疫系統發生反應，引起全身性的炎症。受損的腸道屏障與多種腸道疾病都有關聯，包括炎症性腸病（如：乳糜瀉），以及腸易激綜合症等。透過名為分子擬態的機制，科學家們認為腸漏也可能造成多種影響身體其他部位的自體免疫疾病，如：1-型糖尿病、多發性硬化症以及類風濕性關節炎等。

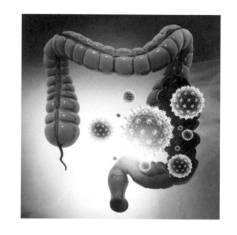

分子擬態

分子擬態（模擬）是感染等因素引發自體免疫疾病的主要機制之一。分子擬態是指免疫細胞對於與外來抗原結構相似的自身抗原，產生不適當的反應。如果自身抗原與外來抗原具有相似的結構，免疫系統就會將兩者混淆，把自身抗原當作外來物質並發動攻擊，從而引起自體免疫疾病。例如：某些細菌會導致免疫系統發生混淆，使其攻擊身體自身的細胞。肺炎克雷伯氏菌和沙眼披衣菌會模擬人體腰椎和骶髂關節的形態，從而引發僵直性脊椎炎、乾癬性關節炎以及其他的脊椎關節疾病。而免疫系統若對幽門螺旋桿菌（一種細菌）以及胃細胞發生混淆，就會導致自體免疫性胃炎。

免疫系統有記憶，它能夠記住遇到過什麼，以便發起快速的攻擊（後天免疫反應）。雖然一般情況下這是一項非常卓越的機制，可以為人體帶來諸多的好處，例如：對於某些疾病的抵抗力；但這也意味著自體免疫疾病無法治癒，因為免疫系統的記憶無法消除。每次接觸抗原後只會增強免疫細胞的記憶。在出現自體免疫疾病的情況下，人體自身的細胞就是這些抗原。由於人體自身的細胞始終存在，免疫系統的記憶力也會持續增強，免疫系統將不斷地攻擊這些人體細胞。自體免疫疾病也就永遠不會消失。

食物中的分子擬態

雖然科學界所做的大部分研究都集中在細菌或病毒抗原上，但越來越多的研究顯示，我們攝取的食物在其中扮演著關鍵的角色。

流行病學的證據指出，母乳的哺育時間短以及過早將牛奶引入嬰兒飲食，是導致1-型糖尿病發展的風險因素。酪蛋白大約占牛奶中蛋白質的85%，而僅占母乳中蛋白質的25%。研究人員認為，如果在新生兒剛出生的前幾周引入牛奶，牛奶和母乳之間的顯著差異可能會引起免疫反應，因為嬰兒的免疫系統尚未發育完善，而外來的蛋白質（如：牛奶蛋白）仍然會對免疫系統造成刺激。

研究人員發現牛的β-酪蛋白以及人體胰臟中β-細胞上葡萄糖轉運蛋白2(GLUT2)的部分區域之間，也存在著類似的情況，這可能會導致自體免疫反應，從而對人體的β-細胞造成損害。由於免疫系統在對牛奶蛋白發起攻擊後保留了「記憶」，因此β-細胞上的類似結構，會導致免疫系統錯誤地將部分β-細胞識別為外來異物，並對其發動攻擊。β-細胞對胰島素的生產至關重要。與對照組相比，研究人員發現37％的糖尿病受試者，體內存在針對β-酪蛋白的自身抗體；而50％近期發病的糖尿病受試者，其淋巴細胞對β-酪蛋白的反應增強；在非糖尿病受試者的體內卻沒有發現這種情況。牛奶蛋白讓糖尿病患者產生免疫反應，表明這些人的腸道黏膜免疫力也受到了破壞。

衛生學理論

「兒童時期的感染能夠預防特應性過敏症（出現過敏性疾病的遺傳傾向）」的理論，是根據以下這些研究發現：家庭中的第一個孩子發生過敏性鼻炎以及其他過敏症狀（如：異位性皮膚炎，也稱為濕疹）的頻率，高於之後出生的孩子。該理論認為第一個孩子接觸到的病原體比之後出生的兄弟姐妹們少，因此人們相信生長環境越乾淨，孩子罹患某些疾病的風險就越高。

根據衛生學理論，過度清潔的環境會阻礙免疫系統的健全發展。在母親體內，由母體在幫助胎兒抵抗外來入侵物，因此胎兒的免疫系統受到了抑制，這也能防止胎兒的免疫系統對母體造成攻擊。然而在出生後，嬰兒的免疫系統需要學習如何保護自己。免疫系統透過接觸周圍環境中的外界物質來進行學習。如果沒有任何的接觸，免疫系統就無法受到足夠的訓練。最終也無法形成完善的防禦反應。

起初，科學家們認為衛生學理論僅適用於過敏症，但現在他們認為此理論也可延伸適用於自體免疫疾病。進一步的研究亦支持了這個結論。例如：在無病原體環境中飼養的實驗鼠，很高比例地都患上了自體免疫性糖尿病。然而，讓這些實驗鼠受到各類型的感染後，就能防止此類疾病的發生。

衛生學理論或許能夠解釋為什麼在年齡較小時從自體免疫疾病發病率低的國家移民到其他國家的人，日後患有自體免疫疾病的頻率也變得和移民國的居民相同。富裕國家的過敏及自體免疫疾病發病率越來越高，傳染病的發病率卻較低。相反地，較貧窮國家往往傳染病的發病率較高，但過敏及自體免疫疾病的發病率則較低。

不健康的飲食會使炎症惡化

自體免疫疾病在全球變得越來越普遍。在美國，超過2,400萬人患有自體免疫疾病。

「西式」高熱量、高脂肪的飲食習慣，以及久坐不動的生活方式會激起體內慢性發炎的狀態，進而導致自體免疫疾病。這是因為典型的西式飲食往往含有大量的卡路里，並且通常多油膩、高脂肪的食物以及其他一些不健康的食物，例如：動物性食物，尤其是紅肉。

飲食中若含有過多的Omega-6脂肪酸，會導致Omega-6相對於Omega-3的比例過高，從而促使心臟病、癌症、炎症以及自體免疫疾病等病症的發展。人類原本飲食內Omega-6與Omega-3必需脂肪酸的比例為約1:1。

對於許多人而言，攝入的大量Omega-6來自於所使用的食用油。儘管人們普遍認為蔬菜意味著更健康的選擇，但是很多植物油並不健康。這些植物油中Omega-6與Omega-3的比例非常不均衡。

常見食用油中的Omega-6與Omega-3比例

食用油	Omega-6：Omega-3
橄欖油	12.8：1
酪梨（牛油果）油	13：1
茶籽油	31.7：1
花生油	32：0
棕櫚油	45.5：1
玉米油	45.9：1
紅花油	132.5：1
芝麻油	137：1
葵花油	199：1
棉籽油	257.5：1
葡萄籽油	696：1

增加飲食中Omega-3相對於Omega-6的量，並平衡Omega-6與Omega-3的攝取比例，有助於抑制炎症。例如：研究指出飲食中Omega-6：Omega-3的比例為4：1，即可降低因心臟病引發的總死亡率。比例為2.5：1，可以減少結腸直腸癌患者體內直腸癌細胞的增殖。比例為2：1，能夠抑制類風濕性關節炎患者的發炎狀況。而在乳癌研究中，研究人員發現Omega-3也許能夠降低乳癌風險，因此飲食中的Omega-6與Omega-3比例對乳癌的病情發展具有一定的影響。每種疾病都不一樣，反應也不盡相同；但總體趨勢似乎是：兩者的比例越平衡，效果越好。Omega-6與Omega-3脂肪酸的比例為1：1會更好。

健康的腸道微生物群可預防自體免疫疾病

正如不健康的日常飲食會導致疾病且加劇病情，同樣，健康的飲食也能幫助維護整體健康，並保護我們免受自體免疫疾病的侵害。人體的免疫系統和腸道微生物群緊密相連。健康的腸道微生物群有助於免疫系統維持健康。儘管科學家們尚不清楚是什麼原因導致自體免疫疾病、或該如何治癒此類疾病，但他們已發現，飲食、腸道微生物群與自體免疫疾病之間存在著某種關聯。

在腸道中，友好的微生物群實際上能夠幫助分解食物並調節腸道功能。腸道微生物群還有助於保護腸壁免受致病細菌的侵害，並且有助於維持腸道屏障的完整性。至於免疫系統，它與腸道微生物群之間密切的相互作用，有助於發展並形成適當的先天及後天免疫反應。並非所有外來物質都需要被摧毀。腸道中健康且友好的微生物，似乎在幫助免疫系統學習如何自我調節、區分異物方面發揮著一定的作用。腸道微生物群的改變或失衡，會增加免疫系統過度反應的風險。腸道微生物群失衡與許多疾病都有關聯，例如：過敏、哮喘、自體免疫疾病、心臟病、炎症性腸病、肥胖，甚至結腸癌。

腸道微生物群和免疫系統之間的平衡遭到破壞，會導致腸道炎症以及身體其他部位的炎症，還會增加腸道的滲漏性——這越來越被認為是導致不適當的全身免疫激活以及炎症的顯著原因。如果沒有健康的腸道微生物群，免疫系統和腸道微生物群之間正常的相互作用就會遭到破壞，免疫系統就會變得不平衡，更傾向於致病反應而不是起保護作用。

自體免疫疾病患者的腸道微生物群，其種類的多樣性往往會減少。研究人員對自體免疫性糖尿病患者的兄弟姐妹進行了研究。實驗室的結果顯示，就在疾病發作之前，研究對象的腸道微生物群，其種類的多樣性出現了下降的現象。其他針對實驗鼠的研究發現，相較於具有腸道微生物群的實驗鼠，缺乏腸道微生物群的實驗鼠（使用無菌實驗鼠或是透過抗生素加以消除）自體免疫性糖尿病的發病率呈顯著的上升。其他使用實驗鼠的研究顯示，在疾病發作前給予實驗鼠健康的共生菌，確實可以阻止疾病的顯現。

多吃纖維可以預防自體免疫疾病

確保擁有健康腸道微生物群的最佳方法之一就是透過飲食，而最簡單易行的飲食改變之一就是多吃纖維。纖維只存在於植物性食物，而不存在於動物性食物中。研究人員發現，僅僅兩周的時間多吃纖維，就足以顯著地改變一個人的腸道微生物群，並促進健康腸道細菌的數量。

許多與腸道微生物群相關的疾病，例如：炎症性腸病，在過去幾十年裡呈現急劇上升的趨勢，這表示因生活方式的改變，腸道內失去了有益且具保護性的健康細菌，從而可能使得腸道微生物群遭受破壞。低纖維以及不利於腸道健康的飲食，都會降低腸道微生物群的多樣性，從而導致身體機能失調並引發炎症性腸病。事實上，研究人員認為這些疾病在一定程度上都可透過多吃膳食纖維來加以預防。

克隆氏症

克隆氏症被認為是一種會造成腸道反覆發炎的自體免疫疾病。以當前的治療方法，只有10％的患者可以實現長期病情緩解。研究發現，克隆氏症患者的腸道微生物群多樣性降低，可能是關鍵的發病原因。在一項病例研究中，克隆氏症患者在改為植物性食物的飲食後，患者的腸道黏膜逐漸癒合、症狀得到完全的緩解。植物性食物中含有的大量纖維，有助於維持腸道微生物群的健康。

多發性硬化症

高纖維飲食可以幫助控制其他一些自體免疫疾病的症狀，例如：多發性硬化症。多發性硬化症是一種免疫系統攻擊大腦和脊髓（中樞神經系統）的慢性疾病。研究人員發現，攝取大量纖維的患者，其血液中的炎症標誌物含量較低。這通常表示體內的炎症指數較低。

纖維不僅有助於控制自體免疫疾病的症狀，還有助於降低罹患自體免疫疾病的風險。研究人員指出，高纖維飲食能幫助預防中樞神經系統自體免疫疾病。

狼瘡

狼瘡會引起全身性的炎症，涉及許多不同的組織和器官。狼瘡與腸道微生物群的健康有著密切的關聯。研究發現，與非狼瘡患者相比，狼瘡患者的腸道微生物群的多樣性較低。實際上在這些研究中，那些較頻繁發作或症狀較嚴重的狼瘡患者，腸道微生物群的種類最少。其他研究也顯示，狼瘡患者腸道內的微生物群不但失衡，而且某種稱為瘤胃球菌的細菌數量更是異常之多。此外，研究發現，與健康的動物相比，容易罹患狼瘡的實驗鼠，其體內有益的腸道微生物群的種類亦較少。研究指出，在飲食中添加膳食纖維，可以幫助恢復腸道微生物群的平衡。

類風濕性關節炎

類風濕性關節炎是免疫系統攻擊關節從而引起炎症的一種疾病。早在1970年代，就有研究顯示在類風濕性關節炎發作之前，通常會先出現腸道感染的現象。研究發現，不健康的腸道微生物群可能會引發類風濕性關節炎。膳食纖維攝入量的減少以及典型的「西式」飲食攝入量的增加，被證明會導致體內的微生物群失調（對腸道微生物群造成損害），造成類風濕性關節炎患者的免疫失衡。此外研究人員指出，相較於具有健康腸道微生物群的實驗鼠，缺乏腸道微生物群的實驗鼠，往往會自然地形成特別嚴重的類風濕性關節炎。

膳食纖維對於維持健康腸道菌群的正面影響已是學界公認的事實。研究人員發現，攝取高纖維飲食的類風濕性關節炎患者，其身體活動更自如、生活品質更好、骨質流失也隨之減少。高纖維飲食也有助於促進腸道微生物群產生短鏈脂肪酸（SCFAs），進而幫助預防發炎，並且在患有發炎性關節疾病的動物模型實驗中，顯示出可預防膝關節損傷和功能障礙。

此外，攝取較多膳食纖維的人，其血液中的炎症標誌物C-反應蛋白（CRP）含量較低。炎症標誌物含量較低，通常代表體內發炎狀況亦相對較輕。

食物就是最好的良藥

關於腸道微生物群與整體健康之間的關聯，已有越來越多的研究出現了令人振奮的結果。表面上來看，腸道健康似乎主要影響消化系統，但研究顯示，它其實會影響多種疾病，包括自體免疫疾病；而現代醫學目前還無法真正治癒此種疾病。

為了促進和維持健康的腸道微生物群，最重要的食物之一就是纖維。研究證實，纖維能夠以人造益生菌無法達成的方式來促進腸道微生物群的多樣性。人造益生菌補充劑往往只含有少數幾種有益細菌菌株，因而無法對腸道微生物群的多樣性發揮明顯助益。腸道微生物群深受日常飲食所影響。單純給予它多幾種的細菌菌群，並不會對其多樣性產生重大的影響。然而，改變飲食以及多吃膳食纖維，則可以帶來顯著的變化。研究顯示，僅僅四天後，攝取較多含較高纖維的植物性食物者，腸道中微生物群的數量及類型都發生了顯著的變化。然而，持續性食用較多肉類及其他動物性食物者，體內與不良健康狀況（如：炎症性腸病）相關的細菌卻出現了上升的現象。由此可見，簡單地改變日常飲食，就能對健康產生巨大的影響。

當下，與其被動等待治癒方法出現進展、或依靠具有副作用的藥物來治療，不如更加積極地對自己的健康負責，透過一些簡單易行的方法來預防疾病，例如：增加膳食纖維的攝取。食物，毫無疑問是最好的良藥。

第七章

過敏

當免疫系統將無害物質誤認為有害時，就會發生過敏。
免疫系統的不適當反應會導致過敏症狀。僅僅因為一種物
質會引起過敏反應並不意味著它是有害的，因為任何物質
都可能會引發過敏。過敏不會莫名其妙地、突然地發生，
很多因素都會影響人體是否會產生過敏。

適當的免疫反應

免疫系統的功能是保護身體免受外來入侵者的傷害,例如:細菌、病毒、真菌和寄生蟲等。免疫系統透過觸發針對外來入侵者的免疫反應來完成保護身體的功能。在適當的免疫反應中,免疫系統將外來入侵者鎖定為攻擊對象並將其摧毀。免疫系統會釋放抗體,例如:免疫球蛋白M(IgM)和免疫球蛋白G(IgG)。這些抗體會黏附於外來入侵者(抗原)並觸發一連串的免疫反應,以幫助摧毀外來入侵者。

過敏性免疫反應

引起過敏反應的物質被稱為過敏原。常見的過敏原包括花粉、塵蟎、昆蟲或堅果等食物。如果一種物質引起了過敏反應,即使只是有時會引起過敏,這種物質也被稱為過敏原。任何物質都有可能成為過敏原。

當人體不恰當地對某一種無害物質發動免疫反應時,就會發生過敏。在過敏性免疫反應中,免疫系統的另外一種路徑會被啟動。這種路徑不是釋放IgM和IgG,而是釋放一種名為免疫球蛋白E(IgE)的不同抗體,從而刺激組織胺的分泌。

過敏反應時會發生什麼

過敏反應分為兩個階段：早期階段和後期階段。不是每個人都會經歷這兩個階段；有些人只會經歷其中之一。

過敏反應的早期階段稱為即刻反應。一旦身體釋放組織胺，很快就會產生這種反應。

當接觸到過敏原時，身體會開始產生過敏反應。過敏原與人體接觸的方式有很多，可能是吸入、吞嚥、注射到體內或與皮膚接觸。作為對過敏原的回應，免疫系統的B細胞會產生大量的IgE。每個人其實都會產生IgE，然而過敏的人會產生更大量的IgE。IgE會引發一連串的反應，促使肥大細胞或嗜鹼性粒細胞釋放出組織胺等化學物質。組織胺會導致過敏反應的典型症狀，例如：發癢、喘息、腫脹等，在組織胺高濃度的情況下，還會導致血壓下降。身體也會釋放其他的化學物質，例如：白三烯素。它們的作用類似於組織胺。此外，身體還會釋放細胞因子，例如：白細胞介素-4，這會導致更多的IgE產生。

後期階段的反應速度要慢得多。在後期階段的反應過程中，免疫細胞會釋放化學物質，將其他的免疫細胞吸引到過敏原所在的部位。這些細胞包括：嗜酸性粒細胞、嗜中性粒細胞和淋巴細胞。每種細胞透過釋放不同的化學物質，以不同的方式引起後期反應。例如：嗜酸性粒細胞釋放的化學物質與肥大細胞釋放的組織胺相似，會引起廣泛的、全身性的刺激。嗜中性粒細胞會釋放能夠分解該部位組織的化學物質，例如：酶類。淋巴細胞會釋放細胞因子，吸引更多的細胞前往發生反應的部位。

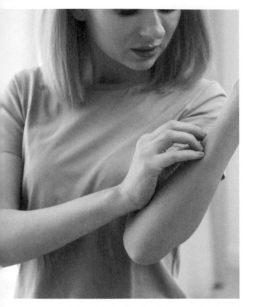

影響鼻子的過敏反應會立即讓人產生打噴嚏、發癢以及分泌鼻涕等症狀，這種反應將在幾分鐘內發生，並持續大約一個小時。後期反應可能包括鼻腔腫脹、產生鼻涕或持續性的鼻塞，甚至在去除過敏原後這些反應仍會持續很長一段時間。在肺部，過敏的即刻反應是呼吸急促、咳嗽或喘息。這些症狀可能會暫時消失，然而在幾個小時之後，又再度發生後期反應並導致類似的症狀，例如：呼吸急促、咳嗽或喘息等，且可能會持續長達數小時。

慢性過敏性炎症

人們往往把過敏視為生活中輕微的不便，但持續或反覆地接觸過敏原會導致慢性過敏性炎症。這種慢性炎症會使得受影響的器官和組織遭受損害並發生永久性的變化，從而導致功能異常。眾所周知，在慢性哮喘患者中，炎症會對氣管的每一層都造成影響，並且通常與氣管內壁的變化、產生黏液的細胞數量增加、細胞因子的數量增加，以及損傷和修復部位的擴大都有關聯。

患有異位性皮膚炎（特應性皮炎）的人，可能會出現由慢性炎症引起的皮膚組織重塑，例如：增加血管分布。這會導致皮膚屏障功能受損，從而變得更容易遭受感染。在許多過敏性鼻炎患者中，慢性炎症會導致鼻息肉的增生與發展。鼻息肉，如果體積很大就會阻塞鼻道和鼻竇，使呼吸受阻。

要避免慢性過敏性炎症造成的損害，最佳的方法就是避免接觸過敏原。

過敏性休克

對於那些嚴重過敏的人來說，接觸過敏原後會在幾秒鐘或幾分鐘內就引發過敏性休克。過敏性休克是一種嚴重的、會危及生命的過敏反應，需要立即就醫。過敏性休克會因低血壓而導致休克，並導致氣管變窄，引發呼吸困難或氣管完全阻塞。

過敏反應的症狀

過敏反應的症狀不是由過敏原引起的,而是由免疫反應所引起。例如:幾乎每個人被蚊蟲叮咬後都會發癢。許多人認為,這是因為蚊子將一種物質注入人體皮膚後所導致,但事實並非如此。腫脹和發癢實際上是身體對蚊子唾液產生了免疫反應(過敏反應)而引起。免疫系統產生IgE,刺激組織胺的產生,從而引起了腫脹和發癢等過敏症狀。

當一個人出現過敏反應時,根據過敏部位的不同,可能會產生多種症狀。常見的症狀包括:

- 打噴嚏、流鼻涕或鼻塞
- 眼睛發癢、發紅、流淚
- 喘息、呼吸急促、咳嗽
- 皮膚表面出現凸起且發紅發癢的皮疹
- 皮膚乾燥、龜裂或發紅
- 嘴唇、舌頭、眼睛、臉部或身體其他部位腫脹
- 胃痛或腸胃不適、消化不良
- 嘔吐、腹瀉

在嚴重的病例中，有些人會出現危及生命的反應，亦即過敏性休克。這會造成全身性的影響，且通常在接觸到過敏原後的幾分鐘內發生。過敏性休克的患者將出現下列情況：

- 口腔和喉嚨腫脹
- 呼吸困難
- 眩暈、精神錯亂
- 皮膚或嘴唇泛紫發藍
- 喪失意識

過敏性疾病的種類

過敏性疾病有很多種類，每一種都可由不同的過敏原引發。

花粉熱（花粉過敏）

花粉熱也稱為過敏性鼻炎，會引起類似於感冒的症狀，例如：流鼻涕、眼睛發癢、打噴嚏以及鼻竇有壓力感或充血阻塞（即鼻塞）等。花粉熱是一種與呼吸系統有關的過敏反應，會對花粉、塵蟎、孢子或寵物皮屑等過敏原做出反應。

蕁麻疹

蕁麻疹的特徵是皮膚上出現凸起、發紅、發癢的腫塊。

過敏性結膜炎

這是眼睛對過敏原產生的反應，症狀包括發癢、發紅和腫脹等。

異位性皮膚炎

異位性皮膚炎是最常見的濕疹類型。它通常與哮喘或花粉熱一起發生。正常健康的皮膚可以保持水分並為身體提供保護屏障。異位性皮膚炎患者的皮膚屏障功能

則有缺陷、不完善。遺傳因素結合環境因素會導致皮膚出現症狀，例如：皮膚泛紅、起皮、脫皮或發癢等。

過敏性哮喘

哮喘是一種慢性肺部疾病，特徵是久咳不止、喘息、胸悶或呼吸急促。在哮喘發作的期間，氣管會發炎並變窄，從而導致呼吸困難。許多物質都可引發過敏性哮喘的發作，例如：過敏原、遭受感染和刺激物（如：煙霧）。

食物過敏

某些食物會引發食物過敏，即使是少量的攝取也會引發症狀，例如：消化問題、蕁麻疹等；嚴重的情況下，還會出現過敏性休克。

食物過敏和食物不耐受的區別

要區分食物過敏和食物不耐受可能很困難。人體對食物產生反應很常見，但大多數都是由食物不耐受而引起的，並非食物過敏。由於兩者都會引起相似的症狀，所以人們經常會產生混淆。

	食物過敏	食物不耐受
它是什麼？	免疫系統對某些食物反應過度	對某些食物產生的化學反應
常見的食物例子	花生、魚、貝類、小麥、雞蛋、牛奶	乳製品、麩質、咖啡因、食品添加劑、食品防腐劑
原因	免疫系統錯誤地將某些食物識別為有害物質，並啟動不恰當的免疫反應	• 並非由不恰當的免疫反應引起 • 而是由多種疾病和症狀引起的，例如：缺乏消化酶、乳糜瀉和腸易激綜合症等
最常見的症狀	• 蕁麻疹 • 口內刺麻 • 臉部、嘴、喉嚨或身體其他部位腫脹 • 噁心和嘔吐 • 腹痛、痙攣或腹瀉 嚴重反應： • 喘息或呼吸困難 • 過敏性休克（嚴重過敏）	• 消化不良 • 腹瀉 • 腹痛或痙攣
會致命嗎？	會	不會
有可能克服嗎？	不能	有可能
治療	避免會導致過敏的食物	• 避免會造成不耐受的食物 • 某些藥物可能有幫助

食物過敏症狀

食物過敏是免疫系統對無害食物產生過度反應而導致的結果。微量的食物即可引起過敏反應。這種過度反應會影響身體多個不同的器官,並且通常在攝入了導致過敏的食物後很快就會出現症狀。

食物過敏會引起過敏反應的症狀,例如:

- 蕁麻疹
- 口內刺痛
- 臉部、嘴、喉嚨或身體其他部位腫脹
- 噁心或嘔吐
- 腹痛、痙攣或腹瀉
- 吞嚥困難
- 打噴嚏
- 眼睛發癢
- 頭暈
- 喘息或呼吸困難

在嚴重的情況下(例如:嚴重的花生過敏),可能會出現過敏性休克——一種危及生命的過敏反應。

食物不耐受症狀

食物不耐受是某些人對某些食物產生的化學反應。它不同於免疫反應。由食物不耐受引起的症狀可能立即出現，也可能是在攝取了這類食物後的數小時或數天才發生。症狀通常僅限於消化問題，但也可能包括：

* 焦慮
* 顫抖
* 出汗
* 心悸
* 頭痛、偏頭痛
* 腹瀉、腹痛或痙攣

食物不耐受的症狀通常與攝入食物的量有關，所以吃得越多，反應越嚴重。對於某些人而言，只要不是吃得太多，就不會出現任何症狀。最重要的是，食物過敏可能會危及生命，但食物不耐受卻不會危及生命。

食物過敏的原因

食物過敏是因免疫系統錯誤地將某些食物或食物中的成分識別為有害物質而引起的。免疫系統被觸發後就會釋放IgE抗體。IgE可與其他細胞結合並觸發身體釋放各種化學物質，例如：組織胺。免疫系統因此會對過敏原（引起過敏反應的物質）變得敏感。下次即使攝取非常少量的過敏原，身體也會引發過敏反應。

雖然過敏並不完全是遺傳導致的，但確實具有遺傳的因素。如果父母一方或雙方都有過敏症，或患有哮喘等過敏性疾病，那麼他們的孩子罹患過敏症的風險會更高。

在某些情況下，過敏可能會產生交叉反應。例如：許多患有花粉熱的人，也會對某些食物過敏。這是因為食物中的某些蛋白質，與在某些花粉中發現、引起過敏的蛋白質非常相似。這種相似性，意味著免疫系統可能誤認為食物是花粉，進而引起過敏反應。

食物不耐受的原因

食物不耐受不是因為免疫系統的過度反應而引起的。通常，食物不耐受是由各種疾病或症狀引起的。食物不耐受主要是消化問題。

缺乏消化酶

有些人缺乏足夠的某些酶來消化特定的食物，可能會出現腹脹、腹瀉、腹痛或其他消化系統方面的不良症狀。乳糖不耐症就是一種常見的由於缺乏消化酶而引起的食物不耐受。那些罹患乳糖不耐症的人，體內缺乏消化牛奶中主要糖分所需的乳糖酶。因此，他們經常在飲用牛奶或食用乳製品後出現腹脹、腹瀉和腹痛等症狀。但是，這類情況因人而異。對於某些人來說，他們可能無法喝牛奶，但可以食用其他形式的牛奶產品，例如：冰淇淋。有些人可能可以喝少量牛奶而不會出現症狀。其他的一些人可能無法毫無症狀地攝取任何形式的乳製品。

病症

某些病症會干擾身體消化食物的能力。這類病症包括腸易激綜合症和乳糜瀉等。

腸易激綜合症是一種慢性疾病，會導致腹部痙攣、腹瀉和腹痛。這些症狀通常是由某些食物所觸發的。

乳糜瀉是一類由麩質引發的胃腸道問題。

對食品添加劑不耐受

有些人不是對食物本身不耐受，而是對食品的添加劑不耐受。例如：通常用作防腐劑的亞硫酸鹽會引發令人不適的症狀。咖啡因會讓敏感人群引發焦慮、緊張或顫抖等症狀。其他常見的不耐受情況，包括對添加到食品中以提供顏色、增強味道或防止微生物生長的化學成分，產生不適反應。

診斷測試

當症狀在攝取某種食物後的幾分鐘內就出現，即更容易確認其為過敏原或不耐受的食物。如果症狀在數小時後才出現，則可能會困難得多。在這類情況下，可能需要進行診斷測試。

食物過敏的診斷

沒有一種單獨的測試可以確認過敏的反應。測試只是幫助診斷過敏症的其中一種方法。

皮膚點刺試驗

皮膚點刺試驗可以幫助確認一些常見的過敏類型。在這項測試中，醫療專業人士會將過敏原放在皮膚上，然後輕輕點刺或輕刮皮膚表面。如果患者對過敏原敏感，那麼皮膚的這個區域就會出現發紅、發癢或腫脹的情況。不過，發紅、發癢或腫脹的嚴重程度並不能預測過敏反應的嚴重程度。皮膚點刺試驗呈陽性並不能就此診斷為過敏。然而，陰性結果通常意味著沒有過敏。

皮內試驗

皮內試驗會在皮膚表面下注射少量的過敏原。這種測試方法並不常用；它可用來確認藥物過敏，例如：青黴素過敏或毒液過敏（例如：蜂毒過敏）。

血液測試

如果某人的皮膚狀況會影響到皮膚點刺試驗，或者患者是不能承受皮膚點刺試驗的孩童，這類情況可以使用血液測試。實驗室可以檢測血液樣本中的過敏原抗體。然而，一般並不認為這是一種很好的過敏篩查測試，因為偽陽性的機率很高。

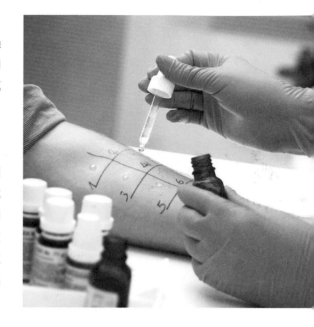

在醫生監督下的食物激發測試

在這項測試中，患者會在醫生在場的情況下吸入或食用少量的過敏原。醫生觀察反應，並現場治療可能出現的嚴重過敏反應。

貼布測試

這是常用來測試接觸性皮炎的一種試驗。在測試過程中，會將少量的過敏原放在皮膚上並用貼布覆蓋住。如果患者貼上過敏原之處在24至48小時後出現局部性皮疹，則可能對這種物質過敏。

食物不耐受的診斷

沒有皮膚測試或血液測試可以診斷出食物不耐受。作為一種最簡單的方法，醫生可能會要求病患寫飲食日記，記錄下吃的東西以及出現的症狀以便進一步判斷。一旦確定了可能為不耐受的食物，就會從飲食中戒除幾個星期，然後每次緩慢地重新引入一種食物到飲食中，以測試不耐受症狀。如果某種食物會持續地引起不適，則可能是不耐受食物。

妥善應對食物不耐受

食物不耐受雖然無法治癒，還是有一些方法可以設法應對。如果食物不耐受是由於缺乏消化酶引起的，那麼服用消化酶補充劑能夠提供幫助。例如：乳糖不耐症的患者可以服用乳糖酶，因為他們的身體缺乏它。對於那些不缺乏消化酶的人而言，額外補充消化酶根本毫無用處甚至還會有副作用。

在某些情況下，身體可以適應食物不耐受。例如：對咖啡因不耐受並會出現顫抖等副作用的人，會隨著經常喝咖啡或攝入咖啡因，而變得對咖啡因更加耐受。

食物過敏和食物不耐受的治療

食物過敏和食物不耐受無法治癒。對兩種情況最佳的處理方法就是避開會引發過敏或不耐受的食物。

通常人們可以採取一些措施來降低食物過敏和食物不耐受的風險，例如：多吃纖維。纖維可以幫助免疫系統減少過敏反應。纖維還有助於促進和保護健康的腸道微生物群。腸道微生物群與免疫系統協同工作，能幫助防止危及生命的過敏反應。

擁有健康的腸道細菌也有助於緩解食物不耐受的情況。腸道細菌可以透過某種方式與食物相互作用，從而影響食物不耐受的嚴重程度，因此攝取纖維來維持健康的腸道菌群可以幫助減輕症狀，甚至降低某些食物不耐受的風險。

過敏原不一定是有害的

有些人認為，只要是會引起某些人過敏反應的食物或物質，在某種程度上對身體而言就是不健康的，或是有害的。這也讓人們相信「低敏性」的產品比普通產品更好、更溫和或更安全。這是不正確的！例如：花生過敏很常見，但這並不意味著花生是不健康或不好的食物。只要對花生不過敏，就可以放心食用。有些人對鎳過敏，接觸這種金屬後就會出現皮疹和水泡。但對鎳不過敏的人而言，鎳並不會比其他金屬具有更高的過敏風險。人們可以對任何物質過敏，甚至對水也可能過敏！儘管水是人類基本的必需品，但的確某些人對水過敏，這種症狀稱為水源性蕁麻疹。

低敏產品不一定是更好的產品

帶有「低敏」標籤的產品聲稱對皮膚更溫和，並且產生的過敏反應或肌膚發紅的狀況也更少。但是「低敏」這個詞沒有一定的使用規範標準或定義。事實上，「低敏」是護膚品和化妝品行業創造出來的一個術語，並非源自於醫學或免疫學。它代表的，只是產品製造商想要它擁有的含義。產品製造商無需提交任何有關產品為「低敏性」的證明。這意味著「低敏性」一詞只是一種廣告噱頭。

任何一件產品永遠都無法保證不會讓人產生過敏反應。人類幾乎對任何的物質都可能過敏。有些人只要暴露在陽光下甚至是流汗都可能會過敏並出現皮疹。沒有一種「人人適用」的成分，是能讓所有人都不會敏感或過敏的。

目前治療過敏的方法

控制過敏的最佳方法就是嚴格地剔除飲食中會讓人過敏的過敏原，並避免與過敏原有任何的接觸。

如果出現了過敏性休克的情況，就應該立即注射腎上腺素Epinephrine（或名為Adrenaline）。

對於不太嚴重的過敏反應，可以使用皮質類固醇以及抗組織胺一類的藥物來緩解症狀。

脫敏療法

過敏原免疫療法也稱為脫敏療法。這種療法旨在讓人們接觸越來越大劑量的過敏原，藉此試圖減輕過敏反應。

脫敏療法的目的在於修復人體對於過敏原的耐受性，讓身體不再產生過敏反應。這有點像使用「過敏疫苗」。治療的目標是引導免疫反應從產生會導致過敏症狀的IgE抗體，轉變為發生細胞免疫——這種反應不會引起過敏症狀。

要使用這種療法，必須先準確地識別出過敏原。過敏原一旦被識別確認後，就可以透過注射或口服的方式引入人體。

任何脫敏療法都存在副作用的風險，嚴重的情況下還會發生過敏性休克。這種療法只能在訓練有素的專業醫療人士監督下進行。

皮下免疫療法和舌下免疫療法

皮下免疫療法，也稱為過敏注射，包含了一連串的注射過程。醫生會為患者注射越來越大劑量的過敏原以建立耐受性。一旦人體建立起耐受性，就會持續注射幾年的時間來加以維持。舌下免疫療法，會將過敏原置於患者的舌下。這類療法通常針對環境過敏原最為有效，例如：昆蟲叮咬、花粉以及蟎蟲。

口服免疫療法

針對食物過敏的口服免疫療法，是透過讓過敏者服用越來越多的過敏原，以達到脫敏的目的。這種療法目前還沒有得到透徹、完整的研究，並且通常不適用於那些有嚴重過敏反應的人，例如：過敏性休克。食物脫敏並無法真正「治癒」食物過敏，也無法讓人們安全地食用任何會導致過敏的食物。

過敏機制

在大多數情況下，人們不會對從未接觸過的物質產生過敏反應。接觸到過敏原，是身體產生過敏的必需條件。

致敏作用

當過敏原進入人體時，免疫系統的抗原提呈細胞會發動一連串連續的免疫反應，這種情況就類似於把過敏原認作為入侵的微生物一樣。透過免疫細胞之間的相互作用，免疫B細胞會產生特別針對過敏原的IgE抗體。接著IgE抗體再與通常會參與過敏反應的其他免疫細胞（如：嗜鹼性粒細胞或肥大細胞）結合，並為過敏反應做好準備。這就是人體如何對過敏原產生敏感的過程。

再次接觸過敏原

並非每個接觸到過敏原的人都會立即過敏。有些人體內的過敏原特異性抗體IgE雖與肥大細胞結合,卻沒有發生過敏反應。然而,如果再次接觸到過敏原,他們仍有可能過敏,因為他們體內結合了肥大細胞的過敏原特異性抗體IgE還是會與過敏原發生反應,並釋放如:組織胺這類的化學物質。免疫系統的天性與特質,就是反覆接觸外來物質後,將會引發更強、更快的免疫反應。這對於抵抗感染而言很有用,並能夠讓人體發展出針對某些疾病的免疫力,但對於過敏而言並不利。當某人的免疫系統已經「被啟動」或已經變得敏感時,反覆接觸過敏原會引發更具攻擊性的免疫反應,也就是過敏反應。

遺傳關係

過敏並不完全是遺傳的,但確實具有遺傳的因素。如果父母一方或雙方都會過敏,或患有哮喘等過敏性疾病,那麼他們的孩子對環境過敏的風險也更高。然而,過敏也會隨著時間的推移逐步發展而成。成年後才對乳膠過敏的人,就屬於這類的例子。導致乳膠過敏的最常見原因是頻繁、反覆地接觸乳膠製品。某些職業的人,例如:醫護人員,往往更容易發生乳膠過敏的情況,因為他們經常穿戴乳膠手套或接觸其他含有乳膠的醫療設備。

過敏的發生呈上升趨勢

過敏性疾病,如:花粉熱、哮喘和濕疹,如今已影響了發達國家大約25%的人口。相較於發展中國家,食物過敏在發達國家亦更為常見。2017年至2021年的數據顯示,發達國家中有3.8%至11%的孩童對某個食物過敏,而發展中國家的這一比例僅為0.5%至2.5%。在過去的20年中,全球食物過敏的發生率呈上升的趨勢。

為什麼會過敏

雖然科學家們並不確切地了解過敏發生的原因，但有許多不同的機制可導致過敏。

食物過敏

食物過敏從本質上來說，是一種身體對特定的食物或食物成分失去「口服耐受性」的狀態。

當食物被身體消化時，會被分解成更小的顆粒或分子。然而在某些情況下，少部分的食物分子或蛋白質的某一部分能夠逃脫消化過程並穿透過腸壁的上皮屏障。當這種情況發生時，免疫細胞就會捕獲這些物質，免疫反應被觸發，把這些物質當成外來入侵物發動攻擊。有多種因素會影響致敏性蛋白質的消化方式。腸道微生物群以及不同免疫細胞和腸道微生物群之間的相互作用，都在其中發揮了作用。

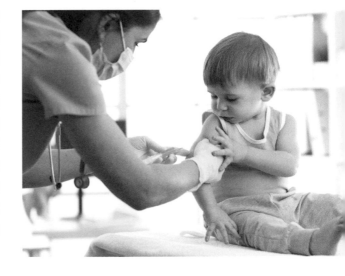

口服耐受性

口服耐受是對吃下的食物不會產生免疫反應的狀態。因此，食物過敏是喪失了口服耐受性——要麼從未產生口服耐受性，要麼已有的耐受性受損。這種狀態不同於免疫缺陷或免疫抑制。在免疫缺陷或免疫抑制的情況下，免疫系統無法對刺激物做出適當的反應。而在口服耐受的情況下，免疫系統依舊可以對其他抗原做出適當的反應，例如：對細菌做出反應。當身體處於對多種抗原具有口服耐受的狀態，體內的多種免疫過程都受到了該有的抑制。只有當身體失去這種耐受性時，才會發生過敏的情況。

腸道黏膜免疫系統在過敏中發揮的作用

身體對食物過敏原不耐受，是從腸道吸收了過敏原、以及過敏原接觸到腸道中的免疫細胞後，開始發展的。免疫系統存在於人體多個器官和組織，但免疫系統在胃腸道黏膜的存在非常重要。免疫細胞能夠區分從腸道中通過的有益成分（例如：營養物質）以及有害成分（例如：毒素和細菌）。而腸道相關的淋巴組織，則包括了形成集合淋巴結的特定淋巴濾泡區域。

集合淋巴結

集合淋巴結可謂是腸道的免疫感測器，且對於免疫耐受的發展而言非常重要。集合淋巴結，是免疫細胞對腸道內的物質進行採樣的場所。集合淋巴結也是淋巴濾泡聚集的棲息地，淋巴濾泡表面覆蓋著一層濾泡相關上皮，它們作為集合淋巴結與腸腔內物質的接觸面。濾泡相關上皮還存在著特化（具有專門職能）的M細胞，這類細胞負責將抗原從腸腔運送到下層的免疫細胞，使下層的免疫細胞產生耐受性或是產生針對抗原的炎症免疫反應。

免疫耐受是一種沿著胃腸道觀察到的特殊現象——免疫細胞保持對非致病性細菌（如：腸道中的共生細菌）的耐受性，同時，對致病細菌時則維持敏感性。這種耐受性不是天生的，而是身體發展出來、需不斷維護、活躍且持續在進行的過程。免疫耐受同時也是胃腸道的一種保護機制。如果免疫系統針對每一種外來抗原或細菌都做出反應，那麼人體黏膜就會因為持續性的發炎而受損。

免疫耐受的發展，對於免疫系統整體的成熟發展也至關重要。免疫細胞和腸道共生微生物群之間密切的相互作用，讓人體產生了特化的抗原特異性調節T細胞——這些T細胞能夠針對腸道內容物中的某些抗原，抑制其產生不恰當的炎症反應。缺乏調節T細胞、或者調節T細胞有缺陷，皆可能導致身體的口服耐受性喪失，進一步發展為食物過敏。

儘管沒有人確切地知道食物過敏是如何發展的，或者集合淋巴結究竟發揮什麼作用，但集合淋巴結確實可能對腸道黏膜免疫耐受性的產生貢獻了主要的力量。例如：缺乏集合淋巴結的實驗鼠無法對卵清蛋白產生口服耐受——卵清蛋白是一種常用於研究抗原特異性免疫反應的蛋白質。集合淋巴結免疫功能的逐漸下降，也可能是老化的實驗鼠缺乏口服耐受性的一個原因。

口服耐受性受損

正常消化過程或抗原處理過程被破壞之類的因素，皆可能阻礙口服耐受性的產生。完整的腸道屏障功能對於免疫反應而言至關重要。正常來說，腸道屏障具有上皮連接複合物並且緊密連接著，以調節腸道的滲漏性。一旦這些緊密連接被破壞，會增加食物抗原暴露於免疫系統的機率，從而導致敏感以及過敏反應。

研究人員指出，相較於正常健康的孩童，過敏嬰兒的腸道滲漏性增加了。他們對接受了無過敏原飲食至少6個月的孩童進行觀察，並得出結論：儘管沒有抗原的刺激，過敏孩童的腸道滲漏性仍然呈現增加的狀態。如此表明：腸道滲漏性的增加可能導致過敏；而抗原的刺激並不會導致腸道滲漏性的增加。

從一項「成年人使用免疫抑制劑治療實體器官移植後出現的食物過敏」的報告中，研究人員發現了進一步的證據。藥物被認為會改變腸道屏障緊密連接的完整性，從而導致滲漏性的增加。在動物試驗中，小腸免疫功能異常的實驗鼠腸道滲漏性增加，並出現了明顯的胃腸道肥大細胞增多症。肥大細胞在過敏反應中發揮著重要的作用。這些實驗鼠抗原致敏的情況增強了。當這些肥大細胞被藥物清除時，實驗鼠的腸道屏障功能才得以重新建立，從而預防了抗原致敏的發生。

遠古時代遺留下來的防禦系統

全世界有數百萬人對花生或花粉等物質過敏，但幾乎很難看到有人對米飯等主食過敏。早在1911年，科學家們就注意到，即使是動物也不會對構成自己飲食一部分的食物產生過敏反應。例如：豚鼠（天竺鼠）不會對玉米或燕麥蛋白過敏。那麼為什麼有些食物會引起過敏，有些卻不會呢？

很長一段時間以來，流行病學家們已經注意到，在富裕的西方國家，過敏、哮喘和花粉熱等疾病的罹患率遠高於貧窮國家。當他們試圖解釋這種差異時，發現了一個明顯的區別：寄生蟲感染的流行率。寄生蟲感染，例如：蠕蟲，在較為不發達的國家幾乎無處不在，但在英國和美國等發達國家卻很少見。綜觀人類歷史的大部分時間裡，寄生蟲感染了大多數的人口。事實上，寄生蟲和人類很可能是一起進化的。有些科學家認為，過敏背後的機制，最初可能是為了幫助保護人體免受寄生蟲的侵害。某些引起食物過敏的過敏原，與在寄生蟲中發現的過敏原相似。

為了探索寄生蟲和過敏之間的相似性，科學家們運用3D電腦程序將不同類型寄生蟲的蛋白質序列以及蛋白質結構，與已知會引起過敏的蛋白質進行比較。他們發現了2,445

種與致敏蛋白質非常相似的寄生蟲蛋白質。特別是，他們在曼氏血吸蟲（一種寄生蠕蟲）中發現了一種蛋白質，這種蛋白質與樺樹花粉中會引起花粉熱的蛋白質非常相似。接下來，科學家們從在烏干達感染了這種寄生蠕蟲的患者身上採集了血液。大約有六分之一的人產生了可識別蠕蟲中這種蛋白質的抗體。研究人員推測，這種寄生蟲蛋白質之所以能夠被免疫系統識別出來，因為它類似於在樺樹花粉中所發現的那種蛋白質。

免疫系統可能已經進化到能夠預測寄生蟲的存在，因此一直在尋找及提防它們。在富裕國家，寄生蟲感染並不常見，許多人甚至一生都不會接觸到寄生蟲。由於沒有寄生蟲可以攻擊，這些人的免疫系統就可能會錯誤地瞄準其他類似的分子來攻擊，從而引起過敏反應。如此形成了一種假設性理論：寄生蟲感染可以平復免疫系統，並可抑制引起過敏反應、甚至自體免疫反應的機制。在一些引起科學家興趣的案例中，寄生蟲感染幫助人們緩解、甚至治癒了過敏症狀。例如：一位研究人員讓自己感染了鉤蟲，以治療存在已久、導致他無法食用麵包的食物過敏。在完全確定被感染後，他便可以吃麵包而不會感到不適。同樣地，研究人員已經注意到幽門螺旋桿菌與哮喘之間存在的反向關係（感染幽門螺旋桿菌，哮喘發病率低）。寄生蟲和過敏之間存在的關聯為過敏治療帶來一定的希望，但這類方法並非是萬能或完美的。科學界還需要進行更多的研究，並且也正在進行著多項臨床試驗，以確認是否可以利用寄生蟲來幫助治療過敏。

幼年階段很重要

許多導致過敏的最重要因素，都發生在幼年階段——那時身體正在成長，免疫系統正在發育和變成熟。免疫系統是如何變成熟的、接觸過什麼物質，以及它有多健康，這些都對日後是否會發生過敏起著關鍵的作用。

免疫系統的訓練

在家中，孩子的長幼順序會影響過敏的發展！相較於較晚出生的孩子，第一個出生的孩子更容易罹患過敏症。此外，成長在農場、鄉村、或是周圍有牲畜和寵物等動物，以及在大家庭中長大的孩童，罹患哮喘、濕疹以及花粉熱等過敏性疾病的機率要低於其他孩童。這可能是因為他們接觸了更多的病原體，例如：細菌、病毒和寄生蟲等。在幼年階段就接觸到病原體有助於免疫系統的訓練和發育，如此可教導免疫系統如何正確地識別出有害病原體並做出適當的反應。換句話說，如果孩童的生長環境「太乾淨」，免疫系統就沒有機會接觸到病原體。這會阻礙免疫系統正常發育成熟的能力，以致於免疫系統可能對某些物質反應過度，從而導致過敏。

有其母必有其子

想要預防過敏，並不是養隻寵物或在農場裡度度假那麼簡單。目前的研究表明，在孩子出生前所接觸到的某些細菌也會產生影響。孕婦接觸細菌和其他物質（例如：疫苗），對嬰兒免疫系統的發育具有重要的作用。

母體的腸道共生微生物群也會對孩子產生影響。在芬蘭進行的一項雙盲隨機安慰劑對照試驗發現，給予準媽媽健康的腸道細菌可以顯著降低孩子的濕疹發病率。其他研究觀察了新生兒的臍帶血後發現，置身在農場環境中的母親所生的嬰兒，具有更多可以調節免疫系統的T細胞類型，並能抑制不恰當的免疫反應發生。

母親的飲食也會影響孩子食物過敏或濕疹的發展。研究人員發現，飲食多樣性不夠豐富、且具有過敏性疾病史的母親，所生的孩子更容易出現食物過敏和濕疹——在這些所研究的孩童中有33％出現了過敏症；然而，若母親的飲食豐富多樣，無論是否有過敏史，她們孩子的這一比例僅為21％。

對於母親而言，擁有健康的免疫系統很重要。母親的免疫系統能夠對子宮內以及出生後的孩子造成影響。這可以解釋為什麼有些孩童在第一次接觸到某種物質時就會產生過敏。為了測試這一觀點，研究人員讓實驗鼠接觸豚草花粉——這是一種常見的過敏原。他們發現對豚草花粉過敏的實驗鼠會將這種過敏症傳給後代，因為新生的小鼠也對豚草花粉過敏。來自新加坡的進一步研究發現，母親可以透過胎盤向孩子傳遞IgE（參與觸發過敏反應的關鍵抗體），從而將過敏傳給孩子。研究人員發

現胎兒的肥大細胞在懷孕過程中成熟，並且會受到來自母體的IgE抗體影響而趨向敏感。因此，假設母親對花生過敏，那麼她會將導致花生過敏的IgE抗體轉移給胎兒，胎兒的肥大細胞就會與IgE結合。當嬰兒出生後第一次接觸花生時，就可能會出現過敏反應。

抗生素的使用與過敏

孩童時期甚至成年時使用抗生素，都可能會增加罹患過敏性疾病（如：濕疹）的風險。

遺傳是導致濕疹最主要的風險因素，但有一些環境因素與濕疹的發病也有關，尤其是接觸到抗生素。研究發現，在幼年時接觸到抗生素，會影響健康腸道微生物群的發育，並對細菌多樣性產生不利的影響，且需要很長一段時間才得以恢復；因而提高濕疹的患病風險。

一些研究甚至發現，母親在懷孕期間使用抗生素與孩童幼年階段較高的異位性皮膚炎罹患風險有關。這種關聯是具有劑量依賴性的，意味著母親使用的抗生素越多，孩子罹患濕疹的風險就越高。

此外，在日本進行的一項研究發現，在2歲前使用抗生素不僅會增加罹患濕疹的風險，還會增加哮喘以及過敏性鼻炎的風險。

由於使用抗生素從而對腸道有益微生物群造成損害，成年人也因此存在著罹患過敏的風險。

母親被動吸入二手菸

吸菸的危害眾所周知。二手菸的危害也是眾所周知的，關於二手菸對成年人以及孩童健康的不良影響，目前已經有很多廣泛的研究。懷孕期間吸菸，與嬰兒較低的出生體重、猝死綜合症風險的增加、肺功能降低、呼吸道感染增加，以及哮喘的罹患等都有關。如今已有證據表明，即使母親不吸菸，接觸到的二手菸也可能影響嬰兒的健康，並增加罹患哮喘、過敏性鼻炎以及濕疹等過敏性疾病的風險。孩童時期哮喘發作的風險可能會增加高達30％。嬰兒尚未成熟的排毒系統以及免疫系統，意味著將更容易受到環境中任何毒素的傷害。

剖腹產與過敏

剖腹產與嬰兒的免疫系統發育之間存在著關聯。對許多孩童而言,在自然分娩期間接觸到母體天然的產道有益細菌,對於幫助嬰兒形成自己的腸道有益菌群至關重要。剖腹產會減少出生時接觸到有益細菌的機會。在沒有接觸到正確、多樣化有益細菌的情況下,孩童體內更有可能被醫院內更具致病性的細菌所侵占。腸道有益菌群與免疫系統之間的相互作用,尤其是在初生、幼年階段,有助於免疫系統的成熟並適應子宮外的生活。缺乏這種接觸會影響免疫系統的發育,並可能導致不適當的免疫反應,例如:過敏。

一項對嬰兒體內細菌種群的分析發現,剖腹產與嬰兒體內擬桿菌(一種有益細菌)數量持續偏低的情況存在著因果關係。在1歲和3歲時進行的過敏跟進測試發現,體內擬桿菌含量低的嬰兒發生花生過敏的可能性要高3倍。缺乏健康的腸道微生物群,意味著腸道的免疫系統可能無法得到適當的訓練,因此沒有學會耐受無害的物質,例如:食物中的物質。這對人體而言不僅僅是導致花生過敏而已,還會產生深遠的影響。發生食物過敏的嬰兒罹患其他過敏性疾病的風險也更高,例如:哮喘、濕疹、過敏性鼻炎,甚至其他不同的食物過敏。

母乳最好

研究表明,至少在出生後的前四個月進行完全的母乳餵養,可能有助於延遲、甚至完全預防某些過敏症的發展,例如:哮喘、濕疹和食物過敏。母乳餵養三到四個月,可以幫助預防嬰兒喘息的症狀。

母乳含有五種不同類型的抗體：免疫球蛋白A、D、G、M和E。每種抗體在幫助嬰兒保持健康、保護嬰兒免受外界威脅方面都發揮著作用。這些抗體還可以減少或預防某些過敏症。母乳中含有的複合物能與嬰兒的免疫系統相互作用，並觸發免疫系統產生預防過敏的細胞。母乳中含有的複合糖，例如：低聚糖（寡糖），有助於嬰兒體內形成多樣化的健康微生物群，這也有助於延緩或預防過敏。另一方面，配方奶粉包括水解配方奶粉，都無法防止嬰兒過敏，也無法複製母乳對健康微生物群產生的健康助益。

無須刻意避免某些食物

美國兒科學會已經不再推行之前的建議：延遲讓高風險孩童嘗試會引起過敏的食物。幾乎沒有證據表明延遲攝入某些食物，會對食物過敏的發展產生影響。也沒有證據表明母親在懷孕或哺乳期間避免某些食物，能幫助孩子出生後不對這些食物過敏。所以媽咪如果想吃點花生醬，別猶豫、就吃吧！

目前的建議是，在嬰兒12個月大之前給他們吃些常見會引起過敏的食物，例如：花生和雞蛋——其中包括被認為是高風險的嬰兒，例如：患有濕疹、其他食物過敏的嬰兒，或是家庭成員對食物過敏的嬰兒。研究發現，對於花生有較高過敏風險的嬰兒，盡早並且定期地攝入花生實際上可以將花生過敏的風險降低超過80％。事實上，已有研究證實延遲引入容易導致過敏的食物會增加嬰兒發生食

物過敏的風險。進一步的研究表明，幼年階段引入花生的好處並不會只是短暫出現，這意味著一旦孩童對花生產生耐受性，即使他們停止攝取，這種耐受性通常都會持續下去。

肥胖和過敏的關聯

保持苗條有助於預防過敏。來自美國疾病控制與預防中心「國家健康和營養研究調查」的數據，揭示了肥胖和過敏之間的關聯。肥胖孩童罹患某種類型過敏性疾病的可能性比正常體重的孩童高出26％。他們之中的哮喘患者，更有很大比例會罹患其他類型的過敏症。

儘管大多數的哮喘病例都發生在孩童時期，但成年人發病的數量正在呈上升趨勢，這一數據可能和同時也在上升的肥胖率息息相關。芬蘭的研究人員在超過9年的時間裡對10,000對以上的成年雙胞胎進行了研究。他們發現肥胖者的哮喘發病率高於保持正常健康體重的人。

研究人員已經透過各種方法確定了哮喘和肥胖之間的關聯。儘管肥胖也會增加成年後罹患哮喘的風險，醫學界早已確認的是，肥胖會加劇原本就有的哮喘病症。研究人員使用身體質量指數（BMI）作為衡量肥胖的指標，他們發現肥胖者血液中的IgE抗體含量較高——這是體內過敏易發性的指標。另一組研究人員使用腹型肥胖（俗稱蘋果型肥胖）作為衡量肥胖的標準，並發現了與上述研究中關於肥胖和過敏之間存在的相同關聯。

目前尚未清楚為什麼肥胖與過敏有關。這種關聯可能是由伴隨肥胖而產生的慢性低度炎症所導致。C-反應蛋白（CRP）是一種炎症標誌物，與食物過敏有關，在超重和肥胖人士體內通常都發現了非常高含量的CRP。如此即可表明炎症會導致過敏性疾病。

脂肪組織是炎症介質的一種來源。瘦素是一種特別值得關注的激素，相較於非肥胖的哮喘患者，肥胖的哮喘患者體內的瘦素含量更高。瘦素會增加炎症反應。在動物模型中，研究人員發現瘦素會增加高反應性、嗜酸性粒細胞和淋巴細胞等炎症細胞以及炎症介質的數量。其他研究表明，肥胖可以透過增加脂肪因子和細胞因子等物質來促使過敏的發展，這可能會導致免疫耐受性下降。除了炎症，肥胖還會對腸道微生物群產生負面的影響，進而影響免疫系統功能。

過敏並非不可避免！

雖然很多關於過敏的原因以及可能增加過敏風險的研究仍在進行當中，但一般人還是可以透過一些措施來降低他們的孩子、甚至他們自己罹患過敏的風險。

高纖維飲食

即使簡單的改變也能帶來幫助，例如：在飲食中加入更多的纖維。纖維可以打造出減少過敏反應的免疫系統。纖維還有助於促進和保護健康的腸道微生物群。腸道微生物群與免疫系統協同運作，能預防危及生命的過敏反應。

纖維觸發腸道微生物群所發生的變化，有助於減少食物過敏。研究人員對花生過敏的實驗鼠進行了研究，結果顯示相較於餵食普通飲食的實驗鼠，餵食高纖維飲食的實驗鼠對花生的過敏反應較輕微。在進一步的研究中，研究人員得出結論：這是由於高纖維飲食改變了實驗鼠體內的腸道微生物群。纖維能同時促進短鏈脂肪酸的產生、調節T細胞的分化以及IgA抗體的反應。這有助於調節免疫系統，從而更能避免過敏性免疫反應發生。健康的腸道微生物群是其中的關鍵所在。研究人員將餵食高纖維飲食的實驗鼠體內的腸道微生物群，轉移到沒有任何腸道微生

物的無菌實驗鼠體內。結果顯示，較健康的腸道微生物群，能夠幫助無菌實驗鼠避免對花生產生過敏反應。

在其他的動物研究中，研究人員發現高纖維飲食也可以預防過敏性哮喘。他們發現，高纖維飲食可以保護實驗鼠免受過敏性呼吸道疾病的侵害，而低纖維的飲食則會加劇炎症反應。研究人員發現，攝取膳食纖維顯著地減少並抑制了過敏反應，減輕了打噴嚏等過敏症狀；而透過顯微鏡的鏡頭可發現，如此亦能減少有害炎症細胞對鼻道和肺部脆弱黏膜的浸入。

教育與知識

預防過敏的另一個關鍵，就是教育和知識。許多父母在孩子出生後才開始擔心過敏問題。然而，當胎兒還在子宮內，就有一些因素會對胎兒造成影響。健康的習慣需在懷孕之前就應該養成，並在整個懷孕期間以及孩子出生後仍需持續保持。

雖然過敏似乎是無奈地只能聽天由命，但不要擔心！新近的研究和發現都表明，過敏的發生不完全是運氣不好。儘管過敏多少受遺傳因素影響，但人們依舊可以採取一些措施來減少自己、或自己的孩子發生過敏的機率。透過更深入地了解究竟什麼是過敏，以及過敏反應產生時會發生什麼，人們可以更好地做好事先預防，並管理自己的健康。提升與過敏相關的知識，可幫助人們採取恰當的措施來降低過敏的風險。

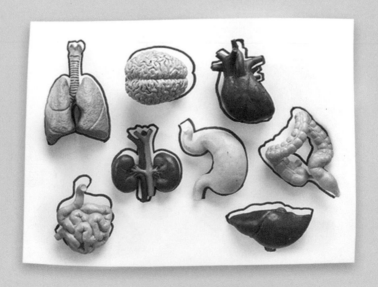

第八章

癌症

癌症不是在一夜之間突然發生的疾病。相反地,癌症隨著時間的推移而緩慢發展。身體的免疫系統可以保護我們免受感染,同樣也可以保護我們免於癌症的侵害。人體內的免疫細胞一旦發現癌細胞,就會進入戰鬥模式,全力搜捕和殺滅癌細胞,不讓其有逃脫的機會。我們應該在這場戰役中給予免疫系統完備的支持以捍衛自己的健康;透過許多方式都可以幫助強健我們的免疫系統。

許多人對罹患癌症的想法嗤之以鼻，他們認為並不會發生在自己身上。然而，與人們所認為的相反，癌症其實相當普遍。事實上，癌症是世界上主要的死亡原因之一。根據世界衛生組織（WHO）的統計數據，2021年全球約有2,000萬人被診斷出罹患癌症，而有1,000萬人死於癌症。

癌症可以發生在所有年齡層的人身上，可以影響身體的任何部位。癌症也是兒童死亡的主要原因之一。每年大約有40萬例0至19歲的兒童及青少年被診斷出罹患癌症。在美國，女性一生中罹患癌症的風險大約為38%，而男性大約為40%。

根據世界衛生組織的數據，2020年全球最常見的癌症類型是：
- 乳癌
- 肺癌
- 結腸直腸癌
- 前列腺癌
- 皮膚癌（非黑色素瘤）
- 胃癌

然而，因癌症而死亡的清單卻有所不同。2020年最常見的癌症死亡類型是：
- 肺癌
- 結腸直腸癌
- 肝癌
- 胃癌
- 乳癌

雖然年齡的增長與老化是罹患癌症和死於癌症的風險因素，但事實是，所有年齡層的人如果活得夠長久，可能都會罹患癌症。老年人最常見的癌症類型包括：皮膚癌、肺癌、結腸直腸癌、乳癌以及前列腺癌。年輕人（20歲至39歲）常出現的癌症類型則通常是：乳癌、淋巴瘤、黑色素瘤、肉瘤、子宮頸癌和卵巢癌、甲狀腺癌、睪丸癌、結腸直腸癌以及腦部和脊髓腫瘤等。

2020年，全球大約有1,930萬新增癌症病例以及近1,000萬的癌症死亡病例。

到2040年，全球癌症病例數量預計將增加至2,840萬例，這個數字比2020年增加了47%。癌症發生率數據的增加，可能涉及多種因素；在這些增加的病例中，只有一部分真的是癌症確診病例的增加。其他的，可能反映的是更加先進的篩檢技術。例如：甲狀腺癌的成像和診斷技術得到了改進，從而導致更多的人被診斷出。在這種情況下，更多的人被診斷出罹患甲狀腺癌並不意味著這類癌症變得更普遍，或者有更多的人罹患甲狀腺癌——這只意味著醫生對甲狀腺癌有了更多的了解，並且可以更好地檢測出來。或者也可能是因為人們的壽命更長，因此有更長的時間發展為癌症。

對美國癌症趨勢的研究表明，在1973年至2015年間，15歲至39歲的年輕人癌症確診率驚人地增加了30%。這個年齡層體內的腫瘤似乎在分子層面上與在兒童或老年人中發現的腫瘤不同。儘管年輕的癌症患者更有可能從癌症中倖存下來，但他們也更有可能在日後的生活中罹患長期的併發症，例如：不孕、心臟病以及其他類型的癌症。此外，大多數人在人生的這個關鍵階段更獨立、開始發展新的職業或人際關係，一旦在這個時期罹患癌症，會給個人帶來巨大的生理、心理和經濟方面的壓力，甚至引發社交問題。

近年來，有些癌症的病例減少了，例如：肺癌和子宮頸癌。這種減少可歸因於一些普遍的健康措施，例如：吸菸率的降低以及人類乳頭瘤病毒（HPV）疫苗的接種。研究表明，17歲之前接種HPV疫苗的女性，子宮頸癌發病率降低了近90%。然而令人擔憂的是，癌症新增病例的數據顯著增加，尤其是一般上被認為處於健康巔峰時期的年輕人。老年人主要的死亡原因是心臟疾病，但不同於老年人，癌症是年輕人與疾病相關的主要死亡原因。

癌症是一種發展緩慢而漸進的疾病

與許多人所想像的相反，癌症不會迅速或是突然發生。有些人被診斷為癌症晚期，並在化療和放療後變得情況不佳，這導致了人們認為癌症是一種進展迅速的疾病。實際上，癌症是一種發展緩慢而漸進的疾病。很多時候，癌症早已在體內蔓延、惡化卻沒有產生任何的症狀。因此，人們常常無法意識到罹患了癌症。當我們能夠檢測和治療癌症的時候，有時已經為時已晚。例如：大約95%被診斷出罹患胰腺癌的人，最終都會死於這種癌症——這是一種少見的癌症，但也是位列美國癌症死亡率最高的前五種癌症之一。只有10%的人能在癌症僅存於胰臟內時被診斷出來，並且可以透過手術切除。癌症的早期階段，也就是最可以治療、患者最容易存活的時候，通常不會產生任何症狀。當出現黃疸、體重減輕或腹痛等症狀時，腫瘤的大小通常已經非常可觀並且可能已經發生了轉移。從診斷為癌症到死亡，兩者之間短暫的間隔，進一步促成了癌症「快速殺手」的稱號。

與許多其他的疾病（例如：心臟病）一樣，癌症不是一夜之間發生的。「早期癌症」這一名詞其實具有誤導性，因為帶給患者一種印象：癌症是剛剛才發生的；而實際上癌症已經在他們體內存在很多年了，只是患者不知道而已。

類似於細菌，癌細胞也會隨著時間的推移而增殖。但是，細菌倍增的時間可能只是幾分鐘，而癌細胞則需要更久、更長的時間。對於感染，人們可能會在幾小時或幾天內就發現；但對於癌症，卻可能需要幾年甚至幾十年的時間，腫瘤才會長大到足以透過醫學成像技術被發現，或是引起症狀促使患者去看醫生。

科學界尚未知道癌症從單個癌細胞成長為癌性腫瘤所需的確切時間。儘管如此，研究人員根據倍增時間（即一個腫瘤尺寸翻倍所需的時間）做出了估計。如果倍增時間隨著腫瘤的生長保持不變，那麼倍增時間為20天的癌症將需要大約兩年的時間才能發展為可檢測到的腫瘤；而倍增時間為200天的癌症則需要大約20年的生長時間才能被檢測出。然而，癌細胞很少有一致的生長速度。即使在同一個腫瘤內部，有些細胞也可能比其他細胞生長得更快。許多其他因素也會影響癌症的生長速度，例如：癌症的類型、患者的年齡、合併症（一個人同時罹患多種疾病或病症）以及腫瘤分級等。

一般來說，乳癌的倍增時間估計為50至200天。這意味著今天被診斷出的乳癌，可能在過去5年甚至20年的時間裡一直在體內悄悄地生長。肺癌的倍增時間約為70至200多天，具體取決於肺癌的類型。結腸癌的倍增時間約為92至1,032天。如果有人在40多歲或之後的年紀被診斷出患有結腸癌，那麼結腸癌可能從患者20多歲開始就在其體內生長。大約有三分之二的癌症病史，是患者和醫生都不知道其存在的。

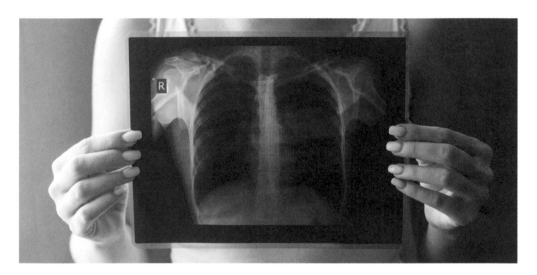

現代醫學成像的局限性

即使透過X射線、電腦斷層(CT)掃描、核磁共振造影(MRI)掃描和正子斷層造影(PET)掃描等醫學成像測試並未顯示出腫瘤，也不一定意味著腫瘤不存在。這些醫學成像測試可能採用了高端先進的技術，但仍然具有局限性。

現代醫學成像技術可以檢測出腫瘤——但只能檢測出尺寸超過一定大小的腫瘤。儘管成像技術的質量有了迅速的提升，但是以新近的高質量數碼X射線來說，可檢測到的最小病變（可能會、也可能不會癌變的異常組織區域）的直徑仍然只有1至2釐米左右。PET掃描無法檢測到任何小於約7毫米的腫瘤。CT掃描可以檢測到的最小病變大約為3毫米。MRI掃描也有類似的局限性。不幸的是，當癌細胞首次出現在體內或是首次開始增殖時，現有的技術仍然無法檢測出。當腫瘤長到達1釐米大小時，已擁有大約1億或更多的癌細胞。那可是非常大量的癌細胞！

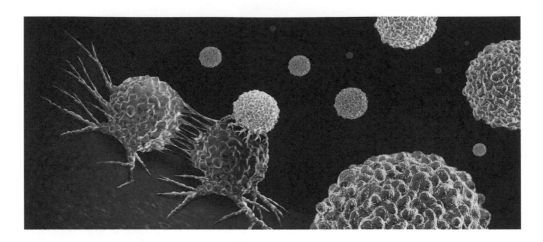

什麼是癌症

癌症是一個廣義的術語，指的是可能發生在任何身體部位或是對任何身體部位造成影響的一類疾病。當身體的細胞開始不受控制地大量繁殖並擴散到身體其他部位時，就會演變為癌症。

人體由數萬億個細胞組成。通常，這些細胞都有自己的自然生命周期，會老化或受損，也會死亡；而身體會有新生的細胞來取代它們。當這個過程發生故障時，細胞會變得異常且繼續生長而不是死亡。這些細胞聚集在一起就形成了腫瘤。

腫瘤可以是良性的（非致癌的）也可以是癌性的。良性腫瘤雖然可能比癌性腫瘤長得更大，但不會擴散到身體的其他部位。然而另一方面，癌性腫瘤，也稱為惡性腫瘤，會侵入附近的組織並透過「轉移」這一生理過程擴散到全身。大多數癌症死亡的原因都是由於轉移。當這些癌性腫瘤和細胞擴散時，就會干擾正常細胞的運作從而造成損害。這使得正常細胞難以發揮其應有的職能。

癌細胞是永生的

20世紀最重要的科學發現之一，就是名為「HeLa」的永生人類細胞系。當時，從其他人類細胞中培養出來的細胞一次只能存活幾天。HeLa細胞是1951年從一位名

為Henrietta Lacks的女士身上採集到的子宮頸癌細胞。這些細胞的存活時間非常久並且分化得非常快,這為人類細胞在實驗室環境中能夠容易分享和繁殖開了先河。幾十年來,HeLa細胞已被廣泛地使用於科學研究,並對許多醫學突破做出了貢獻,例如:脊髓灰質炎(俗稱小兒麻痺症)和HPV疫苗的研發,以及用於對新冠病毒、愛滋病毒、各種癌症、基因遺傳學,甚至太空微生物學等的研究中。如今,研究人員仍在使用HeLa細胞系,因為源自癌細胞的HeLa細胞是永生的。

正常的細胞具有正常的細胞周期,這意味著這些細胞會生長、分裂和死亡。如果細胞受損,它們將比預期的壽命更早死亡;否則就會在自然生命周期結束時死亡。正常細胞在染色體末端有一個特殊的DNA序列,也就是「端粒」。細胞每分裂一次,端粒就會縮短。當端粒變得過短時,細胞就達到了自然壽命的終點並且死亡(即細胞凋亡)。

癌細胞並不遵循這個周期循環過程。無論細胞如何地受損或發生變異情況,它們都會繼續生長並繼續分裂。癌細胞是透過逆轉端粒縮短的過程,並且延長端粒來實現永生的。如果沒有正常的端粒縮短過程來引發癌細胞的凋亡,癌細胞就能夠無限期地存活下去。

癌症如何成為殺手

癌細胞與正常細胞有很大的不同。正是由於這些差異而導致了死亡。癌細胞透過擴散到組織中並侵入組織而進行「殺戮」。癌細胞非常不正常,不再像正常細胞那樣發揮功能。例如:肺部的正常細胞會促進氣體交換以獲得氧氣,但是肺部的癌細胞就不會執行此項功能。相反地,癌細胞會干擾周圍細胞的正常功能,並阻止器官的正常運作。癌症以多種方式進行「殺戮」,具體取決於癌症的類型以及癌症發生的位置。

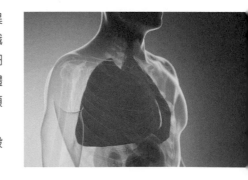

營養不良
癌細胞是貪婪的,會過度消耗掉體內原本保留給正常細胞的資源。一些癌症還會影響到消化系統,干擾身體對營養的吸收。

呼吸衰竭

肺部癌症會影響肺功能。癌細胞不像正常細胞那樣運作，也不會幫助身體補充氧氣。癌症會殺死健康的肺部組織，將部分的肺部與身體其他部位阻隔開，阻止肺部充入空氣，導致感染，甚至會使肺部充滿液體。最終，如果癌症患者體內無法獲得足夠的氧氣，器官就會衰竭。

肝臟損傷

發生在肝臟部位的癌症轉移是很常見的。這會阻止肝臟發揮重要的職能（例如：過濾血液中的毒素），進而導致肝功能衰竭。

化學物質失衡

癌細胞本身會分泌破壞體內恆穩狀態的激素。癌細胞還會透過生長到骨骼中，進而導致失衡狀態，例如：鈣失衡。在嚴重的情況下，這些化學物質的失衡將導致廣泛的器官衰竭。

血液問題

癌症可以侵入體內的血管。如果血管很大，就可能會發生危及生命的內出血。透過破壞血管，癌症會導致身體關鍵部位的出血；如果發生在大腦中，可能會導致中風。此外，骨髓中的癌症會影響身體的造血功能，導致紅細胞或其他血細胞水平的降低。

喪失大腦功能

大腦是另一個發生癌症轉移的常見部位。大腦中的癌症會導致出血性中風、意識喪失、癲癇發作，並且通常會阻礙大腦按照原本應有的方式來運作。隨著癌性腫瘤在大腦中的生長，會在顱骨中占據過多空間，從而增加腦內的壓力。大腦是一個封閉的盒子，因此必須謹慎地控制大腦內的壓力。這種增壓會殺死部分的大腦，甚至導致腦幹突出（腦疝）——這種情況一旦發生就具有致命性。大腦損傷也會損害到身體其他關鍵部位的功能，這也是致命的。

其他類型的器官衰竭

癌症可導致其所在的任何器官發生衰竭。例如：腎臟的癌症可導致腎衰竭。大腦的癌症可導致認知困難。胃腸道的癌症可導致胃腸道完全的阻塞。胰臟的癌症可導致胰腺功能不全甚至糖尿病。

癌細胞會擴散

體內的恆穩狀態對所有生物而言都至關重要。一部分的恆穩狀態與細胞間的相互作用有很強的依賴關係。細胞與細胞之間的相互作用，以及細胞與其周圍環境之間的相互作用，甚至是細胞組織結構，都是建立在細胞停留在各自應該所處的位置之上的。為了實現這一點，正常細胞相互黏附在一起，並黏附在細胞外基質上。細胞外基質是一種非細胞物質，可以為組織提供結構，並將組織維繫在一起。細胞外基質不僅為細胞的生長提供結構支架，還有助於把細胞組織得井然有序，協助細胞的運作和生長，並決定其特性，例如：不同類型組織的機體特性。多種細胞黏附蛋白有助於將細胞固定在某個位置，並幫助細胞與細胞外基質之間進行相互作用以及相互發送信號。因此除了少數例外，例如：血細胞和免疫細胞，人體大多數的細胞都堅守在其固定的位置。例如：肌肉細胞停留在肌肉中，皮膚細胞停留在皮膚中。

癌症的轉移或擴散仍然是一個令科學家們困惑的過程。癌細胞由靜止變為移動的狀態，並且猖狂地突破細胞的正常邊界，大舉入侵附近的組織和器官。一旦淋巴管或血管壁被突破，腫瘤內數百萬計的癌細胞就會如脫韁野馬般擴散到全身。這些細胞能穿梭於身體內的不同部位，適應巨大的環境變化，並生存下來。一旦找到最終的落腳點，它們就會停止穿梭並再次回到靜止狀態。它們將停止旅行，開始生根並駐紮，為自己建立一個新家，形成一個新的腫瘤。幾乎所有癌症造成的死亡都是由於癌細胞轉移造成的。但即便如此，科學家們還不完全了解這整個過程，也不知道應該如何阻止癌細胞的轉移。

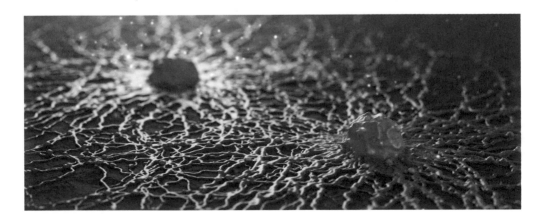

第一步

當新生兒學習如何走路時，往往從爬行開始；然後當他們開始用兩隻腳站立時，會利用周圍的環境作為支撐。最後，只有當他們能夠脫離周圍環境的輔助時，才算是邁出真正的第一步。癌細胞就像新生兒一樣，必須從周圍環境中分離出來才能轉移。「惡性轉移」的觀點就是，癌細胞擺脫了黏附分子，這些分子對細胞間的黏附或細胞對細胞外基質的黏附而言都至關重要；癌細胞還會變化，讓其流動性增強。一般來說，正常的成人細胞不會出現遷移的情況。然而，處於胚胎階段的細胞會發生大量的移動。癌細胞透過恢復到類似於在胚胎結締組織中發現的早期狀態，從而重新獲得了移動的能力。這被稱為上皮間質轉化（EMT），也被認為是腫瘤發生轉移的主要因素之一。

打破障礙

一旦癌細胞獲得入侵的能力，它們必須進入血管後才能進行擴散。然而，血管壁內附著一種稱為內皮的組織，內皮具有緊密的連接性，可將血液鎖在血管內，並將其他成分和細胞拒之門外。細胞或外來物質穿透過血管壁向血管內遷移被稱為「內滲」。癌細胞的內滲需要破壞內皮連接，以便讓癌細胞穿透過內皮並進入血液。內滲可以是主動或是被動發生的。在發生內滲之前，必須先發生一些變化。腫瘤可以誘導局部血管的生成（新血管的形成）。這些在腫瘤中形成的血管通常都是異常的、細胞間的連接較弱，使癌細胞能很容易地穿透過這些異常血管的血管壁，進入到血液中。為了進入正常的血管，癌細胞會產生類似「突起物」，這些「突起」就像攻城的巨錘武器一樣，幫助癌細胞突破連接、擠入到內皮細胞之間。此外，如：腫瘤相關巨噬細胞（TAM）等特化細胞（具有專門職能的細胞），會透過分解細胞外基質和刺激細胞的流動來幫助癌細胞擴散。

淋巴管的內滲或進入淋巴系統是腫瘤擴散的另一種方式。淋巴管最終流入血液，這使得癌細胞能夠間接地進入血液。然而，當癌細胞流經淋巴管時，會經過淋巴結，癌細胞可能會被困在此處。這就是為什麼淋巴結往往是最先發生癌症轉移的部位，尤其是最靠近主要腫瘤的淋巴結。除了血管的生成之外，腫瘤還會促成淋巴管的生成（新淋巴管的形成）。就像被腫瘤誘導所生成的血管一樣，這些淋巴管也都是異常的，且無法像腫瘤外形成的淋巴管那樣發揮功能。

撕扯壓力

除了免疫細胞等例外，一般情況下細胞並不會在體內四處移動。它們存在於被嚴

格控制的環境中。因為細胞不會離開所處的環境，所以不會產生問題。另一方面，癌細胞卻會脫離它們所處的環境，透過血液進入另一個全新的環境。例如：肺部的癌症能夠擴散到肝臟或大腦中，形成癌症的轉移。脫離所處環境、穿過血液時承受的撕扯壓力（又稱機械壓力），以及到達身體新的區域後產生的生理變化足以殺死絕大多數的細胞。然而癌細胞會發生變化，使它們依舊能夠存活和轉移，並利用環境中的其他細胞或成分在撕扯壓力下繼續存活，並避開免疫細胞的監控。不幸的是，人類對這類變化依然知之甚少。

打造新家園

移動過程中，如果癌細胞在撕扯壓力下倖存了下來並避開了免疫系統，它們就會滯留在毛細血管床中。入駐到微小的血管中對癌細胞而言是一個福音，因為這使癌細胞逃過了撕扯壓力，並能夠與血管壁長時間地接觸以進行「外滲」（離開血管）。然後癌細胞在所處的新環境中找到避難所並進入休眠或增殖狀態。大多數癌細胞會在這個階段死亡。然而，少數的癌細胞會繼續繁殖並產生微轉移，接著是大轉移。研究表明，癌症實際上可能會透過釋放使身體更容易發生轉移的化學物質和激素，使它侵入的身體部位為轉移做好準備。因此當癌細胞到達時，它們將更容易在新組織中定居繁殖，且較不容易死亡。

轉移性腫瘤往往發生在身體的特定部位，如：骨骼、肝臟、肺和大腦。但目前尚不清楚原因為何，可能是由於這些器官中存在著大量的血管。另一方面，有些腫瘤會不加選擇地隨機擴散到全身各處。有些腫瘤則具有常見的轉移部位，這些部位又與其他類型癌症的轉移部位有所不同。

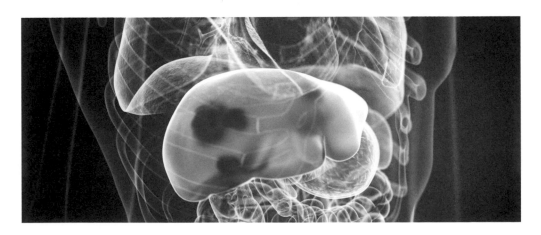

甦醒

科學家們不知道為什麼有些癌細胞會保持休眠狀態，而另一些則不會。現代診斷技術通常無法檢測出休眠的癌細胞。不僅如此，休眠的癌細胞還能夠躲開和逃避免疫系統的監測。最終，這些休眠的癌細胞有可能突然「甦醒」，導致癌症的復發和轉移。因此，治療癌症的唯一方法是消滅所有的癌細胞。如果留下任何的癌細胞，癌症就有可能復發。大多數的復發都發生在診斷後的前五年；然而已有報告指出，乳癌等其他類型的癌症，有可能會在更晚的時間點復發。一些研究表明，乳癌可以在成功治療的20年後復發。有時，甚至在患者被診斷出患有癌症之前，癌症就已經轉移了。美國大約有6％的女性在首次確診時，乳癌就已經轉移了。據估計，原發性不明的癌症大約占據了美國所有癌症診斷的約2％。這意味著這類患者罹患了轉移性癌症，卻無法確認引發轉移的原始腫瘤位置。

癌症不會停止變異

癌症是一種處於動態發展的疾病——總是在變化、總是在變異。這意味著轉移後的腫瘤通常已與原始的腫瘤非常不同。也因為如此，有時針對原始腫瘤的治療方案，對治療轉移後的癌症，效果並不理想。

例如：針對乳癌的激素療法（又稱為內分泌療法，如：他莫昔芬tamoxifen和芳香酶抑制劑aromatase inhibitors），依賴於癌組織中的激素受體狀態。體內的腫瘤具有雌激素受體(ER)和黃體酮受體(PR)的患者，比較適合使用激素療法。通常，ER陽性和PR陽性的乳癌可能獲得較好的治療結果；而ER陰性和PR陰性的癌症，對激素療法的反應不佳。此外，癌症轉移部位上的受體並不總是與原始腫瘤上的受體相同。18％至54％的癌症患者，其原發腫瘤和轉移腫瘤的ER和PR狀態存在著差異。這意味著，例如：如果原發腫瘤是ER陽性和PR陽性而轉移的腫瘤不是這種情況，那麼只有原發腫瘤會對激素治療產生有效反應，而轉移腫瘤則不會。儘管近年來乳癌的存活率有所提高，但癌症的轉移仍然對患者的存活率產生了重大的影響。在美國，大約三分之一患有早期乳癌的女性，癌症會繼續發展為轉移性癌症。由於轉移擴散後的癌症更難治療，這類乳癌女性患者的五年存活率僅約29％（非轉移性乳癌女性患者的平均五年存活率為90％）。

癌細胞不穩定。即使是同一腫瘤內的細胞，也可能不同。這稱為「腫瘤異質性」。不同的癌細胞對癌症治療可能表現出不同的敏感性，這給治療帶來了難度。有些細胞天生就對某些療法有抵抗力。在這些情況下，治療藥物對具有異質性的癌細胞提供了選擇性的壓力，也就是為具有抵抗性的癌細胞提供了燃料。癌症療法幾乎無法殺死所有的癌細胞。在異質性腫瘤中，具有抵抗力的癌細胞存活下來，而其他的癌細胞則會死亡。然後存活下來的癌細胞會複製並生長為一個新的腫瘤，並對初始療法具有抵抗力。

癌細胞也會發生變異和基因突變，這會導致其對癌症療法產生抵抗力。透過這種方式，腫瘤會繼續生長，同時對所使用的不同療法更具抵抗力。

導致癌症的危險因素

病毒感染

病毒因素導致了全球大約12％至20％的癌症。病毒透過干擾細胞內DNA的正常運作，並引起突變而導致癌症。突變的細胞可能變成癌細胞。目前已知有七種病毒會導致癌症：

- EB病毒（Epstein-Barr virus）：鼻咽癌、淋巴瘤、胃癌
- 人類乳頭瘤病毒（HPV）：子宮頸癌、陰莖癌、肛門癌、陰道癌、外陰癌、口腔癌和咽喉癌
- B型肝炎病毒和C型肝炎病毒：肝癌
- 人類免疫缺陷病毒（HIV）：卡波西氏肉瘤、子宮頸癌、非霍奇金淋巴瘤、肛門癌、肺癌、口腔癌和咽喉癌、皮膚癌、肝癌
- 人類8型疱疹病毒：卡波西氏肉瘤、原發性滲出性淋巴瘤
- 人類嗜T淋巴細胞病毒1型（HTLV-1）：淋巴細胞白血病、成人T細胞白血病/淋巴瘤
- 默克爾細胞多瘤病毒：默克爾細胞癌

遺傳性癌症綜合症

科學界尚未鑑別出所有癌症的遺傳因素。然而，已經發現了幾種家族性的癌症綜合症。父母可以將某些突變遺傳給孩子，這些突變會增加罹患癌症的風險。其中的例子包括：

- 遺傳性乳癌和卵巢癌綜合症
- 考登綜合症
- 林奇綜合症（遺傳性非息肉病性結直腸癌）
- 遺傳性白血病
- 血液系統惡性腫瘤綜合症
- 家族性腺瘤性息肉病
- 李－佛美尼綜合症
- 希佩爾－林道綜合症
- 多發性內分泌腫瘤
- 珀茨－傑格斯綜合症
- 遺傳性瀰漫性胃癌
- 1型神經纖維瘤病
- 家族性視網膜母細胞瘤
- MUTYH相關息肉病
- 共濟失調－毛細血管擴張症
- 范可尼貧血

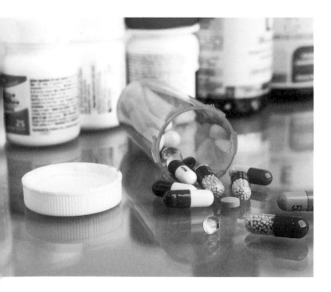

自體免疫疾病

自體免疫疾病和癌症之間存在著關聯。當免疫系統無法正常運作並攻擊自身細胞時,就會發生自體免疫疾病。這種機體的失調再加上慢性炎症,就會增加罹患某些癌症的風險。

- 有自體免疫疾病病史的患者,罹患食道癌的風險增加了2.4倍,罹患胰腺癌的風險增加了2倍。
- 狼瘡患者罹患癌症的風險增加2倍。
- 在北美進行的研究表明,硬皮病的患者總體的癌症罹患風險增加2倍,罹患肺癌的風險增加5倍,罹患肝癌的風險增加3倍,罹患非黑色素瘤皮膚癌的風險增加4倍。
- 患有類風濕性關節炎或硬皮病的人,罹患肺癌的風險會增加。如果這些人吸菸,風險會增加40%。
- 乾燥症候群患者罹患淋巴瘤的風險增加7至19倍。
- 引起血管炎(血管炎症)的自體免疫疾病,會增加罹患白血病、淋巴瘤和膀胱癌的風險。
- 乾癬會增加罹患非黑色素瘤皮膚癌的風險。

罹癌風險會因自體免疫疾病的類型和所使用的治療方法而有所差異。許多患有自體免疫疾病的人,會服用抑制免疫系統的藥物,如此也會增加罹癌的風險。

免疫抑制劑

免疫抑制劑是抑制免疫系統的藥物。被抑制的免疫系統無法再有效地尋找和摧毀癌細胞。

使用免疫抑制劑的人,例如:接受器官移植的患者,發生嚴重感染以及各種不同類型癌症的風險都更高,這包括:非霍奇金淋巴瘤,以及肺癌、腎癌和肝癌等。研究發現,接受免疫抑制療法的器官移植患者中,大約有40%的人在20年後罹患了癌症。

此外，研究表明，有缺陷的免疫系統無法阻止癌性腫瘤的生長。例如：針對器官移植的研究表明，免疫活性（免疫系統可正常發揮作用）實驗鼠和免疫缺陷實驗鼠體內的腫瘤是不同的。當研究人員將免疫缺陷實驗鼠的腫瘤移植到免疫活性實驗鼠體內時，很大一部分腫瘤被排斥。這表明：免疫活性實驗鼠體內功能健全的免疫系統可以檢測並摧毀癌細胞。相反地，免疫缺陷實驗鼠的免疫系統則無法阻止癌性腫瘤的生長。

環境因素

人們每天都會接觸到危險或有毒的化學品。其中許多都是顯而易見的，例如：香菸煙霧、農藥和重金屬等有害化學物質以及空氣污染等；它們通常也與癌症有關，例如：吸菸會導致肺癌。然而，生活中還可能會接觸到其他不太容易被察覺卻具危險性的化學物質。例如：氡氣——這也是美國非吸菸者罹患肺癌的頭號原因。氡是一種無色、無味的放射性氣體，天然存在於地球上。世界各地都有氡的存在，並且室內和室外都有。它從土壤和岩石中滲出，再擴散到人們可以吸入及接觸的空氣或水中。在地底下工作的人，例如：礦工，可能會接觸到高濃度的氡。溫泉也可能含有高濃度的氡。然而，大多數接觸到氡的情況是在室內，通常地下室中氡的含量最高。避免過度接觸或吸入氡的最佳方法之一，就是密封住建築物地板和牆壁的裂縫，特別是一樓或者地下室中的。

基因與癌症

細胞一直在變異，但大多數都不會發生癌變。是什麼驅使細胞發生癌變？答案就是抑癌基因。抑癌基因控制著細胞分裂，確保細胞按照自然的程序死亡，而不是失控地分裂和增長。一些基因還參與了DNA的修復過程。在細胞分裂、複製DNA時可能會發生錯誤。但細胞有多個修復過程，有助於檢測並修復這些錯誤。抑癌基因有助於預防與癌症相關基因突變的累積，並能夠阻止細胞發生癌變。因此，當抑癌基因出現問題時，就會有問題產生。

癌症突變

癌症是由於基因突變隨著時間的累積所引起，這些突變被稱為獲得性突變或體細

胞突變。體細胞突變的原因包括自然磨損，以及因環境中存在的毒素和病毒造成的DNA損傷。一旦細胞獲得足夠的突變，就會變得異常並可能發生癌變。體細胞突變是導致癌症最常見的原因。大多數癌症是由多年累積的大量突變所引起。單單一個突變不太可能導致癌症。研究人員估計，一個癌細胞中的突變總數可能超過一萬、甚至數百萬。並非每個突變都對細胞有害，但具有基因組不穩定性的細胞往往會在更短的時間內累積更多的有害突變。當這些異常細胞逃脫免疫系統的追捕、控制而沒有死亡，並繼續累積更多癌變性的突變，最終，癌症就會發生。

遺傳性基因突變，也稱為生殖系突變或胚系突變，僅涉及所有癌症成因中的大約5％至10％。絕大多數的癌症是由於一生中累積的基因突變所造成。遺傳性的胚系突變發生在精子或卵子細胞中，可以直接從父母傳給孩子，且會代代相傳。在許多遺傳性癌症的案例中，基因突變發生在抑癌基因上。例如：遺傳性乳癌和卵巢癌與*BRCA1*或*BRCA2*基因的突變有關，這些基因都是抑癌基因。其他情況下，胚系突變會影響DNA修復基因，這意味著在DNA複製過程中出現的錯誤不會被糾正，並且會發展成突變。林奇綜合症就是其中的一個例子。林奇綜合症也稱為遺傳性非息肉病性結直腸癌。患有林奇綜合症的人，罹患結腸直腸癌的風險顯著增加，罹患其他類型癌症的風險也會增加，例如：子宮癌、胃癌、卵巢癌、小腸癌、胰腺癌、前列腺癌、肝癌、腎癌、泌尿道癌和膽管癌等。

「二次中標」學說

基因是細胞運作所遵循的藍圖。當細胞在產生蛋白質和其他所需成分時，會讀取基因中編碼的藍圖。人體所擁有最重要的基因之一，就是抑癌基因。顧名思義，這類基因的主要功能就是抑制腫瘤。遺憾的是，抑癌基因也可能發生突變。然而，因為我們有兩份等位基因，如果一份受損，另一份可作為備份以維持正常的功能。因此「二次中標」學說指出，唯有細胞的兩份抑癌基因都被破壞才會導致細胞癌變。

這一學說產生於1971年，源自於對視網膜母細胞瘤（一種兒童眼癌）的研究。當時，研究人員們認為視網膜母細胞瘤來自於胚系突變（卵子細胞和精子細胞的突變）。遺傳學家Alfred Knudson發現，罹患視網膜母細胞瘤的美國病例中，大約只有40％是由胚系突變導致的。且受影響的父母依舊可能生育出沒有患病的孩子，這表明儘管孩子可能遺傳到突變卻能夠不發展為疾病。基於進一步的研究和計算，Knudson得出了結論：視網膜母細胞瘤是由兩個突變引起的，而不是一個；每個突變各自存在於一份抑癌基因中。遺傳了一個基因突變，另一份等位基因需要再一次「中標」或再有一個突變，才會發展成視網膜母細胞瘤。他的這項研究成果出現在人類基因組測序問世之前。從那時起，科學界已經陸續發現到許多癌症基因和點突變（單個核苷酸鹼基發生了變化），由此成功地證明了Knudson的這項學說。Knudson的研究持續發揮著巨大的影響力，並促使了科學家們進一步地開始研究突變、抑癌基因以及癌症之間的關聯。

癌症基因檢測

某些類型的癌症可能會出現「家族遺傳」的現象，即使它們不具備基因突變遺傳。同一個家庭往往擁有共同的生活環境和生活習慣。家庭成員住在同一個屋簷下，擁有相同的飲食習慣，甚至是吸菸等不良習慣。接觸到相同的風險因素，會增加家庭成員罹患相同癌症的風險。然而，當醫生注意到某些情況，例如：罹患癌症的年齡相似或是罹患上同一類癌症，醫生們還是會往遺傳性癌症綜合症的方向去考量，並透過基因測試來證實這一點。

癌症的基因檢測應由醫療專業人士來執行。大多數可居家自行操作的基因測試可能會產生誤導並引起不必要的惶恐焦慮。這類檢測只對基因組的一小部分──單核苷酸多態性(SNP)進行了測序。人類大多數的基因組都相同，而SNP則因人而異。這類檢測是一項最古老的技術。廣告中宣稱測試篩選了大約69萬個不同的預定SNP，聽起來好像很多！但這些只是人類所擁有大約60億個DNA編碼中的0.01％。這就像從一本書的每個章節中取出幾個字母，試圖以此來拼湊整本書的情節。

這類檢測只是測試了所有可能會出錯的基因中的一小部分，結果並不是完整的。因此，即使收到的測試報告顯示所有指數都是陰性的，也並不意味著平安無事。相反地，受試者仍可能存在著未測試到的問題基因，因為這些檢測無法測試出所有的基因。

一些商業基因測試廣告宣稱可以檢測出乳癌風險，但他們只測試 *BRCA1* 和 *BRCA2* 基因。雖然這些變異確實會增加罹患乳癌的風險，但它們絕對不是唯一的判斷依據。有成千上萬的其他變異體不僅會增加罹患乳癌的風險，還會增加罹患卵巢癌、黑色素瘤、前列腺癌和胰腺癌的風險；在這種情況下，僅提供對上述兩種變異體的測試是具有誤導性的，且可能造成原本不該發生的傷害。許多人收到陰性結果並錯誤地認為自己沒有罹患乳癌的風險，就可能會放鬆警惕，不去進行如乳房X光攝影之類的健康檢查，因而錯過了早期診斷出癌症的時機。

遺傳風險是一個概率的問題。這些公司發布的報告可能具有很大的誤導性。例如：在檢測報告中看到自己罹患某種癌症的風險要高十倍，必會感覺非常害怕。但是測試並沒有告知的是通常罹患這種癌症的機率僅為0.01%，因此，增加十倍後風險提升至0.1%，依然是很小的機率。這類測試也可能會出現偽陽性，尤其是對於那些罕見的遺傳變異。例如：如果某種SNP僅在百萬分之一的人中被發現，則結果更有可能是測試錯誤而不是實際的陽性。

臨床基因檢測的方式則不同。如果個人是出於醫學原因決定對自己的DNA進行檢測，那麼應該配合醫生，看看哪種基因檢測最恰當，並能更加全面地了解測試的結果。如果人類的基因組像一本書，那麼臨床基因檢測並不是在每個章節中僅閱讀幾個字母，而通常是每個字母都細讀過數千次，甚至會檢查章節內容是否有遺漏或重複。然而就算這樣，基因檢測還是不具有診斷的性質。即使某人檢測出一個容易導致癌症的基因，也不意味著就一定會罹患上癌症。

除了對於癌症之外，對其他疾病的基因檢測在醫學領域上仍然占有一席之地。例如：醫學界會對亨廷頓氏病(Huntington's disease)進行基因檢測，因為一旦有亨廷頓氏病的基因突變，就一定會導致亨廷頓氏病。如同亨廷頓氏病那樣，只要存在疾病的基因突變，就一定會罹患上該疾病，那麼這類基因檢測是具有診斷性的。但關於癌症就另當別論了。如針對乳癌的基因檢測等測試是可以做的，但想從報告中輕易地判斷出是否會得到癌症，卻沒那麼容易，應該與醫生進行更多的討論。

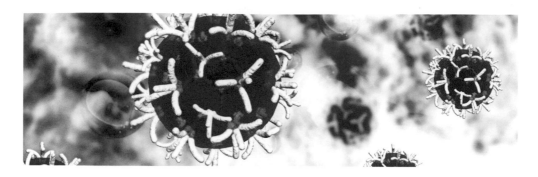

對抗癌症的免疫力

免疫系統是預防癌症的關鍵。當細胞發生癌變或異常時，免疫系統會識別出來，並在它複製和擴散之前將其毀滅。如此，癌細胞就被徹底消滅了。如果免疫系統有缺陷或受損，某些癌症就更有可能在體內發展。愛滋病患者有更高的風險會罹患上由病毒引起的癌症，這些病毒如：EB病毒、人類8型疱疹病毒、B型肝炎病毒、C型肝炎病毒和人類乳頭瘤病毒等。他們罹患非感染引起的癌症風險也會增加，例如：肺癌。這都是因為愛滋病患者免疫系統有缺陷，沒有發揮應有的功能而導致的。

免疫系統以各種各樣的方式來預防癌症。它可透過消滅或抑制病毒的感染來保護身體免於因病毒感染引起的癌症。健康的免疫系統還能及時消滅病原體。病原體感染身體的時間越短，產生的炎症就越少。由於慢性炎症為癌細胞的生長提供了有利的環境，及時解決炎症就有助於預防癌症。最重要的是，免疫系統可以透過腫瘤免疫監控的機制來確切地識別和消滅癌細胞。

腫瘤免疫監控

就如免疫系統如何有效地保護身體免受細菌等病原體的侵害一樣，免疫系統也可以識別並破壞癌細胞和異常細胞。

正常情況下，免疫系統不會對人體自身的細胞做出反應。然而，當細胞變得異常或癌變時，這些細胞就會在其表面產生新的抗原。抗原是引起免疫反應的物質。免疫系統會將這類名為「腫瘤抗原」的新抗原視為外來入侵物，並派遣免疫細胞以破壞這些異常細胞或癌細胞。

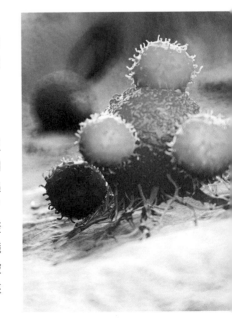

自然殺手細胞（NK）是在預防癌症中發揮著關鍵作用的免疫細胞，對腫瘤細胞具有天生的細胞毒性。由於這種與生俱來的能力，自然殺手細胞不需要事先接觸過突變細胞或癌細胞就能識別或消滅它們。自然殺手細胞可以識別出細胞表面主要的組織相容性複合物I類分子（MHC I）。含有大量MHC I的細胞是「正常的」，可抑制自然殺手細胞發動攻擊。然而，異常細胞，例如：被病毒感染的細胞和癌細胞，所含的MHC I受體數量減少，而自然殺手細胞激活受體的其他配體數量則增加，這會觸發自然殺手細胞發動攻擊。在識別癌細胞後，自然殺手細胞會釋放能夠直接裂解癌細胞的細胞毒性顆粒，導致癌細胞的死亡。

消滅癌細胞的過程需要集中各類免疫細胞的共同努力，而不僅僅是自然殺手細胞。生長中的腫瘤細胞會釋放炎性細胞因子，這些細胞因子會吸引免疫細胞，包括自然殺手細胞、不同類型的T細胞、樹突細胞以及巨噬細胞。這些免疫細胞則會產生促炎細胞因子，有助於殺死腫瘤細胞。自然殺手細胞和樹突細胞能夠共同作用以增強對T細胞的抗原提呈，從而促使T細胞產生細胞毒性化學物質。這些多樣的化學物質可直接殺死腫瘤細胞，還可以阻止新血管在腫瘤中的形成，從而有效地阻斷氧氣和營養物質的供應，餓死腫瘤細胞。邁向死亡的腫瘤細胞會釋放更多的信號，這會將更多的免疫細胞召喚到該區域進行戰鬥。

癌症免疫編輯

儘管體內有腫瘤免疫監控的機制，腫瘤仍然有可能生長，因為癌細胞能夠破壞免疫系統，就像貓捉老鼠的遊戲。癌細胞逃避免疫系統的過程被稱為癌症免疫編輯。

免疫系統在攻擊癌性腫瘤後，會進入一種平衡狀態。免疫系統會篩選性地先殺死免疫原性（即引發免疫反應的能力）較強的癌細胞，留下免疫原性較弱的癌細胞；這些留下來的癌細胞更有能力躲避免疫系統的追捕而生存下來。這個過程往往會持續多年，它涉及了免疫系統不斷地消滅腫瘤細胞，以及透過篩選壓力產生具有抵抗性的癌細胞變體。在這個如達爾文「物競天擇，適者生存」學說的選擇過程中，許多癌細胞被消滅，但新出現的癌細胞在逃避免疫反應方面將越來越好。

各種各類的腫瘤衍生可溶性因子，有助於讓腫瘤環境變得更有利於癌細胞的生長，例如：血管內皮生長因子(VEGF)、IL-10、TGF-β 和前列腺素 E_2。這些因子會幫助維持免疫抑制作用，甚至增強這類效果，使癌細胞更容易入侵和擴散。例如：VEGF會增加腫瘤微環境中腫瘤相關未成熟樹突細胞的數量，進而抑制正常樹突細胞和免疫系統中T細胞的功能。VEGF還會透過干擾樹突細胞的成熟，直接干擾到正常的免疫功能。其他的這類因子也會導致抗炎介質的釋放，從而抑制正常的免疫反應。腫瘤細胞還會反擊免疫細胞，導致免疫細胞的死亡。此外，癌細胞上存在的腫瘤抗原也會變少，導致了這些癌細胞在很大程度上能不被免疫細胞如T細胞偵測到。各種腫瘤衍生可溶性因子與腫瘤相關細胞（如：腫瘤相關未成熟樹突細胞）之間的相互作用，會由於腫瘤抗原的減少以及免疫細胞受到抑制，而導致了免疫耐受性。

傳統的癌症療法

治療癌症的三種最傳統、常規的療法是化學療法、放射療法和外科手術。這三種類型的療法通常相互配合使用。

化學療法

化學療法（化療）是一種針對分裂或生長過快的細胞進行攻擊的藥物療法。癌細胞的生長和分裂速度通常比正常細胞快得多，因此能夠成為化療藥物攻擊的目標。然而，健康的細胞也會受到影響，尤其是快速分裂的正常細胞，例如：胃腸道內壁、頭髮、皮膚和骨髓中的細胞等。使用化療時，必須在殺死癌細胞的同時又不殺死太多正常細胞之間找到一種平衡。

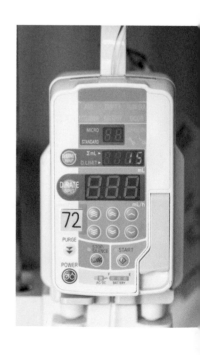

幾種不同類型的化療：

* 治癒性化療

  通常單獨進行。目的是殺死所有可檢測到的癌細胞。但若沒有檢測到癌細胞，並不意味著體內就沒有癌細胞的存在；體內可能還留下一些無法檢測到的癌細胞。使用此療法是期望治療後癌症不再復發，但這無法保證。

8

- 輔助性化療
  在手術後進行。目的是針對那些手術後仍然遺留在體內、任何未檢測到的癌細胞。
- 新輔助性化療
  在手術前進行。目的是將腫瘤縮小到足以能夠更安全地進行手術。
- 姑息性化療（緩和性化療）
  作為一項緩和措施。目的不是殺死癌細胞，而是緩解一些症狀或減緩癌症的發展。

化療的副作用：
- 疼痛
- 疲勞
- 口腔和咽喉潰瘍
- 腹瀉/便秘
- 體重減輕
- 骨髓損傷，導致血液疾病
- 神經系統損傷
- 認知功能障礙
- 食慾不振
- 脫髮
- 心臟損傷

放射療法

放射療法（放療）使用高劑量的靶向輻射來殺死癌細胞。放療主要有兩種類型：體外照射放療和體內放療。

體外照射放療使用外部輻射源——一種將輻射光束瞄準癌細胞的機器。這是一種靶向治療，意味著輻射僅針對身體的某些特定部位照射。例如：如果癌症發生在大腦部位，那麼輻射針對的是大腦中的癌組織，而不是整個身體。即便如此，腫瘤周圍的組織仍會遭受輻射的損傷。

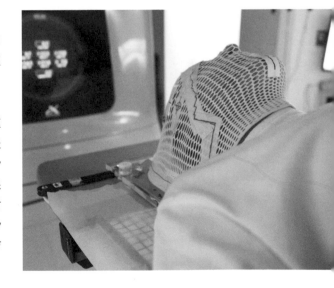

體內放療是將輻射源置於體內，這可以透過多種方式完成，例如：將含有輻射材料的小膠囊或是帶狀物放置在腫瘤內部或附近——這種方式具有局部效應，僅會影響局部部位。其他的情況下，患者吞下液體的輻射源——這種方式則具有全身效應，意味著隨著輻射源在全身循環並攻擊癌細胞，整個身體都會受到影響。

放療需要時間才能發揮功效。經過輻射後，癌細胞的死亡以及腫瘤的縮小也都需要時間。然而，不能保證這種療法能夠殺死所有的癌細胞。

放療具有副作用，而副作用取決於身體的哪些部位接觸到輻射。
- 皮膚變化：乾燥、發癢、起泡、脫皮
- 疲勞
- 第二種癌症——輻射會增加罹患另一種新癌症的風險
- 頭部和頸部
  - 口腔和牙齦潰瘍
  - 吞嚥困難
  - 下頜問題和疼痛
  - 腫脹
  - 蛀牙
- 胸部
  - 吞嚥困難
  - 呼吸困難
  - 皮膚疼痛
  - 肩部問題
  - 咳嗽、發燒
  - 纖維化
- 腹部
  - 食慾不振
  - 直腸出血
  - 尿失禁、膀胱刺激（頻尿）
  - 喪失生殖能力

外科手術
手術的主要目的是治癒癌症。外科醫生會嘗試清除體內所有的腫瘤。

然而，手術並不適合某些類型的癌症。有些癌症位於難以觸及的部位，無法進行手術。也有其他類型的癌症在體內散布得過於廣泛，不太可能以手術的方式清除所有的腫瘤，否則患者就會喪命。有些患者則太虛弱，一旦進行手術將無法在手術中存活下來。其餘的情況，進行手術只是除去部分的癌症以幫助緩解症狀。所有手術常見的併發症包括疼痛、感染、腫脹和疲勞等。手術的副作用取決於特定手術的部位以及手術的廣泛程度。例如：從肺部去除癌腫塊會導致呼吸困難，而去除皮膚癌腫瘤可能會導致無法避免的疤痕。

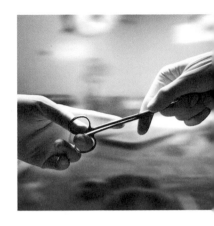

靶向治療

與常規化療相比，靶向治療的目標在於僅針對癌細胞，而盡量不影響到正常細胞。醫生經常在化療的同時使用靶向治療。

有許多不同類型的靶向治療。小分子藥物能夠阻斷某些信號或阻止癌細胞的增殖和擴散，還可透過阻止血管的生成過程（製造新血管的過程）來「餓死」癌細胞。其他的靶向治療藥物可以誘導癌細胞的凋亡（細胞死亡）。

然而，這種治療具有局限性。只有在癌細胞具有「某些構件」能夠讓藥物來靶向攻擊的情況下才有效，無論這些「構件」是某種基因突變、蛋白質還是受體。人體對這類藥物所產生的反應也是不盡相同的。

儘管靶向治療的目的在於盡量不影響正常細胞，但仍然存在著明顯的副作用，例如：
- 腹瀉或其他腸道問題
- 肝臟問題
- 頭髮、皮膚、指甲出現問題或產生變化
- 血液疾病
- 疲勞
- 口腔和咽喉潰瘍

免疫療法的基礎

一般來說，免疫療法是利用免疫系統來幫助減緩或阻止癌症的擴散。治療癌症的免疫療法有很多種類，且它們具有多種功能。這些療法往往將攻擊的目標鎖定為僅存在於癌細胞中的特定基因或蛋白質，或是去影響癌細胞生長的環境。

單克隆抗體

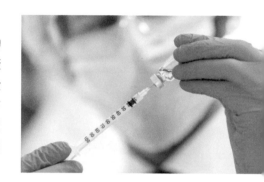

免疫系統會產生抗體來對抗由外來入侵者引起的感染。單克隆抗體是一種在實驗室中研發和生產的抗體，用以增強人體自身分泌的抗體，或是發揮像人體抗體一樣的功效。這是一種靶向治療方法，能夠以多種方式瞄準癌細胞進行攻擊，例如：靶向攻擊癌細胞生長的環境，以及阻止癌細胞合成重要的成分和蛋白質。

單克隆抗體甚至可以阻止癌細胞產生「免疫檢查點」。免疫系統不會攻擊人體自身細胞的原因之一，就是這些細胞會出示能夠防止攻擊行為的檢查點蛋白。癌細胞卻可以發展出產生相同蛋白質的能力，從而加以掩飾，使自己逃過免疫系統的偵測和攻擊。一些單克隆抗體，例如：免疫檢查點抑制劑，則可以揭開癌細胞的假面、阻止這類情況發生，讓免疫系統再次對癌細胞發動攻擊。

非特異性免疫療法

非特異性免疫療法，例如：干擾素和白細胞介素，能夠廣泛地幫助免疫系統摧毀癌細胞。這些療法並不是專門為攻擊某些癌症的特定部分所設計。干擾素是由免疫細胞產生的蛋白質，能夠組織性的對入侵者發動攻擊。在實驗室中研製的干擾素，可以減緩癌細胞的生長並幫助免疫系統對抗癌症。白細胞介素則有助於促進對抗癌症的免疫反應。

溶瘤病毒療法

溶瘤病毒療法使用經過基因改造的病毒，這些病毒僅會進入到癌細胞中，而不會進入正常的健康人體細胞。這些病毒會殺死癌細胞，且當癌細胞死亡時會釋放某些蛋白質，從而引發針對體內其他癌細胞的免疫反應。

嵌合抗原受體T細胞免疫療法（CAR-T細胞療法）

T細胞是有助於促進和組織免疫反應的免疫細胞。CAR-T細胞療法會從體內提取T細胞，然後在實驗室中進行改造，以便讓這些T細胞能夠識別出癌細胞。一旦T細胞能夠識別癌細胞，就可以組織、集結其他免疫細胞對這些癌細胞發起全面的攻擊。

癌症疫苗

就像一般的疫苗能夠對抗病毒一樣，癌症疫苗研發的目的在於幫助身體識別和摧毀癌細胞。這類疫苗的使用可以作為一種預防措施或治療方案。預防性疫苗其中的一個例子就是人類乳頭瘤病毒（HPV）疫苗，藉由預防HPV的感染來幫助降低罹患癌症的風險。

還有治療性的癌症疫苗。這類疫苗通常透過訓練免疫系統靶向攻擊在細胞表面上發現的特定抗原，從而發揮功效。癌症治療疫苗能幫助免疫系統更好地識別出癌細胞上的抗原。一旦免疫系統能夠識別並找到這些抗原，就能夠殺死癌細胞。

癌症疫苗是一種新型的癌症治療方法，更多的相關研究正在進行當中。

更健康的生活方式可以降低罹患癌症的風險

雖然我們無法改變父母遺傳給我們的基因，但我們放心的一點是，遺傳性癌症只占非常少數的病例。大約90％到95％的癌症是由於日常環境接觸到的物質或生活方式等因素引發的突變所導致。每個人都有能力對自己的生活方式做出更健康的改變──這亦是預防癌症的關鍵策略。

避免發黴的食物

世界各地自然生長的某些種類的黴菌，會產生名為黃麴黴毒素的物質。在熱帶國家典型的有利條件下，例如：高溫和高濕度，這些黴菌能夠侵入農作物。各類糧食作物也會受到影響，例如：小麥、小米、木薯、稻米、辣椒、花生、芝麻、葵花籽、各種香料、棉籽和咖啡豆。人類在食用受污染的食物、以及食用被餵食受污染飼料的動物的肉類或乳製品時，就會接觸到黃麴黴毒素。黃麴黴毒素具有遺傳毒性，且科學界已證實它具有致癌性。此種毒素會對身體所有的器官都造成影響，尤其是肝臟和腎臟。接觸黃麴黴毒素會增加罹患多種癌症的風險，尤其是肝癌。由於此種毒素還會導致基因突變，因此也可能造成嬰兒先天缺陷。

黃麴黴毒素很難被破壞，經常能夠在食物中發現此種毒素，並且已經和食物結合得非常緊密，因此光靠清洗仍無法將之去除。加熱對於破壞黃麴黴毒素同樣是一種相對無效的方法；即使用烘烤和烹飪的高溫，也不能完全破壞它們。避免攝取到黃麴黴毒素才是關鍵。如果食物含有黴菌，就不應該食用。

避免酒精

酒精是致癌物。飲酒與至少七種不同類型癌症較高的罹患風險都有關，其中包括：乳癌、肝癌、結腸直腸癌、口腔癌、咽癌（口腔後方的喉嚨部分）、喉癌（喉管）和食道癌。由於酒精會增加罹患癌症的風險，因此任何含有酒精的飲料都會增加罹患癌症的風險。儘管大量飲酒會進一步增加風險，但任何劑量的酒精其實都具危險性。即使每天只喝一杯酒，也會增加罹癌的風險。研究表明，相較於完全不喝酒的人，每天喝一至兩杯酒會使罹患前列腺癌的風險增加8％。每天喝一杯標準杯容量的酒精飲料，絕經後罹患乳癌的風險則會增加11％。

也應避免食用酒精烹煮的食物。一般來說，大約需要三個小時的烹煮時間才能「揮發」掉所用的酒精；而日常生活中家庭慣用的烹飪方法，食物仍然會殘留大約4％-95％的酒精。

那些喝酒會臉紅的人面臨著更大的罹癌風險。「酒精性潮紅反應」是人們飲酒後出現臉紅現象的一種名稱。這在東亞人群中很常見，是由於他們體內缺乏一種有助於分解酒精、名為「乙醛脫氫酶2」的酶類而引起的。身體無法分解酒精，會導致體內殘留更高量的有毒副產物，從而導致臉紅。喝酒會臉紅的人罹患食道癌的可能性要高出6到10倍。如果這些人是重度酗酒者，那麼風險可能會增加至89倍。

人們應該避免攝入任何形式的酒精，尤其是那些喝酒會臉紅的人。

在飲食中加入更多的纖維

美國癌症研究所建議，作為健康飲食的一部分，每天至少應該攝取30克的膳食纖維以降低罹患癌症的風險。高纖維的飲食可以預防乳癌、卵巢癌、子宮內膜癌和胃腸道癌。即使每天無法攝入30克的纖維，增加纖維的攝入量仍可帶來好處。增加10克的纖維攝入量，即可能降低7％罹患結腸直腸癌的風險。

纖維能以多種方式降低結腸直腸癌的罹患風險。纖維有助於促進規律地排便並緩解便秘，這意味著糞便中的有害物質與腸腔壁接觸的時間更短。纖維還為腸道中的有益細菌提供營養，並能促進丁酸鹽等化合物的產生，丁酸鹽有助於結腸細胞保持健康並避免癌變。高纖維的飲食還可以幫助減少總熱量的攝入，並幫助維持健康的體重，從而降低與肥胖相關的癌症罹患風險。

維持健康的體重

肥胖與癌症之間存在著錯綜複雜的關聯。體內脂肪過多會增加罹患結腸直腸癌、乳癌、子宮癌、食道癌、腎臟癌和胰腺癌的風險。專家們尚不完全確定為什麼肥胖會導致癌症，但認為這是由於內臟脂肪過多引起的炎症所造成。過多的脂肪會占據很大的空間，因此留給氧氣的空間就少了。低氧環境會促使炎症的發生。慢性炎症會對細胞和組織造成損害。這些受損細胞更有可能發生突變，進而發生癌變。

肥胖還會對導致癌症風險的激素造成影響。

使用食用油時要多加注意

每個人都知道吸菸會導致肺癌，但還有另一種大多數人都沒有注意到的「煙」——食用油的冒煙點。

每種油，包括一向被認為是「健康」的油，都有冒煙點。冒煙點是油開始冒煙的溫度。一旦油開始冒煙，它就會分解並產生氧化成分，例如：丙二醛，這類成分會損害細胞，從而增加罹患癌症的風險。研究發現，乳癌和肺癌患者血漿的丙二醛水平都出現了升高的情況。

烹調時，選擇高冒煙點的油十分重要，這樣油才能承受烹飪過程的高溫而不會分解。此外，不要重複使用油。每次使用過後，油的冒煙點都會下降。長時間地持續使用同一鍋油，會降低其冒煙點。

少吃紅肉

紅肉與結腸癌、直腸癌，以及前列腺癌、胰腺癌等其他癌症的罹患風險增加都有關。加工肉類（包括雞肉和魚肉），例如：那些以煙燻、鹽漬、醃製或化學防腐劑保存的肉類，與結腸直腸癌和胃癌的罹患也有關聯。

紅肉本身含有 N-羥基乙醯神經氨酸(Neu5Gc)。人體不會產生Neu5Gc，但在惡性腫瘤組織中檢測到大量的Neu5Gc。對此唯一的解釋就是其來自於飲食。Neu5Gc會誘使身體發炎。長期暴露於這種炎症會促使癌症生成，而往往這些癌症就是發生在Neu5Gc積聚的器官。

作為其預防癌症建議的一部分，《第三次世界癌症研究基金會與美國癌症研究所專家報告》指出：食用紅肉（例如：牛肉、豬肉和羊肉等）不應該超過適當的量，並且應該儘量少吃加工肉類食品。

多攝取植物化合物（植物營養素）

植物化合物，也稱為植物營養素，是存在於植物性食物中的一類成分。植物營養素可以幫助預防各種類型的慢性疾病，包括癌症；也可以透過多種方式助益人體健康，例如：

- 支持免疫系統
- 減少炎症
- 防止DNA受損並幫助DNA修復
- 維持體內的恆穩狀態

植物營養素的種類繁多，每種植物營養素都能夠以不同的方式助益人體。通常在調節導致癌細胞生長的途徑中發揮功效。僅攝取單一種類的植物營養素是不夠的。因此，攝取各種各樣的水果和蔬菜，以此來獲得多種多樣的植物營養素十分重要。目前可能已發現超過25,000種的植物營養素，但只有少數的幾種得到科學界的深入研究。

番茄紅素

在實驗室研究中，天然的類胡蘿蔔素被證明具有抗癌活性。例如：番茄紅素（在番茄中含量很高）是一種有效的抗氧化劑，可以減少細胞間的活性氧，而活性氧是會對細胞造成損害的物質。番茄紅素可以削減卵巢腫瘤的生長，降低罹患乳癌的風險，並顯著抑制結腸直腸癌和肺癌的生長。

番茄紅素還具有幫助預防前列腺癌的潛力，被科學家們廣泛地研究。在人體試驗中，番茄紅素的使用配合睪丸切除術（切除睪丸），可以降低前列腺特異性抗原（PSA）的水平，PSA是一種前列腺癌的標誌物。在進行根治性前列腺切除術（切除前列腺）之前攝取番茄紅素，能夠讓腫瘤縮小，並降低在手術部位邊緣發現腫瘤細胞的機率。對實驗鼠的研究表明，相較於無食用番茄紅素的實驗鼠，攝取高劑量的番茄紅素可抑制67％的前列腺腫瘤生長。其他研究報告指出，番茄紅素可以阻止前列腺癌細胞的增殖並導致癌細胞死亡。

較高的番茄紅素攝入量可降低前列腺癌的發病率。在組織採樣中，與癌症生長和擴散（例如：細胞增殖）的關鍵組成部分相關的腫瘤組織生物標誌物的表達，在番茄紅素攝入量高的患者中表達得較少，這表明番茄紅素有助於積極地抑制腫瘤的發展。

作為一種與傳統癌症療法配合使用、且具潛力的新型輔助療法，類胡蘿蔔素也顯示出光明的前景。番茄紅素可以減輕輻射引起的食道炎症，並對化療引起的腎臟疾病提供幫助。

β–胡蘿蔔素

β–胡蘿蔔素是賦予黃色和橙色蔬果鮮豔色彩的色素。一般情況下，蔬果的顏色越深，β–胡蘿蔔素的含量就越高。

在人體試驗中，大量攝取β–胡蘿蔔素（30毫克/天）可顯著提升結腸癌患者T細胞活化的水平。較高水平的T細胞能夠引發更多針對癌細胞的細胞毒性反應。β–胡蘿蔔素也能夠增強子宮頸上皮內瘤樣病變患者的免疫反應率；此類疾病是一種癌前病變，發生這種病變時子宮頸上會出現異常細胞。

雖然β–胡蘿蔔素能提供許多的健康助益，但β–胡蘿蔔素的最佳來源是來自於大自然。針對服用類胡蘿蔔素人造補充劑（例如：β–胡蘿蔔素補充劑）人群的研究表明，這些人造補充劑不但無法促進健康，反而會產生相反的功效。儘管攝取大量的水果和蔬菜可以預防許多不同類型的癌症，尤其是肺癌，但吸菸者服用β–胡蘿蔔素補充劑卻可能會增加罹患肺癌和提早死亡的風險。

人參皂苷

人參皂苷是一類名為皂苷的化合物的其中一種，存在於各種參類中，尤其是人參。自古以來，人參就因其具有的健康助益而被使用。

人參和人參萃取物（例如：人參皂苷）能夠透過主動或被動的多種方式，幫助強化免疫力：

- 能夠增強巨噬細胞、自然殺手細胞等各種免疫細胞的功效。
- 具有抗菌、抗病毒和抗真菌的作用。
- 能夠抑制RMA細胞的活力——RMA細胞是一種被運用於實驗當中，經過基因改造後、擁有類似於癌細胞突變的細胞系。
- 在肝癌細胞中，可以抑制腫瘤的遷移和轉移。
- 對於晚期結腸癌患者，具有免疫調節的作用。
- 可以透過引發細胞死亡和自噬（免疫系統清除不需要細胞的過程），來抑制人類前列腺癌細胞。
- 可以抑制癌細胞；且長期攝取人參可以降低癌症的發病率，尤其是胃癌和肺癌。
- 人參皂苷Rk1和Rg5具有多種抗癌功效，如：可以抑制與癌症轉移相關的各種生理過程，可顯著抑制肺癌的轉移，並預防因癌症引發的其他併發症。

人參也被用於癌症治療。一些癌症可以透過「栓塞術」來進行治療，在此期間，供養癌細胞的血管會透過各種方式被阻塞，以此來「餓死」癌細胞。發生栓塞術後綜合症（「經動脈栓塞術」和「肝腫瘤化療栓塞術」常見的副作用）的患者中，使用人參皂苷配合常規治療，例如：藥物地塞米松，可以幫助降低噁心、嘔吐和發燒等副作用，以及減少肝損傷的生物標誌物。在另一項針對肺癌患者的化療術後研究中，人參皂苷配合化療一起使用增加了自然殺手細胞和T細胞的數量。相較於僅使用化學療法的患者，使用人參皂苷結合化學療法的患者其長期存活率也更高。

此外，人參皂苷已被證實具有神經保護的功效。人參也許能夠預防因化療引起的認知障礙，目前這種病症尚無治療的方法。研究人員發現，人參皂苷可以幫助具有專門職能的腦細胞損失的恢復，以及減少氧化壓力、減少大腦中的炎症，從而幫助恢復腦細胞的功能。

異黃酮

異黃酮廣泛存在於大豆、扁豆、鷹嘴豆和其他的豆科植物中。大豆是一種特別豐富的異黃酮來源。異黃酮可用於治療多種激素依賴型疾病，例如：更年期、心臟病、骨質疏鬆症，甚至不同類型的癌症。異黃酮已被證實對白血病、淋巴瘤、乳癌、前列腺癌、胃癌和某些類型的肺癌等具有預防保護作用。

染料木黃酮是一種存在於大豆中的異黃酮。在實驗室研究和人體實驗中，染料木黃酮顯示出優越的防癌功效，例如：前列腺癌、乳癌、肺癌、頭頸部鱗狀細胞癌、子宮頸癌、卵巢癌、腎臟癌、膀胱癌和肝癌。染料木黃酮可以抑制與細胞的周期生長、黏附、侵襲、凋亡和血管生成等有關的基因，這意味著染料木黃酮有助於防止不受控制的癌細胞生長、維持正常的細胞邊界，並阻止異常血管的生長。染料木黃酮也可以阻止雌激素受體呈陽性的人類乳癌細胞的生長，甚至可以顯著地壓制膀胱癌細胞的生長。在患有白血病的實驗鼠中，染料木黃酮顯著地減少了腫瘤的重量。

大豆異黃酮還可以提高癌症治療的有效性。通常，癌細胞會對放療和化療等治療產生抗藥性。異黃酮有助於提高癌細胞對放療的敏感性，並增強抗氧化劑的特性。在其他研究中，相較於單獨使用化療的患者，在化療前給予患者染料木黃酮有助於減少癌細胞的生長並促進癌細胞的死亡。

表沒食子兒茶素–3–沒食子酸酯（EGCG）

表沒食子兒茶素–3–沒食子酸酯(EGCG)是綠茶中所含的一種主要的兒茶素，屬於黃酮類化合物的一種。

相較於不喝茶的人，喝較多綠茶的人罹患癌症的風險更低。多項研究也發現攝取綠茶與癌症風險的降低之間存在關聯。例如：亞洲國家的前列腺癌發病率遠低於西方國家。鑒於亞洲人對綠茶的消耗量較高，因此發病率低很可能部分是由於攝取綠茶的關係。研究人員調查了近5萬名男性，發現大量攝取綠茶與晚期前列腺癌風險的降低有關。

一般而言，EGCG可導致癌細胞死亡並抑制不同類型癌症的生長，包括結腸癌、腎臟癌、乳癌和腦癌，以及白血病等非實體瘤癌症。兒茶素，尤其是EGCG，可以透過產生一種對癌細胞有害的物質，來抑制乳癌細胞的生長和擴散，以對抗癌細胞。EGCG對結腸直腸癌也具有抑制作用。

此外，EGCG能夠增強各種癌症療法的抗癌活性，並使癌細胞對於抗癌藥物具敏感性（同時保護正常細胞免受紫外線輻射的有害影響）。一項研究指出，EGCG與AM80（一種合成的類視黃醇，用於癌症的治療）的組合能夠協同運作、發揮加成功效，並可導致更多的肺癌細胞死亡。EGCG亦能夠減少化療和放療的副作用，例如：食道炎、吞嚥困難和疼痛等。

槲皮素

水果和蔬菜是槲皮素的主要來源。槲皮素具有抗氧化、抗炎和抗癌的活性。除了有助於預防心臟病外，槲皮素對癌症的預防而言也很重要。研究表明，槲皮素可抑制前列腺癌、子宮頸癌、肺癌、乳癌、口腔癌、肝癌、甲狀腺癌、胰腺癌、白血病和結腸癌的癌細胞生長。槲皮素透過導致細胞死亡或阻止細胞周期的運行，從而杜絕癌細胞的生長和繁殖。

吲哚-3-甲醇 (I3C)

吲哚-3-甲醇(I3C)是一種來源於西蘭花、球芽甘藍、捲心菜、花椰菜和羽衣甘藍等十字花科蔬菜的化合物。

I3C可以透過多種方式來預防癌症。研究表明，I3C藉由阻止細胞周期運行、誘導細胞死亡和干擾各種癌細胞的信號通路等機制對預防癌症發展提供助益。在正常細胞中，I3C可以避免細胞遭受氧化壓力的損害，它也被觀察到能夠調節雌激素受體。I3C連同其生成的其中一種反應產物二吲哚甲烷(DIM)，都可以誘導某些解毒酶類的產生，從而有助於分解飲食中的致癌物質。

β-穀甾醇

β-穀甾醇是一種植物甾醇，通常存在於可食用的仙人掌中；具有降低膽固醇的功能以及抗炎特性，並可幫助傷口的癒合。在對動物胚胎模型進行的研究中，β-穀甾醇顯示出強大的血管生成活性；意味著這種成分有助於刺激新血管的形成，從而促進身體向受損區域輸送營養的功能，並幫助內皮細胞移動以覆蓋在傷口部位。

β-穀甾醇可降低罹患某些癌症的風險。研究表明，β-穀甾醇可限制各種癌細胞系的增殖並誘導細胞死亡，這包括：結腸癌、前列腺癌、肺癌、乳癌和胃癌等。其他研究表明，β-穀甾醇可以干擾癌細胞的侵襲、存活和轉移，並能夠阻礙發炎的過程。科學界普遍認定人們攝取β-穀甾醇是無毒且安全的，這與目前市場上的許多抗癌藥物恰好相反。

絲瓜籽蛋白

絲瓜籽蛋白(Luffin)是一種在絲瓜植株中發現的I型核糖體失活蛋白。在植物內，發揮著防禦機制的作用。在生物學上，絲瓜籽蛋白具有許多特性，例如：抗腫瘤特性，並且可在癌症治療中發揮重要的作用。

使用純化重組的絲瓜籽蛋白α-luffin的研究發現，這種成分能夠抑制三種不同類型癌細胞系（乳癌、胎盤絨毛膜癌和肝癌）的增殖，並顯示出具有細胞毒性和抗腫瘤的能力。研究人員認為，α-luffin能夠透過誘導細胞凋亡來殺死癌細胞。使用重組絲瓜籽蛋白β-luffin的研究則發現，它對癌細胞也具有細胞毒性的作用。科學界正在進行進一步的研究，以探索這種植物營養物質作為癌症療法所能發揮的潛力。

超過120歲不是夢！

理論上，每個細胞都有可能發生癌變。如果是這樣的話，相較於體型較小、壽命較短的生物體，體型大、壽命長的生物體罹患癌症的風險應該更高。然而在現實中，地球上不同動物物種的體型、壽命和癌症罹患風險之間並沒有關聯性。例如：癌症在大象身上比在人類身上發生得少得多，儘管大象的體型更大，細胞也更多。而在形成強烈對比的另一端，平均長度約3英寸的裸鼴鼠似乎對癌症具有免疫。為什麼有些動物不會罹患癌症，關於這方面有多種的學說，例如：這些動物具有更多的抑癌等位基因，或者牠們的免疫系統能更有效地消滅癌細胞。

雖然人類是與上述動物不同的物種，我們依然可以從大自然中汲取靈感並應用到自己的生活中。人類不像其他動物一樣可能擁有那麼多的抑癌基因，但我們可以採取措施保護自己的基因並盡力防止突變。人類也擁有免疫系統，我們可以採取措施來維持健康和強大的免疫系統，以抵禦癌細胞的侵襲。當下有許多新的癌症治療方法，還有很多正在研究開發當中，但那是實驗室科學家努力鑽研的領域。當涉及到非科學家的日常生活時，預防至關重要。全球最常見的死亡原因是癌症和其他疾病。這意味著大多數人在達到人類壽命極限之前就逝世了。透過注重預防並採取措施來避免癌症以及其他疾病的危險因素，人類活到超過120歲不是夢！

第九章

病毒和細菌

病毒和細菌通常被混為一談，歸類為「會導致疾病的物質」，但它們是截然不同的兩種實體。醫生用不同的方法來治療各種類型的感染。不幸的是，這些治療方法正逐漸變得越來越無效。這是一場競賽，看是科學家們開發出對抗病毒和細菌引起的疾病的新方法快一些，還是病毒和細菌進化發展的速度更快。

微型的敵人──病毒和細菌

病毒和細菌通常被視為全世界的微型恐怖分子，甚至在多部好萊塢電影中擔任反派角色。人類對於病毒和細菌投注了大量的關注，但在它們的世界中，根本就不把人類當一回事。實際上，病毒的數量比天上的星星還多，卻只有極少數的會感染人類。大多數的細菌亦不會引起人類的疾病，且事實上，有些細菌對人體是有益的。這其中的原因，與人類對病毒或細菌的抵抗力基本無關，而更多的因素是由於這些病原體對感染對象非常挑剔。

病毒

病毒是微型的寄生蟲，不僅影響著人類，也會感染動物和植物。它們存在於任何有生命的地方，並且很可能世界上有活細胞開始就已經有病毒的存在了。從最簡單的層面而言，病毒是包裹在蛋白殼（蛋白外鞘）中的遺傳物質。如果沒有宿主，例如：人類細胞，病毒就無法生存或複製。它們沒有任何的新陳代謝能力，也沒有其他活細胞所具有的細胞機制。因此，病毒從某些定義上來說，並不是「活的」。儘管如此，病毒還是造成了數不清的死亡和混亂。

人類歷史上的許多場大流行疾病，主要都是由病毒引起的。例如：從歐亞大陸帶入的病毒（如：天花），導致了古代印加和阿茲特克文明的消亡，並被認為是16世紀美洲瘟疫的罪魁禍首。僅流感病毒就導致了全球大量的死亡。據估計，1889年至1890年的流感大流行即導致超過100萬人的死亡。1918年至1920年爆發的西班牙大流感，估計感染了約5億人，並導致至少5,000萬人死亡。1957年至1958年的亞洲流感大流行，則導致了大約110萬人死亡。而在2014年至2016年肆虐非洲、被電視節目和媒體廣為報導的伊波拉（Ebola）病毒，據稱造成了11,325人的死亡。

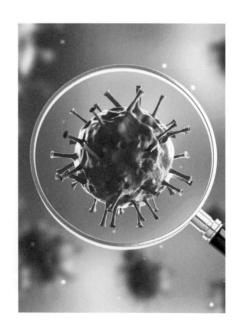

病毒性疾病不僅限於人類。有許多病毒性的疾病也對動物造成了影響，例如：非洲豬瘟、禽流感以及口蹄疫等。與之類似的，植物病毒是導致植物病害的主要原因，每年造成了超過300億美元的經濟損失。在某些案例中，病毒徹底摧毀了整座種植園，從而損毀了整片種植地區，導致糧食作物無法產出。在最輕微的情況下，只是農民的收入受到衝擊。但在最嚴重的情況下，大量依賴這些作物維持生計和三餐的人都會遭受饑荒。

細菌

細菌是微型的單細胞生物。有生命的有機生物大致會被分為不同的「界」。正如植物和動物分別屬於植物界和動物界，細菌也被歸類為自己的界，被稱為「原核生物界」。細菌的適應能力很強，可以在其他更複雜的生物無法生存的地方繁衍生息。在極端環境中生存的微生物被稱為極端微生物；許多極端微生物都是細菌。細菌遍布世界各地，從天空中的平流層到幾乎沒有其他生命存在的海洋深處，都有細菌的蹤跡。

就像病毒一樣，細菌也在人類歷史上引發過多次大流行疾病。鼠疫就是由跳蚤傳播的鼠疫桿菌引起的，它是人類歷史上三次主要大流行疾病的罪魁禍首。在這三次大流行中，最為臭名昭著的鼠疫就是名為「黑死病」的大流行，導致了歐洲多達30%至60%的人口死亡。即使在今天，鼠疫仍有零星的爆發。霍亂則是一種由霍亂弧菌引起的急性腹瀉疾病。目前為止全球共發生過七次的霍亂大流行。

病毒 vs. 細菌

	平均尺寸（直徑）	是否為活的生物體？	複製	有效藥物
病毒	20納（奈）米 - 400納（奈）米	不是	「劫持」活細胞並利用它們進行複製	抗病毒藥物
細菌	200納（奈）米 - 1,000納（奈）米	是	可以自行複製	抗生素

病毒如何引發疾病

病毒的主要目的是進行複製。同時產生的破壞和混亂只是副作用。為了複製，病毒必須要接觸到宿主，例如：人體。一旦病毒設法進入體內，就會開始「劫持」人體細胞。病毒沒有自我複製所必需的機制，因此它會利用被劫持的細胞具有的機制來複製自己。被病毒感染的細胞無法發揮原本的正常功能；相反地，它會產生病毒蛋白質並複製病毒。最終，新製造出來的病毒會從細胞中爆發出來，並在這個過程中殺死細胞。接著，這些新製造出的病毒繼續感染更多的細胞，如此周而復始。如果大量的細胞被感染，就意味著大量的細胞最終會死亡。病毒也非常狡猾——它們為自身創造了一系列有利於去感染宿主、進行更多複製，因此傳播範圍得以更廣的條件。例如：流感病毒會導致人們產生更多的黏液、促使人們打噴嚏，從而讓更多的病毒得以廣為傳播。

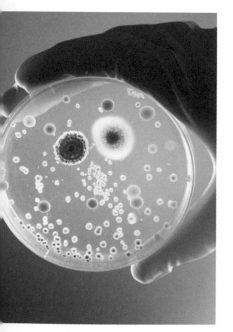

即便如此，僅僅是病毒的存在並不足以使人致死。首先，病毒可以在體內存活多年而不會引發任何的症狀。正是病毒與宿主發生的相互作用，從而導致身體的衰弱症狀以及死亡。例如：流感病毒是一種常見但可能致命的病毒。一旦它接管了呼吸道和肺部的細胞並開始進行自我複製，體內增加的病毒載量就會引發相應的強烈免疫反應。其次，病毒會殺死它所感染的細胞，免疫系統也會偵測出並殺死被病毒感染的細胞。健康人士通常都會自行康復。然而，對於那些有健康問題的人而言，可能會使得過多的細胞被殺死和過多的組織遭到破壞。如果這種情況發生在肺部，就會削弱肺部向血液輸送氧氣的功能，從而導致死亡。最後，病毒性疾病也會對免疫系統造成壓力，免疫功能被削弱為其他的感染創造了機會。例如：肺部的病毒感染會嚴重削弱免疫系統，使免疫系統無法同時抵禦細菌性肺炎的侵害。然後這些細菌感染就可能導致敗血性休克以及死亡。如果身體無法承受感染造成的壓力，也可能會導致器官的衰竭甚至死亡。

細菌如何引發疾病

細菌會以多種方式對人體造成危害。

首先，不同於病毒，細菌並不需要利用人體細胞來進行複製。細菌自己就能夠很好地進行複製。在此過程中，對於氧氣等必需養分的競爭，細菌更能夠戰勝人體細胞，使人體細胞「挨餓」而死亡。

其次，細菌的生長速度往往比人類細胞快得多，並且很輕鬆地就能排擠這些人類細胞，從而會破壞細胞功能，或是導致細胞死亡。

再者，與病毒一樣，某些類型的細菌會引發敗血症這類大規模、失控的免疫反應，從而對人體造成傷害，這可能導致危及生命的敗血性休克。

最後，在一些病例中，導致疾病的不是細菌本身，而是細菌產生的毒素。例如：大腸桿菌是一類在新聞報導中經常出現的細菌，通常都是因為食品含有這類細菌超標而引起廠商召回。有些大腸桿菌菌株會產生致命的毒素，導致嚴重的、具致命性的腹瀉疾病。但其他不會產生這類毒素的大腸桿菌菌株卻是無害的，亦不會引發疾病。

對抗病毒和細菌的藥物

抗生素

抗生素僅適用於細菌感染。它們對病毒感染無效，因為細菌和病毒具有完全不同的結構。當不需要抗生素的時候，使用抗生素無法提供任何幫助，產生的副作用還會對人體造成傷害。

抗生素透過多種方法來干擾細菌，以發揮作用：
- 攻擊細菌的細胞壁
- 干擾細菌的複製
- 阻斷必要的細菌機能

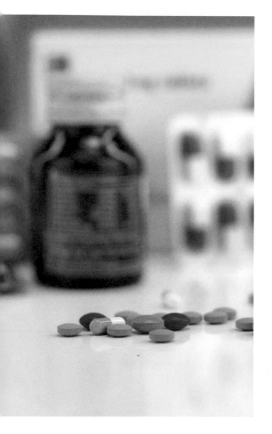

抗病毒藥物

抗病毒藥物之於病毒而言，就如同抗生素對於細菌一樣。抗病毒藥物通常透過阻斷病毒的複製或阻止病毒進入細胞來發揮作用。

相較於抗生素，抗病毒藥物的種類要遠遠少得多。細菌和人體細胞有著很大的不同，細菌不會利用人體細胞進行複製。抗生素利用這些差異來瞄準攻擊並殺死細菌。然而，病毒會侵入人體自身的細胞進行複製。這使得藥物很難將病毒與人體細胞區分開，因此，要在不傷害正常細胞的情況下殺死或瞄準攻擊病毒就變得更加困難。

此外，由於細菌具有一些共同的特徵，因此人類可以研發廣效抗生素來瞄準攻擊各式各樣的細菌。相比之下，各種病毒之間存在著極大的不同。目前，沒有廣效的抗病毒藥物可以同時對抗多種類型的病毒。

不幸的是，我們擁有的少數幾種抗病毒藥物，僅對某些類型的病毒感染有效。抗病毒藥物並不是最終的解決辦法。它們無法殺死病毒。殺死病毒的任務仍然落在免疫系統的肩上。抗病毒藥物僅能起到支持作用，例如：緩解症狀和縮短病程。隨著時間的推移，當病毒產生耐藥性後，這些抗病毒藥物也可能變得不那麼有效。最終，人體還是必須依靠自身的免疫系統來完成清除病毒的大部分工作。抗病毒藥物僅能提供幫助，減少病毒載量，但不能完全治癒疾病。

抗病毒藥物有幾種不同的類型，它們以不同的方式發揮作用：

- 阻止病毒進入細胞
- 阻止病毒將遺傳物質釋放到細胞中
- 瞄準攻擊病毒製造構件的過程，阻止病毒自我複製；例如：蛋白酶抑制劑能夠阻斷蛋白酶，這是一種病毒複製過程中所需要的酶

抗病毒藥物的副作用包括：

- 咳嗽
- 頭痛
- 腹瀉
- 暈眩
- 疲勞
- 關節、肌肉疼痛
- 噁心和嘔吐
- 皮疹

疫苗

人類使用疫苗的歷史悠久。人類的第一款疫苗，又被稱為「接種」，是使用乾燥的天花結痂、專為天花而研發的。到了18世紀，這項技術已經在全世界傳播開來。不過，這並非完全沒有風險。即使接種了天花疫苗，一個人仍然可能感染天花或將天花傳給其他人。

1796年，第一款預防天花的「疫苗」被研製出來。在這一發展成果之後，研究人員繼而改進了天花疫苗，並於1967年確認這款疫苗可以根除天花——世界衛生組織（WHO）啟動了一項全球性的根除天花計畫。1980年，世界衛生組織宣布天花從世界上滅絕了！天花是世界上第一個、也是唯一一個被世界衛生組織宣布根除的人類疾病。

疫苗是對抗傳染病最有效的干預措施之一，且對公共衛生產生著巨大的影響。據估計，接種疫苗每年可預防全球350萬至500萬人的死亡。歸功於疫苗的使用，已有多種疾病幾乎已被根除。

疫苗的工作原理

疫苗透過利用人體對新病原體的自然免疫反應來發揮作用。每種病原體都擁有抗原，這是一種能夠引發免疫反應的分子。抗原可以是整個病毒或細菌，也可以僅是病原體的一部分。例如：病毒上的刺突蛋白即是一種抗原，會引起免疫系統的反應。作為反應的一部分，免疫系統會產生針對抗原的特異性抗體。當免疫系統第一次面對新抗原時，它的反應較慢，需要更長時間來啟動全面性的反應以及產生抗體。此後，特化（具有專門職能）的免疫細胞，例如：記憶B細胞，可以保留對抗原的記憶，並在體內待命多年。如果身體再次接觸到相同的抗原，便能夠更快地產生免疫反應，因為這些記憶細胞認識敵人，可以快速產生抗體。由於人體在第一次接觸新的病原體時免疫反應較慢，如此就有較高出現嚴重症狀和生病的風險。然而在反覆接觸後，人體的某些免疫細胞會產生記憶力，因此免疫反應會更快，從而降低了患病的風險。

疫苗含有能夠觸發免疫系統產生抗體和免疫記憶的抗原，有效地模擬了身體第一次接觸新病原體的情況。在接種了針對某種病原體的疫苗後，免疫系統就有了記憶力，在遇到同種病原體時即能夠更快地做出反應。

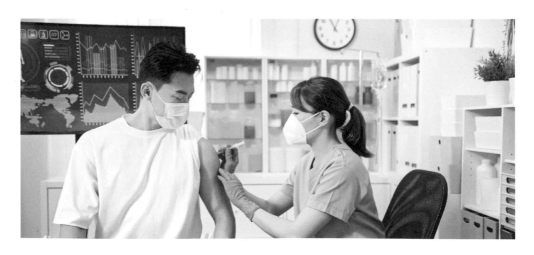

不同類型的疫苗及其不同之處

滅活疫苗

這類疫苗使用了滅活的病原體，能夠產生的免疫反應較弱，可能需要多次施打加強針。

減毒活疫苗

這類疫苗使用了毒性減弱的病原體。由於效果與實際的感染非常相似，因此產生的免疫反應較強。減毒活疫苗具有一定程度的低風險會在體內真正發展為疾病，特別是對於那些免疫功能低下的人而言。

亞單位疫苗、重組型疫苗、多醣體疫苗以及結合型疫苗

這些疫苗只含有抗原，會激起強烈的免疫反應，可以給予免疫功能低下的人使用。

類毒素疫苗

這類疫苗使用病原體產生的毒素作為抗原。作為免疫反應的一部分，免疫系統會產生針對抗原的特異性抗體。為身體提供了對於致病毒素的免疫力，而不是對病原體本身的免疫力。這類疫苗可有效對抗由細菌毒素而非細菌本身引起的疾病，例如：破傷風。

病毒載體疫苗

這類疫苗使用的是病毒載體。病毒載體並不是病原體；它是一種經過改造，與原始病毒不同並且無害的病毒。這些病毒載體含有經過改造的遺傳物質，並會將這些物質引入到人體自身的細胞內以產生抗原，從而引起免疫反應和免疫記憶。常用的病毒載體是腺病毒。病毒載體疫苗中使用的病毒不會引起感染。

mRNA（信使核糖核酸）疫苗

這類疫苗使用經過改造的mRNA，其中包含了如何產生抗原的指導信息。身體細胞會讀取mRNA內的信息並產生抗原，從而引發免疫反應。隨後身體會分解掉mRNA；mRNA即不會留在細胞內。

每種疾病都擁有相應的疫苗現實嗎？

沒有疫苗是100%有效的。例如：每年的流感疫苗有效性大約只有40％至60％。其他的有些疾病則根本沒有疫苗。不是每種疾病都有相應的疫苗，主要原因有兩個——一個說來可悲，而另一個則是由於科學方面的原因所致。

可悲的原因是缺乏對疫苗的投資和資金。研究和開發疫苗是一件非常耗時耗力、耗費鉅資的工作——光開發一款疫苗就可能需要超過10年的時間，花費約10億美元。但從宏觀上來看，這相較於花費在其他事物上的錢財，例如：軍隊或大規模殺傷性武器，簡直是小巫見大巫。每年批准給美國國防部的預算是數千億美元。事實上，大多數國家在國防上都花費了數百億美元，但在疫苗的研發上卻僅投入了微不足道的一小部分。國防開支由政府提供，進一步來說其實就是由納稅人提供；但疫苗的研發卻仰賴於私人投資者，或在激烈的政府補助款中獲勝的競爭者。因此，生產疫苗的公司專注於開發那些能夠盈利的產品，例如：給富裕國家兒童施打的昂貴疫苗、軍用疫苗，或是供遊客使用以預防異地傳染病的疫苗。此外，針對如：黑死病、炭疽病之類被媒體廣泛關注和聚焦的疾病的疫苗，也獲得了相應的經費，名義上用來防禦生物恐怖主義。

較為罕見的疾病，以及通常發生在貧窮國家、亟需疫苗來預防的疾病，卻都被忽視了。較貧窮的國家沒有資金或能力自行生產疫苗，只能依靠富裕國家或慈善人士的善意捐贈。但隨著航空旅行成為日常的一部分，以及日益增長的全球化進程，人類已無法阻止這些疾病在全世界傳播。

科學方面的原因則較為直接——疫苗的製造難度高。疫苗要能夠發揮作用，就必須足以觸發持久的免疫力。通用的自然規則是，如果自然感染可以觸發倖存者的免疫力，那麼是有可能開發出疫苗的。但有些疾病，例如：瘧疾，似乎從未觸發起人類的免疫力。反覆感染過瘧疾的人可能會發現，每一次的瘧疾都不如上一次嚴重；但當感染痊癒時，體內依然沒有對瘧疾的免疫力。這種效果並不會持續。目前，科學界仍然沒有研發出有效的瘧疾疫苗。

有些病毒變異得太快，使得疫苗無法長期有效。例如：流感疫苗每年都會更新，因為流感病毒每年都會發生變異。嚴格來說，免疫系統仍然能夠對以前遇到過的流感病毒產生免疫力。然而，變異病毒與之前的病毒已有很大的不同，以致於免疫系統將它們識別為全新的病毒，因此需要一種新的疫苗來應對。其他的病毒，例如：HIV（愛滋病）病毒和C型肝炎病毒，變異的速度則快到甚至無法研製出相應的疫苗。HIV病毒在一天之內的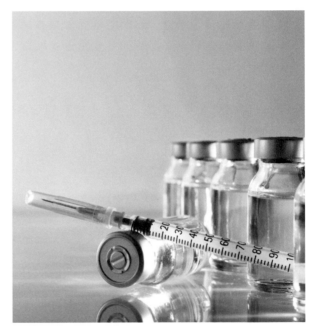變異程度相當於流感病毒一年內的變異程度。等到疫苗研製出來，或是等到免疫系統形成記憶的時候，病毒早已經變異得太多，疫苗和免疫保護力都已失去了功效。但別氣餒！這並不代表疫苗不可能產生，科學家們仍在努力鑽研著。

有的情況下，只是由於無法從病毒中找到觸發免疫力的抗原，因而無法製造疫苗。

對於確實符合疫苗可行標準的疾病，也需要進行長時間、廣泛的測試，以確保疫苗的安全性和有效性。這需要時間，以及很多的金錢投資。

干擾素

除了直接攻擊病毒或針對病毒複製，科學家還有其他擊敗病毒感染的方法。人們最為熟悉的幾種治療病毒感染的藥物，其中就有干擾素。干擾素是人體自然產生，屬於一類名為細胞因子的蛋白質，可以刺激免疫系統對病毒發起攻擊。

基因重組干擾素

重組干擾素是一種藥物，它使用重組DNA技術製造而成。作為非特異性藥物，重組干擾素會影響到全身，無法針對特定的區域或執行特定的任務。因此具有許多的副作用：

- 腫脹
- 類似流感的症狀，例如：疲勞、虛弱和頭痛
- 身體發冷、發燒
- 睡眠問題
- 噁心、嘔吐、腹瀉
- 肌肉疼痛
- 白細胞損失
- 食慾不振

重組干擾素被用來治療多種疾病，例如：C型肝炎。然而，人們發現要在規定的一段時間內使用這些藥物實屬困難，因為使用後的感覺很糟糕，就好像得了流感一樣。重組干擾素也會引起嚴重的傷害，例如：

- 自體免疫疾病
- 中風
- 增加感染的情況
- 嚴重抑鬱症和其他情緒障礙問題
- 貧血
- 出血性疾病

- 甲狀腺問題
- 視力問題
- 對胎兒造成傷害（使用藥物治療期間以及治療結束後的六個月內）
- 心肌損傷
- 肝臟損傷
- 喪失生育能力

將大量重組干擾素灌入人體應該是最後的選擇。

以富含多醣體的食物促進身體產生干擾素

人體的免疫系統能夠自然地產生干擾素。干擾素有助於調節免疫反應並抑制病毒的複製。

作為增強病毒防禦的一種更天然的方法，我們可以多攝取富含多醣體的食物，來幫助身體增加干擾素的產生。多醣體有助於對免疫系統產生影響，使人體能夠抵禦癌症的侵襲，以及病毒和細菌的感染。多醣體透過幫助免疫細胞運作得快一些或再生得快一些來強化人體的免疫細胞。

菇類，尤其是椎茸和巴西蘑菇，是多醣體的最佳食物來源之一。椎茸（香菇）是一種美味的菇類，亞洲美食中經常使用到它。如今，香菇是世界上被研究最為廣泛的菇類之一。大多數的研究聚焦在香菇中所含的一種多醣體——香菇多醣。香菇多醣具有許多增強免疫的特性，例如：能夠增強自然殺手細胞的功能，並增加干擾素-γ（IFN-γ）的產生，這有助於人體對抗細菌和病毒感染以及癌症。香菇多醣可用作化學療法（化療）的抗癌輔助劑，且研究人員已經針對香菇多醣於多種類型癌症的助益方面進行了研究，包括：肺癌、胃癌、結腸直腸癌、婦科癌以及胰腺癌。總體來說，無論對於何種類型的癌症，香菇多醣都具有免疫調節的作用；因此，當配合化療一起使用時，可能提高一年生存率並減少不良反應。在日本，研究顯示香菇多醣被用於多種疾病的輔助治療，從HIV病毒感染、到包括胃癌在內的不同類型癌症。其他研究發現，在放射治療（放療）之前給予香菇多醣療法，可以預防白細胞數量的降低。

巴西蘑菇(ABM)原產於巴西,富含 β-1,3-D-葡聚醣以及 β-1,6-D-葡聚醣等多醣體。巴西蘑菇中的多醣體透過激活如:自然殺手細胞、巨噬細胞、樹突細胞以及粒細胞等先天免疫細胞,從而幫助增強先天免疫力。研究表明,巴西蘑菇中的多醣體還可透過刺激細胞毒性T細胞來幫助預防癌症。

那些新出現的疾病並非憑空而起

人類生活在一個人與人之間緊密連結的星球上,其中充斥著許多高度傳染性的疾病。許多人認為,我們生存的現代社會,擁有著現代化的醫療措施,因此比起以往的任何時期,人類都應該能更好地避免大流行病的侵襲。然而不幸的是,情況並非如此。

科學家們竭盡全力地追蹤和識別每種新的病毒,仔細尋找農場中那些受感染和生病的動物,並管控著野味市場。但是,依舊不可能如願地監控到每一種病毒,也無法預測哪種病毒會跨物種傳播給人類。即使是早已為人所知的病毒,例如:1947年發現的茲卡病毒(Zika),也可能突然引起流行性疾病,甚至引發大流行病。不僅僅是病毒在變化,人類也在改變。1918年,大約有18億人生存在地球上。現在,全球有超過80億的人口,大部分的人口已經發生了遷移,生活在人口密集的城市裡。有了飛機,從世界上任何一個地方到另一個地方,所費時間不用超過36小時。2003年,嚴重急性呼吸系統綜合症(SARS)向一個毫無準備的世界展示了疾病的傳播速度能有多快——一個人感染了另外16個人,然後這些人再將病毒傳播到其他3個國家。在6個月內,病毒已傳播到29個國家。人類已經進入到一個新的疾病時代,地理障礙消失,地方性的威脅如今變成了全球性的威脅。自1980年以來,每年的疾病暴發數量增加了超過3倍,且很可能還會繼續呈現上升的趨勢。

人畜共患病

人畜共患病是一種能夠從動物傳給人類或從人類傳給動物的傳染病。科學家們估計，目前影響人類的病原體中有60％來自動物，也有75％的新興傳染病是來自於動物。人畜共患病可以透過多種方式進行傳播，例如：動物叮咬、透過傳播媒介（一種中間傳播體，如：蚊子和蜱蟲，能把疾病從一個受害者身上傳給另外一個受害者）、處理生病的動物，以及食用受病原污染的動物肉、奶類或水。人與動物的接觸越密切，患病的風險就越高。大多數的人畜共患病起源於與野生動物的接觸，而不是養殖動物，這單純因為野生動物和病原體的整體多樣性更為豐富。隨著人口的膨脹，人類對土地的貪婪占據愈演愈烈，森林逐步消亡。這對野生動物、生態系統、生態多樣性，甚至人類健康而言都造成了毀滅性的後果。隨著人類侵入各種野生動物的棲息地，從野生動物身上感染疾病的風險也隨之增加。

例如：1998年至1999年在馬來西亞爆發的立百病毒(Nipah)就是人類侵入野生動物領地而導致的直接後果。由於森林的砍伐和氣候的變遷，水果蝙蝠失去了牠們的森林棲息地，最終在養豬場附近的種植果園中找到了新家園。這些蝙蝠攜帶著立百病毒，這在以前對人類健康而言不曾造成問題。然而，由於森林蝙蝠現在離農場如此之近，豬飼料被蝙蝠的排泄物污染後，就把病毒傳播給了豬。然後人類在與豬接觸時從豬身上感染了病毒。最終，265人受到了影響，並造成105人死亡。此外，研究估計，每損失16萬公頃的森林，就可能導致1萬例的瘧疾病例產生。根據聯合國經濟和社會事務部發布的《2021年全球森林目標報告》，全球每年損失大約1,000萬公頃的森林。

在世界的某一角落，一種危險的病毒可能正在豬、鳥、蝙蝠、猴子或其他動物的體內醞釀、變異，並準備跨物種傳播給人類。人類對這些疾病一無所知，這意味著我們的免疫系統對它們沒有防禦能力，使得這些疾病對人類而言格外危險。研究人員估計，在鳥類和哺乳動物中有約631,000到827,000種未知的病毒，它們都可能跨物種傳染給人類。事實上，這種情況已經發生了。幾乎每一次的重大流行病都是人畜共患病。在1918年發生、源自於鳥類的西班牙流感可能造成了至少5,000萬人的死亡，超過第一次世界大戰的傷亡人數。來自黑猩猩的愛滋病，已導致超過3,600萬人的死亡。西非伊波拉病毒（Ebola）危機則可能源自於蝙蝠，奪走了超過11,000人的性命。

病毒如何跨越物種傳播

在絕大多數情況下，病毒不會從動物身上傳染給人類。畢竟，我們不會因為自己的寵物狗感冒而罹患感冒，寵物狗也不會因為我們感冒而患上感冒。來自動物的病毒導致人類疾病是極少有的事件。就像「瑞士乳酪理論」一樣，必須許多因素同時重疊出現、同時出錯才可能發生。第一、病毒必須在動物體身上存活。第二、即使病毒存活下來，動物也必須大量散播這些病毒。第三、帶有病毒的動物和人類需要有密切的接觸。沒有接觸就沒有傳播。第四、病毒必須能夠進入人體細胞、進行複製並感染人體細胞，同時成功避開人體免疫系統的追捕。大多數時候，即使人類接觸到來自動物的病毒，也相安無事，因為病毒無法感染人體細胞，或者無法利用人體細胞進行複製。最後，病毒必須能夠有效地在人與人之間傳播。所以在這些病毒中，只有極少數的病毒能夠「爆發」並引發大流行疾病。

蝙蝠是朋友，不是敵人

鳥類和蝙蝠是許多人畜共患病的天然動物宿主。部分原因，是由於鳥類和蝙蝠的生活區域廣闊，且種類非常多樣化。大約有10,000種鳥類和超過1,400種蝙蝠，

幾乎分布在世界上的每個角落。鳥類和蝙蝠是群居動物。牠們大量群居、聚集生活在一起，這意味著人畜共患病很容易在其之間傳播。鳥類和蝙蝠可以飛行，使得牠們的足跡能夠覆蓋到很遠的距離，且隨身攜帶著病毒、傳播這些疾病。儘管攜帶了足以毀滅人類的疾病，但鳥類和蝙蝠通常不會出現症狀，並且也不會生病。其中蝙蝠尤其引人注目。牠們以攜帶對人類和其他動物致命的疾病而聞名，例如：狂犬病或伊波拉病毒感染，而自己卻不會生病——這一切都歸功於牠們的免疫系統。科學家們仍在試圖弄清楚是什麼讓蝙蝠的免疫系統如此特別。目前為止，研究人員已經發現蝙蝠的免疫系統可以抑制病毒複製，並限制過度或不適當的發炎狀況。進一步了解蝙蝠如何控制病毒，可以幫助研究人員開發出新的方法和新的治療藥物來對抗人類和其他動物的疾病。

自從新冠肺炎等新疾病出現以來，公眾輿論開始討伐蝙蝠。或者像對蛇或蜘蛛的印象一樣，許多人對蝙蝠有著非理性的恐懼。有些人甚至呼籲要撲殺蝙蝠。其實不然。相反地，人類其實應該保護蝙蝠。蝙蝠是關鍵的物種——牠們將整個生態系統鏈接在一起。人類需要蝙蝠。蝙蝠充當著傳粉者的角色，並幫助種子的傳播。有些植物，例如：某些種類的仙人掌，完全依賴蝙蝠進行授粉。蝙蝠在害蟲防治方面也發揮著重要的作用。一隻小型蝙蝠在一小時內可以吃掉超過1,000隻

蚊子大小的昆蟲。蝙蝠實際上捕食了大量的昆蟲。在美國，據估計僅依靠蝙蝠捕食昆蟲，每年就可以為農業省下超過37億美元、甚至高達530億美元之多的農藥費用。如果蝙蝠消失了，農民將不得不使用更多的殺蟲農藥。人類可能再也享用不到芒果、香蕉和鱷梨（牛油果），因為這些植物都依賴蝙蝠授粉。人們應該學會如何愛護這些夜間動物，而不是害怕牠們。

溫室效應

疾病始終存在於動物和人類身上。在過去，這些疾病只會被遏止在野外以及偏遠地區，並且受益於距離的因素，只會對當地的人口產生影響而不會造成擴散蔓延。如果人類從來沒有接觸過疾病，就不會被感染到。然而如今，這個距離正在拉近。氣候變遷和全球暖化，正摧毀著曾經保護包括人類在內的動物群種免受疾病侵害的天然屏障。

氣溫上升不僅會導致極端氣候引發的危險。引起疾病的細菌、病毒和真菌也喜歡更溫暖的氣候，在這種條件下它們可以迅速地生長和繁殖。冬季時，大量的病原體會不耐低溫而死去，使得冬季起到了天然的病毒防護機制作用；但由於冬季變得較短和溫室效應，病原體有更長時間進行生長和傳播，從而增加了疾病的風險。

這種效應在瘧疾和登革熱等通常由蚊子傳播的熱帶媒介疾病中尤為明顯。蚊子不僅令人討厭，就死亡人數和疾病傳播而言，它們也是地球上最為致命的生物之一。地球暖化擴大了蚊子的棲息地。更為溫暖的天氣讓原本棲息於熱帶的蚊子足跡不斷擴大，從而給更多地方帶去了危險的疾病。如今，蚊子及其帶來的疾病在它們過去曾經無法生存的地方開始繁衍生息。

研究人員注意到，與環境變化（如：氣溫升高）相關的媒介傳播疾病顯著增加。在過去的50年當中，全球登革熱病例增加了30倍。世界上近一半的人口生活在有瘧疾傳播風險的地區。研究人員估計，到2070年，面臨瘧疾和登革熱風險的人數可能會增加至高達47億多。其他媒介傳播疾病，例如：錐蟲病、萊姆病、蜱傳腦炎、黃熱病、甚至鼠疫，在患病數量和患病區域範圍上亦都出現了增加。

細菌──不起眼的毀滅者

H.G. Wells的著作《世界大戰》完美地詮釋了不起眼的細菌所具有的力量。小說講述了外星人入侵地球的故事。人類儘管努力反擊仍舊不足以抵擋，隨著火星人在地球上橫行無阻地肆虐，所有的希望都破滅了。最後，飽受創傷和打擊的主人公在荒廢的倫敦街頭徘徊時，卻發現火星人被地球上的細菌感染而死亡。「……在所有人類的科技設備和武器都失敗後，火星人被造物主在地球上所創造的最不起眼的物種所殺死。」如果外星人有抗生素，他們或許就會得救。

在發現抗生素之前，傳染性疾病肆虐，具有很高的患病率和致死率。人們平均預期壽命大約只有47歲。1928年，Alexander Fleming首先發現了世界上第一種抗生素──青黴素，從而開創了使用抗生素治療疾病的新紀元。

由於抗生素的使用，美國人均預期壽命提高至78歲，並且主要死亡因素從傳染性疾病，轉變為諸如心臟病和癌症等非傳染性疾病。抗生素是奠定現代醫學的基石之一。因為，不會再有大量的人死於傳染性疾病；所以，人們能活得更久，但活得久了就容易患上一些慢性疾病，例如：心臟病、甚至是某些癌症。因為傳染病的減少我們可以集中更多的精力去治療這些慢性疾病。抗生素的誕生可謂是為人類健康帶來了無數新希望，然而，由於抗生素耐藥性，人類醫學在抗生素領域取得的所有進展，都正在化為泡影。如果抗生素沒效果了，所有外科手術都將因為開放性傷口遭受感染，而變得會危及生命。肺炎將會重新成為大規模殺手；而其他疾病，例如：淋病和肺結核，都將變得無法治癒。

1945年，Alexander Fleming由於發現青黴素而榮獲諾貝爾生理學或醫學獎。在發表獲獎感言時，他警告了抗生素耐藥性的危害，並指出使用抗生素所需要有的責任意識以及附帶的巨大風險。他擔憂隨著時間推移，抗生素的使用增加，在未來會因為細菌產生耐藥性而導致更致命的感染。然而他的這些警示並未得到重視，在不到一個世紀後的今天，我們可能即將面臨抗生素的使用終結。

超級細菌是如何形成的

抗生素耐藥性細菌，亦稱「超級細菌」，始終在引發一場「無聲」的大流行病。
超級細菌是泛指對常用抗生素具有耐藥性的細菌。

基因突變

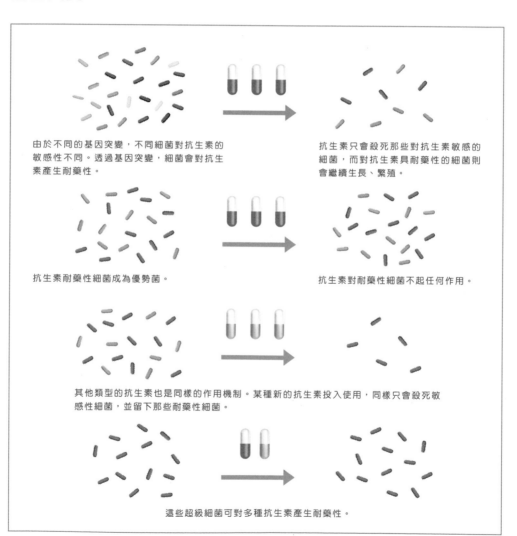

由於不同的基因突變，不同細菌對抗生素的
敏感性不同。透過基因突變，細菌會對抗生
素產生耐藥性。

抗生素只會殺死那些對抗生素敏感的
細菌，而對抗生素具耐藥性的細菌則
會繼續生長、繁殖。

抗生素耐藥性細菌成為優勢菌。

抗生素對耐藥性細菌不起任何作用。

其他類型的抗生素也是同樣的作用機制。某種新的抗生素投入使用，同樣只會殺死敏
感性細菌，並留下那些耐藥性細菌。

這些超級細菌可對多種抗生素產生耐藥性。

水平基因轉移

攜帶抗生素耐藥性基因的細菌

不具抗生素耐藥性的細菌

細菌之間可透過多種方式進行遺傳物質的轉移。

攜帶抗生素耐藥性編碼基因的細菌可將該基因傳遞給其他細菌,從而使後者也具備了抗生素耐藥性。

誘發超級細菌的原因

畜禽養殖業濫用抗生素

大量抗生素被使用於畜禽飼養。使用抗生素是為了治療疾病,但更多時候,此舉是為了預防一些常見疾病或是促進畜禽的生長。例如:在美國,大約只有16%的哺乳期奶牛需要使用抗生素治療乳腺炎,但實際上幾乎全部的奶牛都使用了一定劑量的抗生素來預防乳腺炎,無論牠們有沒有患上此種疾病。動物同人類一樣,容易罹患細菌感染性疾病。如果動物攜帶耐藥性細菌,那麼細菌就可能透過動物類產品,進而傳播給人類。

溫室效應

就像養在溫室裡的植物可以茁壯生長一樣,在較為溫暖的天氣下,超級細菌更能強盛繁殖。科學家們發現,氣溫僅僅增加10攝氏度,便會導致諸如:大腸桿菌、肺炎克雷伯氏桿菌和金黃色葡萄球菌等常見細菌的耐藥性小幅度上升。細菌在實驗室較高溫度的培養下會生長得更快;而更快的生長會導致更多的基因突變和細菌產生耐藥性的可能性增加。此外,細菌之間還可以互相傳遞遺傳物質,因而耐藥性也可以相互傳遞。在比較暖和的氣候下,這種傳播的速度同樣會更快。事實上,研究表明暖和的天氣會增加超級細菌感染的風險。

細菌能夠自然逃避抗生素

人們看待細菌的角度，非常地以人類自我為中心，並且認為細菌的進化是因為要逃避人造的抗生素，或者是要進化為更容易感染或造成人類損害的物種。實際上，對細菌來說人類並沒有那麼重要。作為自然界中一個非常普遍的法則，互利共生和共存才是最理想的目標。如果細菌主要的目標是在人類身上存活，那麼傷害自己的宿主是沒有意義的。致病細菌最好和益生菌一樣──安靜地生活在宿主體內而不引發疾病。這樣，由於宿主能夠繼續舒適地生活，細菌也可以繼續在宿主體內舒適地生活。然而，如果人體從來都不是細菌真正的家園，那麼它們傷害人體也就能夠解釋。

例如：大腸桿菌天然地存在於土壤中，且會被一種單細胞生物變形蟲所捕食。正如動物竭盡所能地避免被捕捉吃掉一樣，細菌也會這樣做。科學家們發現，大腸桿菌在避免被變形蟲撲殺這方面做得越好，就越能在人類中引起嚴重的疾病。非常碰巧地，大腸桿菌竭力避免被變形蟲吃掉而發展出的突變同樣也能避免被人體的免疫細胞吃掉。細菌所發展出的生存機制根本就沒有考慮到人類。人類只是大腸桿菌和變形蟲兩方交火過程中不幸遭殃的旁觀者。許多細菌也是屬於這種情況。抗生素耐藥性亦是如此。

人類可能認為抗生素是現代的一個奇蹟，然而抗生素實際上是一種源自於細菌自身的發明。幾千年來，不同的細菌一直在生產自己的抗生素來保護自己不受其他細菌的侵害。科學家們在被冰封了數千年之久的細菌中發現了那個年代就存在的抗生素耐藥性基因。這是細菌早在人類出現的很久之前就擁有的另一種適應性。這種適應性也造就了細菌具有應對人造抗生素的能力。

細菌正在戰勝人類

人類在研發、製造抗生素方面所取得的進展和成就，可能因抗生素耐藥性的發生而化為泡影。抗生素耐藥性是一個會危及生命的全球健康問題。世界衛生組織已宣告抗生素耐藥性是人類面對的全球十大公共健康問題之一。抗生素是一種抗微生物藥物，用於治療和防止發生在動植物和人類身上的感染。我們目前擁有的抗生素數量是有限的，並且現今仍然有效的抗生素也快耗盡了。在常見感染中，很多細菌都已被發現具有極強的耐藥性。

「2021年全球抗微生物藥物耐藥性和使用監測系統報告」顯示，大腸桿菌對用於治療泌尿道感染的常用抗生素——環丙沙星的耐藥率可高達43.1%。研究發現一些超級細菌對硫酸黏菌素具有耐藥性。硫酸黏菌素是抗生素的最後一道防線，用於治療由某些特定類型的超級細菌引起的會危及生命的感染，因為它是治療此類感染唯一有效的抗生素。但現今，死於不可治癒的感染病例屢見不鮮，而這些感染均是由於細菌對每一種現存抗生素都產生了耐藥性而導致的。

研究顯示，超級細菌是全球主要死亡因素之一，導致平均每天約3,500人死亡。發表在《柳葉刀》雜誌上面的一份報告估計，2019年全球大約有500萬例死亡與抗生素耐藥性細菌感染有關，其中的127萬例是直接死於抗生素耐藥性細菌感染。如果美國疾病控制與預防中心（CDC）對由超級細菌造成的死亡病例進行單獨列項統計，那麼超級細菌就會成為美國第四大死亡原因。

由於這些超級細菌的存在，以前可治療的疾病，例如：肺炎、泌尿道感染、傷口感染以及敗血症等等，都將可能變得無法醫治。根據聯合國「抗微生物藥物耐藥性問題機構間特設協調組」的一項報告，到2050年，超級細菌每年可導致全球約1,000萬人死亡，並且，由此帶來的後果可能與2008年至2009年的全球金融危機一樣具有毀滅性。聯合國常務副秘書長Amina Mohammed曾指出：「抗生素耐藥性是我們整個國際社會所面臨的最重大威脅之一。」

抗生素不能治百病

對付超級細菌不是簡單到只要對症提供一種不同的抗生素，抑或加大抗生素用量即可。抗生素有其特定的作用方式；它只會對那些對其敏感的細菌起作用。

若是給病人使用一種抗生素，而其體內細菌對這種抗生素並不敏感，那麼招致的後果可能會比不使用任何抗生素更為嚴重。使用抗生素會產生嚴重的副作用，例如：視網膜脫落、失聰、肝衰竭以及腎衰竭等等。使用抗生素治療細菌感染的量需要控制得非常精確，稍不留神就可能過量。

抗生素旨在幫助人體免疫系統更好地對抗感染。抗生素是透過攻擊細菌至關重要的生物過程來殺死細菌或減緩它們的生長。人類不能依賴抗生素來消滅體內的所有細菌。因此，無論有沒有抗生素，我們的身體和免疫系統自身都必須要足夠強大，如此才能克服感染。這也是為什麼有些人即便使用了抗生素，仍然會死於感染。沒有健康強大的免疫系統，即使再新的抗生素也不足以挽救一個人的生命。

沒有新的抗生素

目前我們缺乏新的抗生素。在上世紀50年代到70年代——抗生素的黃金年代期間，大量新的抗生素化合物被發現。最後投入市場的一類全新抗生素是於1987年發現的。自此，所有「新」的抗生素都只是改造現有抗生素而製成的。

現今，已經很難再發現新的有效抗生素，因為那些較為容易發現的都已經被找出來了。科學家們不得不竭盡全力搜尋可以殺死細菌的抗菌化合物。這些化合物可能隱藏在令人意想不到的地方，例如：科莫多巨蜥的血液裡、亞馬遜森林切葉蟻的身體裡，甚至是土壤中。關鍵是要找到對細菌有毒、但對人類無毒的化合物。單是找到這樣一種合適的新化合物，可能就需要花費數年，之後還要再耗費數年對其有效性和安全性進行測試。

不同於其他藥物，像硫酸黏菌素這類新發現的抗生素可能是人類對抗細菌的最後一道防線了。製藥公司鮮少有動力花費更多的時間和金錢去開發一種全新的抗生素。畢竟，改變現有抗生素所花費的時間和金錢都要來得更少，何樂而不為呢？

遏制抗生素耐藥性

在任何一場戰爭裡，每一個人都很重要，每一個人的作用都不容忽視。在這場抵禦抗生素耐藥性的戰爭裡，我們不能單純只依靠製藥公司不斷研發新的抗生素，抑或等待農牧產業對於抗生素的使用進行全面整頓。現在，我們必須要盡我們所能保護好自己，不能將自己的命運交到他人手中。

做到這點最重要的一個因素，而且這個因素完全是我們自己可以掌控的，便是一開始就做好疾病的預防。而預防疾病的最佳途徑便是透過養成日常好習慣來保護我們的免疫系統，例如：健康飲食和規律運動。

如果我們不生病，將不需要使用抗生素；我們將不必去醫院就醫，將自己暴露在超級細菌可能盛行的環境中。如果我們確實生病了，會因為把自己的身體照顧好，而更快地恢復健康。如果我們的病情確實需要抗生素治療，也希望自己的身體足夠強壯，從而只需要使用少量的抗生素便能康復。畢竟，沒有人願意長期住院或使用大量的抗生素。

我們必須保持健康。透過日常點滴好習慣的養成，每一個人都可以對超級細菌進行反擊，並同時保護好自己。

此外，我們還可以：
- 提升對抗生素耐藥性的認識，制定和維持針對抗生素耐藥性的監控和研究策略。
- 優化抗生素的使用，在抗生素處方以及農業抗生素的使用方面訂立恰當的規範。
- 透過預防措施來減少感染，例如：確保良好的衛生和食品安全，並採取保護措施，例如：避免蚊蟲叮咬或與野生動物接觸。
- 支持新抗生素、疫苗和其他預防途徑的研發。

慶幸的是，我們現在暫時沒有面臨細菌引發的大流行病的危險，因為到目前為止，人類所擁有的抗生素仍然有效。然而，未來就很難說了，如果抗生素耐藥性持續上升，並且出現更多的超級細菌，那麼另一場細菌大流行病的爆發是絕對可能的。如果人類不多加小心，也都可能會死於細菌感染，就像H.G. Wells小說中的外星人一樣。

現代醫學不是「保護傘」

現代醫學的成就——抗生素和抗病毒藥物，可以讓人們產生一種虛假的安全感。人們將現代醫學視為包治百病的萬靈丹、保護傘，當作是不健康生活的後盾。藥物雖然可以減緩疾病發生的速度，但疾病最終還是會發生；患病後有些人症狀較輕，而有些人則比較嚴重。

現代醫學大多關注的不是拯救性命，而是幫助身體自癒。如果身體不能做到這一點，那麼醫生也無能為力。最終，是身體和免疫系統讓疾病自癒。

與其依靠醫療或藥物來解決問題，不如照顧好自己的身體，讓問題從一開始就沒有發生的可能。感染並非是無害的，即使它們可以透過藥物醫治。有些感染造成的影響是永久性的；其他的也有可能導致長期的影響。

我們所能做的最好事情就是避免受到感染，並照顧好免疫系統，讓免疫系統足夠強大，即便不可避免地被感染時，依舊能夠抵抗感染的侵襲。

第十章

感染不僅僅是感染

關於疾病的概念一直在變化。有些疾病的發生相較其他疾病而言變得更為普遍，醫生們因而更新了他們對於病理學（專門探究疾病的學科）的理解，社會大眾對疾病的認知也在持續地發生著變化。疾病不是一成不變的，而是在人類社會不斷演變的過程中被人們所定義和經歷。

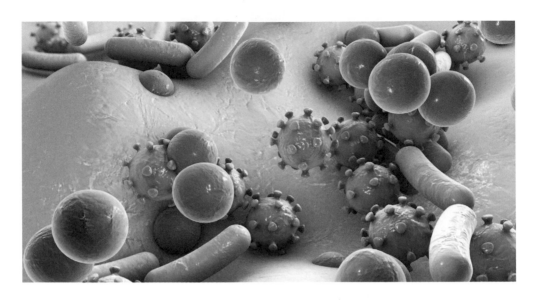

在1900年代，美國排名前三的死亡原因均是傳染性疾病——肺炎和流感、肺結核，以及胃腸道感染。如今，全球10大主要死亡原因中有7個是非傳染性的疾病——不會在人與人之間傳播的疾病。在現代醫學的加持下，人們對於感染的態度往往更加的輕忽漠視。曾經一旦罹患就如同被判死刑的大多數傳染性疾病，現在都已經不被視為什麼大不了的事；僅僅會造成輕微的不便，患者只需要去看個醫生或服用一些藥物即可。人們對於「生病」的印象已經逐漸從「感染」轉移到其他方面。在20世紀的大部分時間裡，傳染性疾病導致的死亡率下降，同時非傳染性疾病導致的死亡人數則增加。如今主要占據人們腦海的疾病類型是動脈粥樣硬化、癌症以及糖尿病等。人類不再過多地擔憂傳染性疾病，而更擔心缺乏運動的生活方式是否會導致提早的死亡。

傳染性疾病仍然值得關注，即使它們不再像以前那樣致命。對感染的漠視態度源於一種誤解：誤認為感染能帶來的最糟影響就僅是感染本身而已。人們天真地相信一旦感染被治癒，那麼身體就完全沒問題了，從此一勞永逸。在這個人們自己想像的情境中，嚴重感染導致的最壞情況是對器官造成一些持久性的損害，或藥物產生的副作用。人們認為，只要以最好的醫療條件來及時治療感染，就不會衍生任何長期性的問題。然而，「感染」實際上是多米諾骨牌效應所倒下的第一張骨牌。

並非所有的傳染性疾病都可以治癒

儘管大多數的傳染性疾病可以治癒或加以預防，但並非所有的都如此。許多這類疾病只能被控制或減輕症狀到讓人尚可忍受的範圍。有些傳染性疾病會造成終生的影響。有些傳染性疾病則是沒有疫苗、沒有治療方法、也無法治癒。

感染會引發自體免疫疾病

在某些情況下，從感染中恢復並不意味著就此脫離險境。感染有可能會引發其他看似無關聯的疾病，例如：自體免疫疾病。急性感染引發自體免疫疾病的觀點已經存在了一段時間，並且多年來在醫生們的腦海中日益加深。幾乎所有的自體免疫疾病都與至少一種感染有關。此外，那些已經罹患自體免疫疾病的人，則因為所接受的治療而更容易受到感染。再者，多種微生物都可能與某一種自體免疫疾病的產生有關聯，這意味著感染誘發因素是多重的。

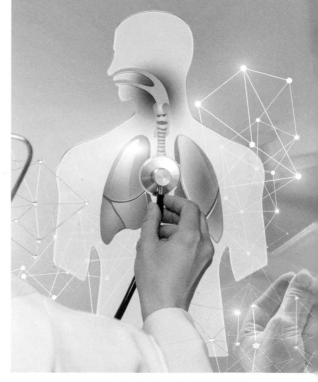

當身體對抗感染時，免疫系統就會開始運作並且產生針對外來入侵物的抗體。為此，免疫細胞會靶向攻擊外來入侵者的標誌物（也就是抗原）。B細胞產生能夠靶向、標記並摧毀這些抗原的抗體。然而有時，身體機能會發生錯誤，這些抗體錯誤地靶向人體自身的細胞和組織進行攻擊。靶向攻擊人體細胞的抗體稱為自身抗體。雖然發生這類情況的原因尚不清楚，但有多種理論可以進行解釋。

免疫系統出錯

免疫系統可能會發生錯誤。免疫細胞透過觀察某些蛋白質來識別什麼是自身的物質、什麼是外來的物質。有時，外來入侵物的蛋白質與人體自身細胞中發現的蛋白質非常相似。正常情況下，這不會導致什麼問題。但當免疫系統將外來異物標記為摧毀的目標時，問題就會產生。

鏈球菌性咽喉感染就是其中一個典型的例子。在化膿性鏈球菌（*Streptococcus pyogenes*，導致鏈球菌性咽喉炎的細菌）上發現的蛋白質，與心臟細胞上發現的蛋白質看起來很相似。當免疫系統開始針對細菌上的蛋白質發起攻擊時，也可能會對心臟細胞進行攻擊，從而導致心臟發炎。在某些情況下，這類自身抗體會進一步攻擊大腦，導致一種名為西德納姆舞蹈病（Sydenham chorea）的自體免疫疾病。

還有很多種感染都可能會引發其他疾病。研究表明，疱疹病毒是一種導致唇疱疹的常見病毒，也可能是導致阿茲海默症的原因。在實驗室研究中，科學家們發現，在用疱疹病毒感染重新編程的神經元細胞後，這些細胞會產生類似於阿茲海默症患者大腦中斑塊的澱粉樣蛋白沉積。疱疹感染非常普遍。估計50%至80%的美國成年人都感染過口腔疱疹。在大多數情況下，疱疹感染不會造成任何問題。尚需進一步的研究來了解為什麼有些人可能會因為這類感染而患上阿茲海默症，有些人則不會。

疱疹也可能導致貝爾麻痺（Bell's palsy）──臉部一側的肌肉突然無力。貝爾麻痺的常見症狀包括半邊臉出現下垂、流口水以及臉部麻痺的一側難以閉眼。導致貝爾麻痺的確切病因尚不清楚，但可能是由潛伏體內的疱疹感染源所導致的。一旦被疱疹病毒感染或潛伏體內的感染源被重新激活，可能引發針對外周神經髓鞘組成物的自體免疫反應，這會促使顱神經（尤其是顏面神經）發生脫髓鞘的現象，從而導致貝爾麻痺。

某些疾病,例如:格林-巴利症候群,與感染存在著明確的關聯。格林-巴利症候群是一種免疫系統攻擊人體神經細胞,進而導致虛弱、麻痺或癱瘓的疾病。雖然這種疾病的確切病因尚不清楚,但大約三分之二的患者在確診前的六周內都曾發生過感染。許多種類型的感染都可能是病因所在,其中較為常見的感染通常為胃腸道或呼吸道感染。由EB病毒、巨細胞病毒和茲卡病毒(Zika)等病毒引起的感染,能夠引發格林-巴利症候群。此外,科學界具有充分的證據表明一些特定的病毒能夠引發自體免疫疾病。例如:基孔肯雅病毒(Chikungunya virus)是一種由蚊子攜帶的病毒,會引起發燒和嚴重的關節疼痛。由於會形成針對關節的自身抗體,這類病毒還可能導致長期的關節炎。

然而,對於其他類型的自體免疫疾病,與感染之間的關聯仍較不明確。

自體免疫疾病	相關感染源
全身性紅斑狼瘡	EB病毒、風疹(德國麻疹)病毒、弓形蟲、巨細胞病毒、幽門螺旋桿菌
類風濕性關節炎	大腸桿菌、奇異變形桿菌、EB病毒、B型肝炎(乙型肝炎)
1-型糖尿病	巨細胞病毒、克沙奇病毒B4、風疹病毒、腺病毒、輪狀病毒、幽門螺旋桿菌
多發性硬化症	巨細胞病毒、EB病毒、不動桿菌屬、綠膿桿菌

幸運的是,在大多數情況下,自身抗體並不會導致問題。免疫系統擁有恰當的制衡機制,以確保一旦威脅消失,免疫反應就會被撤回,並有適當的機制來平息自身「軍隊」的火力。例如:免疫系統的調節細胞會分泌化學物質,這些化學物質能夠與其他免疫細胞進行交流溝通,告知戰鬥已經結束、可以撤回。但是,如果免疫系統未能及時「剎車」,那麼就會形成自體免疫疾病並且讓其占據主導的地位。不幸的是,科學家們仍然無法確定是什麼原因導致這些「剎車失靈」。

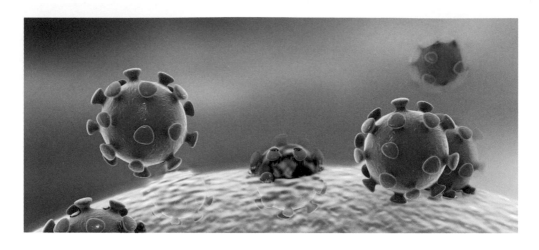

某些物質正在吸引免疫系統

為了知道身體的哪些區域需要派遣軍隊出擊，細胞會產生化學物質以吸引免疫細胞前往該區域。正常情況下，某些免疫細胞肩負著在體內進行巡邏、尋找並消滅敵人的職能角色。這些細胞會釋放出向免疫系統其他部分發出信號、召喚它們前來幫忙的化學物質。許多試圖釐清為什麼免疫系統會針對人體自身細胞發動攻擊的自體免疫疾病理論，將錯誤直接歸咎於免疫細胞。然而，有證據表明，在某些情況下免疫系統可能被錯怪和冤枉了。

例如：1-型糖尿病是一種自體免疫疾病，免疫細胞會對胰臟中的 β 細胞（產生胰島素的細胞）發起攻擊。起初，研究人員認為免疫細胞失常、變得瘋狂了。但如今有證據表明，β 細胞會產生引發炎症的化學物質，吸引免疫細胞對其進行攻擊。可以把免疫細胞想像成一隻警衛犬，平時很安靜，卻是訓練有素、能夠對入侵者發動攻擊。這隻警衛犬並沒有如人們一度想像的那樣發狂並攻擊友好無害的「自己人」；相反，是主人的命令讓其對自己人發動了攻擊。然而，即便有挑釁和激怒行為，也不一定就會發生攻擊行為。必定是其他的因素首先打破了天平的平衡。科學家們仍然不知道為什麼這些細胞會釋放出引發免疫反應的化學物質。可能是由於受傷，甚至是感染。克沙奇病毒長期以來被懷疑是造成胰臟中的 β 細胞被感染，從而導致1-型糖尿病的罪魁禍首之一；在某些情況下，這類病毒能夠感染胰臟中的 β 細胞。當病毒殺死一些 β 細胞並產生炎症時，這會使免疫細胞對垂死細胞的蛋白質變得敏感，從而試圖對其餘的 β 細胞進行攻擊。

感染可產生長期的影響

人們並不是一定都能毫髮無傷地從感染中恢復。某些感染具有長期的併發症。

脊髓灰質炎

脊髓灰質炎,俗稱小兒麻痺症,是一種名為脊髓灰質炎病毒所引起的疾病。雖然可以透過脊髓灰質炎疫苗來加以預防,然而一旦罹患上這種疾病,就沒有明確的治療方法。儘管脊髓灰質炎病毒最終會被人體清除,但在少數的案例中,它會感染和破壞神經組織,導致肌肉無力,從而導致持續數小時或數天的麻痺或癱瘓。根據神經組織被破壞的程度,麻痺或癱瘓可能是暫時性的或永久性的。肌肉無力和麻痺有時會導致畸形和殘疾。在受影響的孩童中,脊髓灰質炎會減緩四肢的生長,從而導致四肢的長度不均。那些從最初的麻痺發作中完全康復的人,可能會在30至40年後患上脊髓灰質炎後綜合症。其特徵是肌肉萎縮、衰弱、疼痛和疲勞。脊髓灰質炎後綜合症是不斷發展且無法治癒的,並且沒有特定而明確的治療方法。

耐格里阿米巴原蟲感染

這是一種由福氏耐格里阿米巴原蟲(*Naegleria fowleri*)引起的幾乎會致命的腦部感染。當受污染的水進入鼻子,阿米巴原蟲沿著鼻子進入、感染到大腦時,就會發生這種情況。通常是人們在溫暖的天然淡水區域(如:湖泊和河流)游泳或潛水時發生的。這種感染的致死率超過97%。美國記錄在案的154例感染中,只有4名倖存者。其中一名倖存者出現了永久性的腦損傷,其餘的幾人則完全康復。

弓形蟲病

弓形蟲病是被弓形蟲感染所引起，弓形蟲是世界上最常見的寄生蟲之一。通常是因為食用未煮熟的受污染肉類、接觸受感染的貓糞便，或懷孕期間的母嬰傳播而引起的感染。幸運的是，大多數感染寄生蟲的人不會出現任何跡象或症狀，且得以完全康復。然而，若是免疫系統受損或較弱的人遭受感染，就可能會患上嚴重的疾病，最終導致眼睛和其他器官受損。在某些情況下，寄生蟲會嚴重地損害大腦，或對大腦產生致命性的傷害。此外，在懷孕期間，弓形蟲病雖然不太可能對母親造成危害，卻會導致胎兒出現嚴重的疾病。在偶發的案例中，嬰兒出生時出現了嚴重的眼睛或腦部損傷。

B型肝炎

B型肝炎是由B型肝炎病毒引起的肝臟病毒性感染，通常是透過體液傳播。對於多數人而言，這是一種短期疾病。然而在某些人身上則會造成慢性、終身的感染。慢性B型肝炎感染會導致肝臟瘢痕、肝功能衰竭以及肝癌。患有慢性B型肝炎感染的人，罹患肝癌的風險為25％至40％。

HIV/AIDS

人類免疫缺陷病毒（HIV）會攻擊人體的免疫系統。如果不給予治療，HIV病毒可能會導致後天免疫缺陷綜合症（AIDS），也就是常說的愛滋病。幸而有現代抗逆轉錄病毒療法，給予HIV病毒感染者更好的生活品質前景。愛滋病和其治療方法會導致長期的併發症，例如：繼發感染、加速衰老、認知障礙、對體內脂肪分布造成影響，甚至癌症。

登革熱

登革熱是一種病毒性感染，受感染的蚊子透過叮咬的方式把感染源傳播給人類。雖然登革熱不是慢性感染，仍然會遺留下長期的負面影響，例如：脫髮（禿頭）、關節痛以及肌肉痛。

感染引起的其他長期併發症

所有感染都有可能導致敗血症。敗血症是指人體自身對感染做出反應從而導致的器官受損。這是一種危及生命的緊急醫療狀況，需要給予立即的治療。儘管細菌性感染是敗血症的最常見原因，但敗血症也可能由病毒、真菌和寄生蟲感染等引起。在嚴重的情況下，敗血症會導致敗血性休克（由感染引起、會危及生命的低血壓）。

敗血症的存活者，最終可能難以應對日常生活，並且可能出現認知退化、失眠、關節無力或肌肉疼痛等症狀，以及可能引起驚恐發作和創傷後應激障礙（PTSD，創傷後壓力症）等心理健康問題。敗血症會阻斷流向四肢的血液，從而導致手指、腳趾、手、腳和四肢被截肢的狀況；還可能導致器官損傷以及任何器官的衰竭，較為常見的是腎臟衰竭。

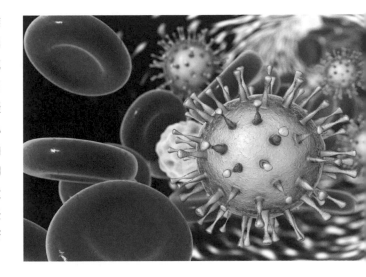

細胞因子風暴

在某些情況下，感染會引發細胞因子風暴。細胞因子風暴是當免疫系統失去控制並在體內釋放高量的細胞因子時所發生，是一種危及生命、全身過度發炎的情況。不受控制的炎症會損害人體自身的細胞和器官。

通常而言，細胞因子是不同的免疫細胞用來進行交流的微型蛋白質。例如：促炎細胞因子召集免疫部隊發動攻擊，而抗炎細胞因子則告訴免疫系統工作完成並需要撤退軍隊。細胞因子本身並無害。免疫系統需要細胞因子才能正常運作。當免疫系統功能完善時，促炎細胞因子和抗炎細胞因子會協同運作以中和並消除入侵的敵人——首先發動攻擊，然後再撤退，如此免疫系統才不會永遠處於攻擊模式。

一場細胞因子風暴會對肺、肝、腎、血管系統、神經系統、心臟、關節、胃腸道和皮膚造成損傷。情況嚴重時，會導致多重器官衰竭，進而導致死亡。

藥物的副作用

抗生素的發現無疑是現代醫學的最高成就之一。儘管抗生素挽救了數百萬計人類的生命，卻並非沒有副作用。有時，是用於治癒細菌性感染的抗生素遺留下了問題，而不是細菌本身。抗生素不僅可能會產生嚴重的急性影響，例如：低血壓或心律不齊，也可能產生長期的慢性影響。抗生素導致

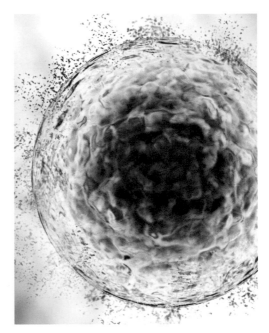

的許多長期影響都與腸道微生物群的破壞有關；而腸道微生物群的破壞又與多種疾病相關聯，例如：心臟病甚至某些癌症。長期使用抗生素甚至可能是導致提早死亡的一種危險因素。

感染可能影響基因

甲基化是體內的一種化學反應。甲基化的過程中一類名為甲基的小分子會加入到DNA、蛋白質或其他分子中，這會影響某些分子在體內的運作。基因或蛋白質的甲基化模式發生變化，會影響人體罹患癌症等疾病的風險。

病毒性和細菌性感染，與各種癌症的發展都有關聯。研究感染與癌症之間關聯的科研人員經常在鼻咽癌、子宮頸癌、頭頸癌、胃癌和肝癌等癌症中發現異常的DNA甲基化。通常，即使在無癌變細胞中也存在著異常基因，但高水平的異常基因卻與癌症風險的增加有關。

DNA甲基化與基因表達有關，能夠改變DNA片段的活性。大多數病毒性或細菌性感染會透過觸發炎症過程來引發DNA甲基化。病毒性感染占全球癌症病因的將近10%至15%。

感染病原體	導致的癌症
幽門螺旋桿菌	胃癌
EB病毒	胃癌、鼻咽癌、伯基特淋巴瘤
人類乳頭瘤病毒（HPV）	頭頸癌、子宮頸癌
默克爾細胞多瘤病毒	默克爾細胞癌
B型肝炎病毒	肝癌
C型肝炎病毒	肝癌

除了引發炎症，誘導表觀遺傳發生改變，也是這類與感染相關的癌症背後最重要的機制之一。表觀遺傳改變，是指經由基因自身以外其他來源的基因修飾（改造），這些修飾會「開啟」和「關閉」基因。

基因表達的表觀遺傳控制

僅僅因為一個人體內攜帶著一種基因，並不意味該基因就一定會被「表達」出來或產生影響。感染、炎症和有害物質（例如：毒素）都會改變身體表達某些基因的方式。當身體表達了「不應該被表達的」，或壓抑了「原本應該被表達的」，就會有問題產生。

表觀遺傳與癌症的發展有關；因為在表觀遺傳發生的過程中，常見其對腫瘤抑制基因（阻止腫瘤形成的基因）進行壓制。

感染如何導致癌症

細菌性或病毒性感染與異常的DNA甲基化之間存在著明確的關聯。異常的DNA甲基化能夠在組織和器官中不斷累積，且最初不會引起癌症。然而，這種累積會顯著地增加罹患癌症的風險。異常的DNA甲基化，不僅能夠由感染引發的炎症所引起，也能夠由感染病原體本身直接誘發產生。

例如：幽門螺旋桿菌可誘發胃癌。胃癌是全球最常見的惡性腫瘤之一，尤其是在亞洲地區，絕大多數的胃癌病例都是由幽門螺旋桿菌感染所引起。這種感染可透過炎症以及表觀遺傳的變化從而引發癌症。研究已表明，幽門螺旋桿菌感染者的DNA甲基化水平會升高。更重要的是，感染導致了預防癌症的重要基因（例如：腫瘤抑制基因）發生甲基化，這會提高胃癌的罹患風險。胃壁細胞中累積的各種DNA甲基化基因，形成了一個易於發生癌變的組織區域。

EB病毒感染，可能是鼻咽發生癌變的關鍵早期階段，因為鼻咽癌患者的癌前病變通常都呈EB病毒檢測陽性。這種感染會誘導高水平的DNA甲基化，尤其是在腫瘤抑制基因中更為明顯。研究已表明，某些腫瘤抑制基因的甲基化水平，與在癌組織和鄰近非癌組織中檢測到的EB病毒DNA數量之間存在著顯著的關聯。這顯示出該區域腫瘤抑制基因的「關閉運作」，為癌症的扎根與發展創造了一個有利的環境。

壓力和疾病

感染使身體易罹患其他疾病

感染會給身體和免疫系統帶來壓力。感染會使人感到身體不適並且產生發熱、發燒等症狀，這是「壓力」表現的一種形式。一旦這種感覺消失且身體恢復了，我們對於身體壓力的感知也會隨之消失。然而在某些情況下，即使可能有這種「已經康復」的感覺，身體依舊在發炎，並有可能永遠不會完全恢復。感染所引起的壓力會持續地存在，並且使身體容易罹患上其他疾病。

例如：病毒性感染與帕金森氏症罹患風險的增加互有關聯。帕金森氏症是一種腦部疾病，會導致患者無法控制自身的動作，例如：肢體抖動、僵硬和協調困難等。帕金森氏症的病因仍然存在許多的謎團，但科學家們認為這是環境和遺傳因素的結合。儘管研究人員已經注意到病毒性感染與帕金森氏症罹患風險的增加之間存在關聯，他們仍不知道原因何在。

最近的研究指向了一個多重打擊學說。不是感染直接導致帕金森氏症，而是感染對大腦的神經元產生了壓力、使它們更容易受到其他類型的損傷或風險因素的影響，最終導致了疾病的發生。

這在動物模型的研究中得以顯示。研究人員讓受試動物接觸會導致新冠肺炎（COVID-19）的新冠病毒（SARS-CoV-2）。當受試動物從急性感染中恢復後，接觸了一類用來誘發類似於帕金森氏症狀的化學物質。在感染新冠病毒的受試動物中，牠們的神經元對這類化學物質變得敏感，如此就足以引發類似於在帕金森氏症患者中看到的損傷。相較之下，未受感染動物的神經元則沒有顯現出任何的損傷。

病毒性感染是「第一次打擊」——最初的壓力源會削弱神經元。當受到「二次打擊」時，無論是另一種感染、毒素甚至是基因突變，都會導致帕金森氏症更容易被觸發。雖然這仍是進行中的研究，但謹慎採取預防措施依舊是最佳的選擇。

管理心理壓力同樣重要

管理好壓力，是整體健康很關鍵的一部分。壓力是指任何會導致生理、心理或情緒緊張的情況，尤其是當這些情況引發了「戰鬥或逃跑反應」時。

「戰鬥或逃跑反應」是身體對於被認為是壓力或可怕的事件所產生的自主生理反應。身體對威脅的感知會啟動神經系統的一個部分——交感神經系統，並引發急性壓力反應，讓身體做好戰鬥或逃跑的準備。這些反應都是人類在進化過程中不斷調整的，增加了物種在受到威脅的情況下得以生存的機會。

輕微或適當的壓力不一定會對我們的健康有害。然而，許多人的日常生活充滿了壓力。我們每個人，在某些時候，都會面臨挫折、痛苦或繁重的生活壓力。此外，許多患有焦慮症或其他疾病的人士，可能擁有過度活躍的威脅警示系統，這些系統會對不具威脅的情況也做出反應。如果管理不當，慢性壓力會對我們的身心健康造成嚴重的損害。

壓力並不總是壞事

人體時時刻刻都在承受著壓力。人們通常可能會將壓力與生活或工作中的困難聯繫起來。在許多情況下，壓力是暫時的，是身體應對壓迫和緊張情況的方式。這類壓迫和緊張包括了多種情況，從身體因受傷或疾病所引起的壓力，到墜入愛河時的激動壓力等等！

愛情不是只有令人輕飄飄、心花開這類甜蜜、開心的美好事物。實際上也會造成很大的壓力！在「墜入愛河」後的前6到12個月，身體會分泌出更高濃度的壓力荷爾蒙皮質醇。過多的皮質醇會損害大腦功能和記憶力，甚至可能減少腦容量。高濃度的皮質醇會損害免疫系統，增加感染的風險，並提高罹患高血壓的風險。這就是為什麼在外人看來，戀愛中的人看起來都有點傻。但是，大約12到24個月後，皮質醇的濃度就會恢復正常。就像有些人在身處壓力的情況下依舊茁壯成長一樣，我們的身體也可以！然而，長時間的大量壓力仍然會造成損害。

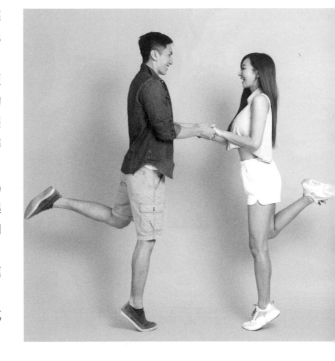

「戰鬥或逃跑反應」如何運作

這種反應從大腦開始。下丘腦的功能類似於大腦的指揮中心，透過自主神經系統與身體其他部位進行交流；自主神經系統控制著不自主的（即使在無意識狀態下依舊進行的）身體功能，例如：呼吸、血壓、心跳以及血管和細支氣管（肺部的小氣道）的擴張或收縮。自主神經系統包括了交感神經系統和副交感神經系統。如果把交感神經系統視為汽車的油門，那麼副交感神經系統就相當於剎車。當危險出現時，前者會啟動「戰鬥或逃跑反應」，為身體提供爆發性的能量來做出反應。當危險過去，後者就會發起「休息和消化反應」，使身體平靜下來。

戰鬥或逃跑反應

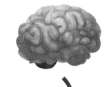

杏仁核向下丘腦發送信號，
下丘腦再透過交感神經系統
向腎上腺發送信號

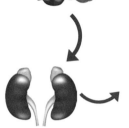

腎上腺將皮質醇（也稱為
壓力荷爾蒙）和腎上腺素
釋放到血液中

肌肉的血流量增加，
能夠更好地運作

心臟跳動得更快、更猛
脈搏頻率增加
血壓升高
血液在體內循環得更快

視覺和聽覺等感官變
得更加敏銳

大腦獲得更多的血液
和氧氣，意味著大腦
的功能和警覺性都增
強

觸發身體將葡萄糖和脂肪從
臨時儲存部位（如：肝臟）
釋放出來；這為全身提供了
額外的燃料

肺部獲得更多的血液
來進行氧合作用
呼吸變得更急促
小氣道擴張得更大

身體的所有這些變化發生得如此之快，以至於人們甚至都沒有意識到它們的發生。發生這些生理反應的目的在於幫助人類生存。例如：如今當人們必須上台卻又怯場時，就會產生這種壓力反應。但在遠古時代，它是為了拯救人們的生命而進化出的功能。如果一個人面對老虎，身體就會產生壓力反應。身體將優先分配資源並專注於緊迫的問題。消化功能會減慢或停止，同時眼睛會張大並收集更多光線，以便人們可以更好地檢視周圍的環境。痛苦和恐懼感也會減輕；畢竟，如果人體因為受傷疼痛而癱軟下來，人們將無法逃脫或生存。

「戰鬥或逃跑反應」不適合現代社會

「戰鬥或逃跑反應」可以因各種威脅所觸發，從真實發生且危險的威脅、到想像中而無害的威脅。壓力並不完全是一件壞事。即使沒有人得每天面對著老虎，「戰鬥或逃跑反應」仍然可以激勵人們在學校或工作中等壓力狀態下表現得更好。即使在那些令人坐立不安、感到煩躁或委屈的情況下，例如：交通擁堵時，或者遭到老闆大聲斥責時，我們人體依舊能夠頂得住這些壓力。

身體的壓力反應系統通常是自限性、能自行恢復的。一旦感知到威脅散去，體內的荷爾蒙水平就會恢復正常。隨著腎上腺素和皮質醇水平的下降，心率和血壓會恢復到基線水平，其他系統也會恢復正常的運作。但是，當壓力源始終存在，且身體不斷感受到威脅時，這種「戰鬥或逃跑反應」就會保持開啟的狀態。若沒有及時控制住壓力，身體始終處於高度警戒狀態下，問題就會發生。

長期處於低水平的壓力狀態會使身體的整個反應鏈維持活躍狀態，就像一台長時間、高強度空轉的馬達一樣。一段時間後，這會對身體造成影響，從而導致與慢性壓力相關的健康問題。持續性的腎上腺素激增會損害血管與動脈，使血壓升高並提高心臟病發作和中風的風險。皮質醇水平升高會引發生理變化，以此來幫助身體補充在壓力反應期間損耗掉的能量。但這無意中也會導致體重的增加以及脂肪的累積。例如：皮質醇會刺激食慾，讓人們吃得更多以獲取更多的能量；還會把更多未使用的營養物質儲存為脂肪。持續性的壓力反應會增加人體內的炎症水平，並導致一大堆病症，例如：自體免疫疾病、癌症以及下列這些病症：

- 焦慮
- 沮喪
- 消化問題
- 頭痛
- 肌肉緊張和疼痛
- 睡眠問題
- 記憶力和注意力受損

學習減少壓力以及掌握應對生活中壓力源的方法，對維護長期健康來說非常重要。

壓力與免疫系統

慢性壓力會削弱免疫系統，降低有助於抵抗感染的淋巴細胞數量。

當人們感到壓力時，皮質醇會抑制免疫系統抵擋抗原的能力，使得人們更容易遭受感染。慢性壓力會減少有助於抵抗感染的淋巴細胞數量，從而進一步削弱免疫系統。

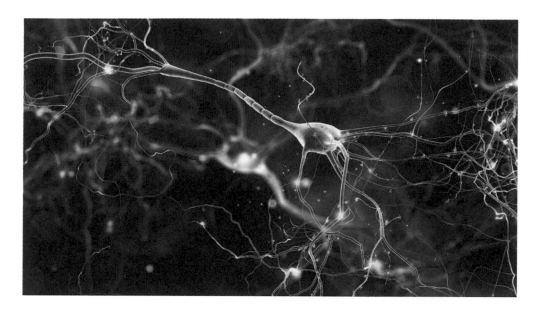

有關壓力和感染之間關係的動物研究讓美國俄亥俄州立大學醫學院的研究人員倍感興趣，他們對醫學院的學生進行了近十年的研究。研究人員發現，每年為期三天的考試期間，學生們的免疫力都會下降。實驗受試者的自然殺手細胞相對較少，而這類細胞能夠對抗腫瘤和病毒的感染。研究對象體內能增強免疫力的干擾素-γ幾乎停止產生，對抗感染的T細胞對試管測試的刺激反應也很弱。對這類研究主題感興趣的其他研究人員，也發現了大致相同的情況。他們發現，持續幾天、幾個月或是數年的壓力（就像現實生活中很多人的真實情況那樣），導致了免疫力的各個方面都在走下坡。因此，慢性或長期的壓力由於會過度地損耗免疫系統，從而將對免疫系統造成損害。

壓力會引發疾病

自體免疫疾病會受到生理壓力及精神反應的影響，包括承受的壓力或心理健康狀態不佳等等。流行病學證據表明，壓力相關的疾病與自體免疫疾病之間存在關聯。研究人員觀察了超過十萬名被診斷患有壓力相關疾病的人士，並將他們的自體免疫疾病罹患率與他們的兄弟姐妹以及其他沒有罹患壓力相關疾病的人士進行比較。結果發現，那些罹患與壓力相關疾病的人，罹患自體免疫疾病的風險也更大。

壓力不僅僅與心理和精神有關，對身體也有生理上的影響。壓力會激活自主神經系統，這有可能引發免疫系統失調。壓力症患者可能會產生更多的促炎細胞因子、免疫細胞老化得更快、且免疫系統可能被過度地刺激。反覆發作的急性壓力或長期的慢性壓力，都會導致慢性炎症。在應對過度的壓力時，人們往往會轉而選擇不健康的生活習慣，例如：吸菸、酗酒或濫用藥物，所有這些都直接影響到了免疫系統的功能。壓力不僅可能會引發自體免疫疾病，還可能使現有疾病惡化，如：心臟病。諸如炎症增加和不健康習慣等因壓力造成的影響，都與會導致心臟病的因素有關，如：高血壓和高膽固醇。

夜班員工面臨更大的健康風險

晝夜節律是指身體、心理和行為以24小時為周期而變化和運作的規律。它們是人體內部生物鐘的一部分。最重要和最著名的晝夜節律之一就是「睡眠-覺醒周期」，主要是人體對光線和黑暗做出的反應。作為這種生物節律的一部分，人體會釋放不同的蛋白質和荷爾蒙，它們都會對免疫系統產生影響。人體的免疫系統也有自己的晝夜節律。由於現代人的生活方式，身體內部生物鐘被擾亂的情況非常普遍；可以看到有多少城市以24小時燈火通明、全年無休而自豪，且現代人工作到深夜也是非常普遍的事情。科學家們才剛剛開始探索到身體內部生物鐘的重要性，以及它與整體身心健康之間的關聯。

擾亂這種節律，會使人體的自然運作過程失去平衡，進而導致發炎並給身體帶來壓力。科學家們已經知道，一些自體免疫病症，例如：類風濕性關節炎，往往會依循晝夜節律而出現不同的體徵和症狀。例如：類風濕性關節炎患者通常在早上關節最容易疼痛或出現症狀。其他研究人員發現，人體會根據當下的時間作為「線索」來抑制炎症。身體若失去這種控制便會產生炎症環境，從而造成更容易讓人生病的免疫反應。

科學家們已經觀察到，夜班員工的肥胖、心臟病、腸胃問題、糖尿病、癲癇甚至癌症的發病率都較高。在進一步的人體實驗中，研究人員發現了人體免疫細胞的自然節律，並擾亂受試者的晝夜節律。免疫細胞正常的晝夜高峰期一旦被擾亂，就可能會增加罹患自體免疫疾病的風險。

放鬆和享受

從很多方面來說，現代醫療系統已經發展到可在疾病發生時即進行處理，而不是去預防疾病的發生。過去的年代，傳染性疾病占據了醫生大部分的工作，人們依賴藥物以及醫生的治療來取得治癒。但現在的絕大多數疾病，都是由目前無法治癒的慢性健康病症所引起。傳染病變得越來越難治療，超級細菌正在逃避最新型的藥物，病毒和細菌正在變異成前所未見的形式；新的疾病正在從動物傳播到人類，而現代醫學卻對此無能為力。隨著疾病造成的負擔以及疾病模式的不斷變化，人們需要花費更大的心力去注重疾病的預防。疾病是人類社會共同經歷的一部分；它是複雜的，並不僅僅是「可否透過藥物解決」或「可否治癒」的技術性問題。

在人的一生中，不可避免地都會受到感染；但盡己所能地避免生病，才是最重要的。人們不應該被動地等待被疾病感染、任由身體去應對潛在的長期副作用，或讓自己更容易遭受如自體免疫疾病等嚴重疾病的侵害。相反地，我們必須照顧好自身的免疫系統。我們可能無法預防所有的疾病，但至少能夠存活下來。回顧過往歷史，那些在大流行疾病中倖存下來的人，都是免疫系統強大的健康人士。那些在康復後出現較少併發症的人，也是免疫系統相對更為健康的人。

我們應該從日常生活中就開始採取預防措施——從選擇優質的營養做起。

預防疾病和保持健康不僅關係到壓力的管理，也關係到適當的營養。壓力會降低人體的免疫力、增加心臟病發作和中風的風險、導致體重增加，甚至會引發或加劇自體免疫疾病。學習如何管理好壓力，是達到整體身心健康的關鍵步驟。除了營養，壓力管理也包括了適當的休息和運動鍛煉。

在休息期間，身體和免疫系統都會進行修復。運動鍛煉可以保持免疫系統的健康，甚至有助於提升心情、使心理狀態更健康。缺乏休息和運動，會增加體內的壓力荷爾蒙皮質醇，從而導致不良的健康狀態。當運動鍛煉和放鬆時，人體不僅承受的壓力更小，還能沉浸在更多讓人感覺良好的荷爾蒙中。

健康的生活始於預防以及同時照顧好自己的身、心健康。疾病不是「一夜之間、突然發生」的事情。它發生在當我們準備不足、疏於防備之時。這就像馬拉松的訓練。在馬拉松比賽一周前才開始訓練的人，不太可能完成比賽。在比賽幾個月前就開始訓練的人，則很有可能以較好的成績完成比賽；而已經訓練了很多年的人，更可能根本不會覺得這是一個挑戰。人體健康也不是「一蹴而成」的事情。健康不取決於命運，而是取決於個人以及個人的努力。健康是一種對日常生活的選擇，一種日常的習慣；健康是我們自己可以掌控的事情。

第十一章

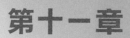

讓時光流逝得慢一點

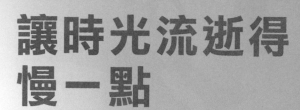

鯨魚可以存活超過200年、烏龜可以存活幾個世紀，龍蝦被懷疑是具有永恆不朽生命的動物。那麼人類呢？人類最久可以活到幾歲？研究表明，人類壽命的極限大約為150歲。

我們想要活得那麼久嗎？如果，可以健康地老去、又能常保活躍是有可能的呢？那麼，是否會考慮想要活得比現在的平均壽命還要長？這些問題都促使我們重新去思考對於老化的認知，以及怎樣使人類的長壽成為可能。

掌控自己的健康

雖然老化是不可避免的事，但我們依舊可以透過預防疾病，以及減少身體的磨損和消耗來幫助延緩和減少老化的跡象發生；就像烤箱一樣，我們的身體需要定期清潔才能發揮最佳功能。如果恣意地讓體內廢物不斷累積，就會阻撓身體的生物過程。人體的細胞能夠清除這些廢物——但必須透過照顧好體內的所有器官系統和管理好整體健康，來給予這些細胞足夠的支持。

養成健康習慣的最佳時機是從小開始；而下一個最佳時機就是現在！透過關注我們所能掌控的多項因素，包括：態度、飲食、生活方式，想要活得健康長壽依然為時不晚。

人如其思
不要接受「疾病纏身、身體衰老在一個人年紀增長過程中必然發生」這樣的觀念。改變態度和觀點，讓自己變得健康、快樂又積極活躍。

健康需要不斷的堅持、自律以及日常生活中的點滴努力。許多人忽略了健康，而是把全部的精力都放在賺錢上面，想盡可能地賺取更多收入；但在這個過程中，壓力大的時候就狂吃垃圾食品，且根本顧不上運動鍛煉、也沒有充足的睡眠。諷刺的是，當他們最終失去健康的時候，辛辛苦苦賺來的錢又都交到了醫生手裡。錢永遠都等著人去賺。公司也可以隨時把人替換掉。但一個人的身體是無可替代的。如果失去健康，那麼擁有財富又有什麼意義？

沒有什麼可以阻止時間的流逝，但我們可以改變看待時間的方式以及如何利用所擁有的時間。停止拖拉、別再磨蹭，立即開始行動！從微小的、簡單的改變開始做起，例如：提前30分鐘起床，在上班之前稍微做一些運動。一點一滴，日復一日，就將能看到健康方面得到的改善。

人如其食

衰老是一個持續不斷、漸進的過程，照顧好自己的身體也是一樣。如果在年輕的時候，長時間在乎的只是吃最美味的而不是最有營養的食物，那麼，晚年的健康狀況將令人堪憂。

每一天都要選擇健康的飲食，持之以恆地保持下去，將有助於延年益壽並提高我們的生活品質。

對食物的選擇會影響壽命

研究表明，在飲食中添加某些食物具有延年益壽的巨大潛力，獅鬃菇（猴頭菇）就是其中一種。

研究人員使用經過基因工程改造以加快衰老速度的動物模型來研究獅鬃菇對於壽命的影響。研究結果發現，獅鬃菇可以顯著增加動物模型的最長壽命以及平均壽命。

沒有餵食獅鬃菇的動物，最長的預期壽命約為13個月。其他每天分別餵食低、中、高劑量獅鬃菇的動物，壽命則增加到15至16個月；餵食的劑量越高，壽命就越長。原本，這群實驗動物的平均壽命約為10個月，因此壽命增加了兩個月，相當於人類的壽命增加了約16年。

研究人員還證實，獅鬃菇有助於增加抗氧化防禦、減少活性氧的產生，並能促進內源性抗氧化酶的活性；這些影響都有助於減少體內的氧化壓力。相較於壽命較短的生物，先前針對長壽生物的研究表明降低氧化壓力水平不僅可以延長壽命，亦可以減少體內累積的損害（如：DNA的損傷）。此外，這些生物不僅壽命更長，活得也更健康。

多攝取助益大腦健康的食物

變老並不意味著必須失去心智敏銳度。雖然絕大部分的大腦發育都發生在孩童時期，但成年後大腦仍在發生變化。現代研究表明，大腦甚至可以產生新的神經元。隨著年齡的增長，我們可透過能滋養腦部的食物來支持大腦保持敏銳的思維。

二十二碳六烯酸（**DHA**）

許多研究都指出Omega-3脂肪酸對大腦提供的助益，尤其是二十二碳六烯酸（DHA）。DHA是人體關鍵部位神經元膜的關鍵成分，這意味著DHA對大腦的結構和功能至關重要。因此大量攝取健康的DHA食物來源非常重要，例如：海藻。而鼠尾草籽、奇異果籽和球芽甘藍都含有α-亞麻酸，人體可以將這種成分轉化為DHA。

維生素E

另一種值得特別關注的營養成分是維生素E。維生素E可發揮抗氧化劑的功效，幫助保護大腦免受可能損害神經元的自由基侵害。在老年人中，維生素E已顯示出對於記憶力的正面影響。在動物模型中，維生素E可以提升大腦的表現和大腦線粒體的功能。維生素E存在於許多的食物中，例如：杏仁、菠菜、羽衣甘藍葉、南瓜和蘆筍。

有助於保護髓鞘的食物

髓鞘是脂肪組織的外鞘（套膜），包圍住大腦和脊髓的神經細胞，並提供保護功效。如果髓鞘受損，神經衝動的傳遞將出現狀況，這可能會導致神經問題。幸運的是，身體可以對髓鞘進行修復，但修復過程需要營養來加持！大豆以及其他豆類、某些堅果和種子、西蘭花、球芽甘藍、莓類及全穀類等食物，都包含有助於支持髓鞘的營養物質。

纖維

腸道細菌的健康狀況會影響大腦的健康狀況。研究表明，腸道微生物可以觸發甚至改變某些腦部疾病的進程，例如：帕金森氏症、運動神經元疾病，甚至是自閉症等。調整腸道細菌可能為治療某些腦部疾病提供一條新途徑，儘管這還需要更多的研究加以確認。一些科學家認為，腸道微生物群不僅會引發某些疾病，還會影響疾病的嚴重程度。探索腸道細菌和大腦之間的關聯是研究人員的任務，對於普通大眾而言，能做的就是攝取大量的纖維來促進腸道健康。纖維僅存在於植物性食物中。

多吃植物性食物

天然完整的植物性食物含有人體所需的營養，並且所含的有害物質也較少，如：飽和脂肪。

更健康的飲食，有可能使中年人的壽命延長6到7年，使年輕人的壽命延長大約10年。研究人員查閱了「全球疾病負擔」研究的數據，並設計了一種最佳飲食方式。相較於西式的飲食，這種最佳飲食側重於攝取全穀類、蔬菜、水果和多種豆類（如：豌豆和扁豆），同時削減了乳製品、紅肉和加工肉類等的食用量。研究人員估計，從20歲開始改變並採用這種最佳飲食方式，將能延長大約十年壽命；從60歲開始，也能增加大約8年壽命；若從80歲開始，依舊可增加大約3.5年的壽命。對於年輕人而言，即使沒有完全遵循這種飲食方式，只要努力地朝這個方向去執行，仍然可以延長大約6年的壽命。雖然不管在任何年齡層，改變為健康的飲食方式都能夠收穫巨大的好處，但如果從年輕時就開始做起，受益將是最為可觀！

健康的飲食僅僅是健康生活方式中的一環，卻已經對延年益壽具有可觀的效應。試想一下，若再加上規律運動、保有積極樂觀的態度以及其他的健康生活方式，一定會對延長壽命、提升生活品質帶來更有益的影響。

少吃動物性食物

許多人往往都吃了太多、太多的動物性食物，例如：肉類、蛋類、乳製品，而植

物性食物的攝取量卻不足。與植物性食物相比，動物性食物對健康的助益較小，因為這類食物的飽和脂肪以及膽固醇含量通常都較高。

動物性食物還可能含有破壞DNA、增加罹癌風險的物質。在燒焦的肉中發現的雜環胺，以及燻肉中存在的 *N*-亞硝基化合物，都僅是這類有害物質中的少數例子。

人如其行
選擇健康的生活方式，也幫助他人變得更健康！

從小培養孩子的健康習慣
人們能夠給予孩子的最珍貴禮物之一，就是健康的身體。幫助孩子們從嬰兒時期就為身體健康打下堅實的基礎。

- 選擇母乳餵養
  嬰兒期是腸道微生物群發展的關鍵時期。健康的腸道微生物群對免疫系統、營養吸收以及新陳代謝都發揮著正面的影響，甚至可以預防病原體的感染。在嬰兒時期，對腸道微生物群主要的影響因素是餵養方式：配方奶餵養還是母乳餵養。以母乳餵養的嬰兒其腸道微生物群往往含有更高量的有益細菌。相反，研究顯示以配方奶餵養的嬰兒腸道內則有更多與炎症相關的微生物。

- 給予孩子更多的植物性蛋白質和纖維
  這對於在出生後的前三年，培養健康且多樣化的腸道微生物群特別重要。攝取更多的纖維，尤其是對於兒童來說，能夠刺激產生更多樣化的微生物群，以及更好的腸道微生物群穩定性。

- 盡可能避免給孩子使用抗生素
  抗生素會阻礙腸道微生物群的發展，並與肥胖、哮喘甚至過敏等健康問題風險的增加有關。腸道微生物群的代謝活動也會受到影響，這可能會導致孩童的生長發育遲緩。

- 從小培養孩子的健康生活習慣

  研究表明，孩子在9歲時就養成了日常習慣，因此從幼年時就開始著重培養良好的習慣十分重要。孩子會向父母學習！因此，為孩子強化好習慣的最好方法，就是以身作則，為他們樹立榜樣。

- 讓孩子少吃些垃圾食品

  垃圾食品通常含有高量的飽和脂肪、反式脂肪和添加的糖分。大量食用這類食物，會導致血液中高水平的壞膽固醇，這可能是心臟病的徵兆。例如：研究發現，年僅10至14歲的兒童竟已出現動脈粥樣硬化的早期階段症狀。這是動脈壁中脂肪和膽固醇的積聚，也將使這些兒童在往後的生活中擁有更高的心臟病和中風罹患風險。

規律運動鍛煉

規律地運動鍛煉有益於大腦健康！研究表明，運動有助於防止大腦中負責記憶的關鍵區域神經元損失，甚至可以促進這些區域中神經元的形成。運動還可以提高大腦的可塑性，這能讓大腦變得更有效率、更具適應性！那些熱愛運動的人士，不太可能罹患上阿茲海默症或出現心智功能下降的情況。科學家們認為，這可能是歸功於更健康的血管，能夠讓血液更好地流向大腦。

美國哈佛醫學院和瑞典卡羅林斯卡學院的研究人員表明，在延緩衰老方面，運動對身體和大腦都能提供助益。研究人員使用了提早衰老的實驗鼠模型，結果發現

運動可以提升這類實驗鼠的生活品質。這項研究使用的是經過基因工程改造、衰老得更快的實驗鼠，牠們被分成兩組——一組使用跑輪，另一組不使用跑輪。

使用跑輪的實驗鼠比沒有使用的實驗鼠老化得更慢。前者失去的皮毛較少，駝背的情況也較少，並且能夠較輕鬆地四處走動。研究人員還確定並量化了實驗鼠腿部肌肉和大腦中的蛋白質水平。他們發現，相較於有運動鍛煉的實驗鼠，無運動鍛煉的實驗鼠蛋白質水平出現了巨大的紊亂。運動有助於肌肉和大腦中的蛋白質紊亂回歸正常化。

並非一定要劇烈運動才有效果！研究人員分析了超過78,000名成年人的數據，發現每天步行一萬步或許可降低一半的失智症罹患風險。健走半小時則可以降低62%的失智症罹患風險。

保持思維的敏銳
如同不使用肌肉，肌肉就會萎縮、喪失功能，大腦其實也是如此。鍛煉大腦具有深遠的效益。以下是一些可以鍛煉大腦的方法：

- 學習，例如：學著說一門新語言或演奏一項樂器
- 到沒去過的地方旅行
- 創作，例如：繪畫或寫作
- 閱讀書籍

充分且適當的休息

睡眠不足會增加罹患失智症的風險。哈佛醫學院的研究人員對65歲及其以上的人士進行了研究，發現每晚睡眠不到5小時的人，罹患失智症和死亡的可能性都是每晚睡6到8小時者的兩倍。

對於大腦的「重新開機」，睡眠發揮著十分重要的作用；並且睡眠時間也是大腦內的特化細胞（具有專門職能的細胞）生長和重整的關鍵時期。一些科學家認為，睡眠有助於清除大腦中的異常蛋白質，從而有可能降低罹患失智症的風險。

使用防曬霜

陽光是紫外線（UV）輻射的主要來源——紫外線輻射是造成DNA損傷最嚴重和最普遍的原因之一。接觸過多的紫外線輻射會導致多種健康問題，例如：眼睛受損、皮膚病變、皮膚老化以及皮膚癌。別忘了！外出前大約15分鐘，在乾的皮膚上塗抹防曬霜。

請勿吸菸

香菸中的尼古丁和其他化學物質會導致皺紋產生和皮膚的提早老化。眾所周知，菸草製品中的化學物質會導致肺癌、口腔癌以及周圍組織的癌症。

學習和分享正確的健康知識

教育足以改變一生。教育和知識是健康生活的基石。想保持健康，重要且關鍵的一步就是要懂得如何從一開始就健健康康。只要人們掌握了正確的知識和方法，大多數疾病都可以預防甚至是完全能夠避免的。每個人都可以透過自我學習來了解新事物並獲取更多關於健康的知識，再進一步與他人分享正確的健康知識。這樣的分享將為他人的生活帶來深遠的影響！

長壽人生，品質一生

當人生步入高齡階段，同時享有身體的健康、高品質的生活，依舊是完全可能的事。人類有能力實現長壽且健康的晚年生活。關注那些自我可以控制的因素，例如：日常飲食和生活方式，並培養起強壯的體魄和健全的免疫系統，我們才不會被疾病阻斷了生命之旅，活得更健康、更長久！

參考文獻

第一章 免疫系統是我們的超級武器

1. Peakman M, Buckland M. Immunity. In: Feather A, Randall D, Waterhouse M, eds. *Kumar & Clark's Clinical Medicine*. 10th ed. Elsevier; 2020:41–68.
2. Sompayrac LM. *How the Immune System Works*. 6th ed. Wiley-Blackwell; 2019.

第二章 營養免疫學

1. Discovery and development of penicillin. American Chemical Society International Historic Chemical Landmarks. Accessed October 5, 2020. https://www.acs.org/content/acs/en/education/whatischemistry/landmarks/flemingpenicillin.html
2. Alonso EN, Ferronato MJ, Fermento ME, et al. Antitumoral and antimetastatic activity of maitake D-fraction in triple-negative breast cancer cells. *Oncotarget*. 2018;9(34):23396–23412. doi.org/10.18632/oncotarget.25174
3. American Cancer Society medical and editorial content team. American Cancer Society guideline for diet and physical activity. American Cancer Society. Updated June 9, 2020. Accessed October 5, 2020. https://www.cancer.org/healthy/eat-healthy-get-active/acs-guidelines-nutrition-physical-activity-cancer-prevention/guidelines.html
4. Antioxidants: in depth. National Center for Complementary and Integrative Health. Updated November 2013. Accessed October 5, 2020. https://www.nccih.nih.gov/health/antioxidants-in-depth
5. Boz H. *p*-Coumaric acid in cereals: presence, antioxidant and antimicrobial effects. *Int J Food Sci Technol*. 2015;50(11):2323–2328. doi.org/10.1111/ijfs.12898
6. Cancer. World Health Organization. February 3, 2022. Accessed September 20, 2022. https://www.who.int/news-room/fact-sheets/detail/cancer
7. Cantwell M, Elliott C. Nitrates, nitrites and nitrosamines from processed meat intake and colorectal cancer risk. *J Clin Nutr Diet*. 2017;3(4):27. doi:10.4172/2472-1921.100062
8. Cardiovascular diseases. World Health Organization. Accessed October 5, 2020. https://www.who.int/health-topics/cardiovascular-diseases
9. Marks H. Stress symptoms. WebMD. Accessed October 27, 2021. https://www.webmd.com/balance/stress-management/stress-symptoms-effects_of-stress-on-the-body
10. Chen L, Deng H, Cui H, et al. Inflammatory responses and inflammation-associated diseases in organs. *Oncotarget*. 2017;9(6):7204–7218. doi:10.18632/oncotarget.23208
11. Cohen S, Janicki-Deverts D, Doyle WJ, et al. Chronic stress, glucocorticoid receptor resistance, inflammation, and disease risk. *Proc Natl Acad Sci USA*. 2012;109(16):5995–5999. doi:10.1073/pnas.1118355109
12. MQ Mental Health. Stress and our mental health—what is the impact & how can we tackle it? MQ: Transforming Mental Health. May 16, 2018. Accessed October 27, 2021. https://www.mqmentalhealth.org/stress-and-mental-health/
13. Disease burden of flu. Centers for Disease Control and Prevention. Accessed October 5, 2020. https://www.cdc.gov/flu/about/burden/index.html
14. Exercising for better sleep. Johns Hopkins Medicine. Accessed October 5, 2020. https://www.hopkinsmedicine.org/health/wellness-and-prevention/exercising-for-better-sleep
15. Gest H. The discovery of microorganisms by Robert Hooke and Antoni van Leeuwenhoek, fellows of the Royal Society. *Notes Rec R Soc Lond*. 2004;58(2):187–201. doi.org/10.1098/rsnr.2004.0055
16. Hannibal KE, Bishop MD. Chronic stress, cortisol dysfunction, and pain: a psychoneuroendocrine rationale for stress management in pain rehabilitation. *Phys Ther*. 2014;94(12):1816–1825. doi.org/10.2522/ptj.20130597
17. Henning C, Smuda M, Girndt M, Ulrich C, Glomb MA. Molecular basis of Maillard amide-advanced glycation end product (AGE) formation *in vivo*. *J Biol Chem*. 2011;286(52):44350–44356. doi:10.1074/jbc.M111.282442
18. How does sleep affect your heart health? Centers for Disease Control and Prevention. Accessed October 5, 2020. https://www.cdc.gov/bloodpressure/sleep.htm
19. Hruby A, Jacques PF. Dietary protein and changes in biomarkers of inflammation and oxidative stress in the Framingham Heart Study Offspring cohort. *Curr Dev Nutr*. 2019;3(5):nzz019. doi.org/10.1093/cdn/nzz019
20. Ibarra-Coronado EG, Pantaleón-Martínez AM, Velazquéz-Moctezuma J, et al. The bidirectional relationship between sleep and immunity against infections. *J Immunol Res*. 2015;2015:678164. doi:10.1155/2015/678164
21. Immunology of acute vs. chronic inflammation. Khan Academy. Accessed October 5, 2020. https://www.khanacademy.org/test-prep/mcat/biological-sciences-practice/biological-sciences-practice-tut/e/assemblies-of-molecules--cells-and-groups-of-cells-within-single-cellular-and-multicellular-organisms
22. Ina K, Kataoka T, Ando T. The use of lentinan for treating gastric cancer. *Anticancer Agents Med Chem*. 2013;13(5):681–688. doi.org/10.2174/1871520611313050002
23. Ina K, Furuta R, Kataoka T, et al. Lentinan prolonged survival in patients with gastric cancer receiving S-1-based chemotherapy. *World J Clin Oncol*. 2011;2(10):339–343. doi.org/10.5306/wjco.v2.i10.339
24. Indole-3-carbinol. Memorial Sloan Kettering Cancer Center. Updated August 14, 2020. Accessed October 5, 2020. https://www.mskcc.org/cancer-care/integrative-medicine/herbs/indole-3-carbinol
25. Kodama N, Komuta K, Nanba H. Effect of maitake (*Grifola frondosa*) D-fraction on the activation of NK cells in cancer patients. *J Med Food*. 2003;6(4):371–377. doi.org/10.1089/109662003772519949
26. Koeth RA, Wang Z, Levison BS, et al. Intestinal microbiota metabolism of L-carnitine, a nutrient in red meat, promotes atherosclerosis. *Nat Med*. 2013;19:576–585. doi.org/10.1038/nm.3145
27. Kong CS, Jeong CH, Choi JS, Kim KJ, Jeong JW. Antiangiogenic effects of *p*-coumaric acid in human endothelial cells. *Phytother Res*. 2013;27(3):317–323. doi.org/10.1002/ptr.4718
28. Lane N. The unseen world: reflections on Leeuwenhoek (1677) 'Concerning little animals'. *Philos Trans R Soc Lond B Biol Sci*. 2015;370(1666):20140344. doi.org/10.1098/rstb.2014.0344
29. Liou S. About free radical damage. Huntington's Outreach Project for Education at Stanford (HOPES). June 29, 2011. Accessed October 5, 2020. https://hopes.stanford.edu/about-free-radical-damage/
30. Lobo V, Patil A, Phatak A, Chandra N. Free radicals, antioxidants and functional foods: impact on human health. *Pharmacogn Rev*. 2010;4(8):118–126. Accessed June 8, 2023. https://pubmed.ncbi.nlm.nih.gov/22228951/
31. Mayell M. Maitake extracts and their therapeutic potential. *Altern Med Rev*. 2001;6(1):48–60. Accessed October 5, 2020. https://pubmed.ncbi.nlm.nih.gov/11207456/
32. Montonen J, Boeing H, Fritsche A, et al. Consumption of red meat and whole-grain bread in relation to biomarkers of obesity, inflammation, glucose metabolism and oxidative stress. *Eur J Nutr*. 2013;52:337–345. doi.org/10.1007/s00394-012-0340-6
33. Nanba H. Maitake D-fraction: healing and preventive potential for cancer. *J Orthomol Med*. 1997;12(1):43–49. Accessed October 5, 2020. https://isom.ca/wp-content/uploads/2020/01/JOM_1997_12_1_07_Maitake_D-fraction_Healing_and_Preventive_Potential_for-.pdf
34. Nir Y, Andrillon T, Marmelshtein A, et al. Selective neuronal lapses precede human cognitive lapses following sleep deprivation. *Nat Med*. 2017;23:1474–1480. doi.org/10.1038/nm.4433
35. Olson EJ. Lack of sleep: can it make you sick? Mayo Clinic. November 28, 2018. Accessed October 5, 2020. https://www.mayoclinic.org/diseases-conditions/insomnia/expert-answers/lack-of-sleep/faq-20057757
36. Poehlmann J. Movement matters—pumping the lymphatic system. LungCancer.net. December 26, 2017. Accessed October 5, 2020. https://lungcancer.net/living/movement-matters-lymphatic-system
37. Mayo Clinic staff. Positive thinking: stop negative self-talk to reduce stress. Mayo Clinic. February 3, 2022. Accessed September 21, 2022. https://www.mayoclinic.org/healthy-lifestyle/stress-management/in-depth/positive-thinking/art-20043950

253

38. Powell ND, Allen RG, Hufnagle AR, Sheridan JF, Bailey MT. Stressor-induced alterations of adaptive immunity to vaccination and viral pathogens. *Immunol Allergy Clin North Am*. 2011;31(1):69–79. doi.org/10.1016/j.iac.2010.09.002
39. Fill up on phytochemicals. Harvard Health Publishing. February 1, 2019. Accessed October 5, 2020. https://www.health.harvard.edu/staying-healthy/fill-up-on-phytochemicals
40. Riley RG, Kolattukudy PE. Evidence for covalently attached *p*-coumaric acid and ferulic acid in cutins and suberins. *Plant Physiol*. 1975;56(5):650–654. doi.org/10.1104/pp.56.5.650
41. Samraj AN, Pearce OMT, Läubli H, et al. A red meat-derived glycan promotes inflammation and cancer progression. *Proc Natl Acad Sci USA*. 2015;112(2):542–547. doi.org/10.1073/pnas.1417508112
42. Sanders R. New evidence that chronic stress predisposes brain to mental illness. Berkeley News. February 11, 2014. Accessed October 5, 2020. https://news.berkeley.edu/2014/02/11/chronic-stress-predisposes-brain-to-mental-illness/
43. Singh R, Barden A, Mori T, Beilin L. Advanced glycation end-products: a review [published correction appears in Diabetologia 2002 Feb;45(2):293]. *Diabetologia*. 2001;44:129–146. doi.org/10.1007/s001250051591
44. Wang H, Cai Y, Zheng Y, Bai Q, Xie D, Yu J. Efficacy of biological response modifier lentinan with chemotherapy for advanced cancer: a meta-analysis. *Cancer Med*. 2017;6(10):2222–2233. doi.org/10.1002/cam4.1156
45. Sharma R. Polyphenols in health and disease: practice and mechanisms of benefits. In: Watson RR, Preedy VR, Zibadi S, eds. *Polyphenols in Human Health and Disease. Volume 1*. Academic Press; 2014:757–778.
46. Weng JR, Tsai CH, Kulp SK, Chen CS. Indole-3-carbinol as a chemopreventive and anti-cancer agent. *Cancer Lett*. 2008;262(2):153–163. doi.org/10.1016/j.canlet.2008.01.033
47. What happens when your immune system gets stressed out? Cleveland Clinic. March 1, 2017. Accessed October 5, 2020. https://health.clevelandclinic.org/what-happens-when-your-immune-system-gets-stressed-out/
48. Wong K. Stress can weaken vaccines. Scientific American. December 6, 2000. Accessed October 5, 2020. https://www.scientificamerican.com/article/stress-can-weaken-vaccine/
49. Woolhouse M, Scott F, Hudson Z, Howey R, Chase-Topping M. Human viruses: discovery and emergence. *Philos Trans R Soc Lond B Biol Sci*. 2012;367(1604):2864–2871. doi.org/10.1098/rstb.2011.0354

第三章　　恆穩狀態

1. Allred CD, Allred KF, Ju YH, Goeppinger TS, Doerge DR, Helferich WG. Soy processing influences growth of estrogen-dependent breast cancer tumors. *Carcinogenesis*. 2004;25(9):1649–1657. doi.org/10.1093/carcin/bgh178
2. Billman GE. Homeostasis: the underappreciated and far too often ignored central organizing principle of physiology. *Front Physiol*. 2020;11:200. doi.org/10.3389/fphys.2020.00200
3. Brinkman JE, Toro F, Sharma S. Physiology, respiratory drive. In: *StatPearls*. NCBI Bookshelf version. StatPearls Publishing: 2022. Accessed September 21, 2022. https://www.ncbi.nlm.nih.gov/books/NBK482414/
4. Davis CP. Steroid drug withdrawal. MedicineNet. Accessed September 22, 2021. https://www.medicinenet.com/steroid_withdrawal/article.htm
5. American Addiction Centers editorial staff. Anabolic steroid & corticosteroid withdrawal: signs, symptoms & treatment. American Addiction Centers. Updated September 14, 2022. Accessed September 21, 2022. https://americanaddictioncenters.org/steroid-abuse
6. Ebbing M, Bønaa KH, Nygård O, et al. Cancer incidence and mortality after treatment with folic acid and vitamin B₁₂. *JAMA*. 2009;302(19):2119–2126. doi.org/10.1001/jama.2009.1622
7. Ferraro PM, Curhan GC, Gambaro G, Taylor EN. Total, dietary, and supplemental vitamin C intake and risk of incident kidney stones. *Am J Kidney Dis*. 2016;67(3):400–407. doi.org/10.1053/j.ajkd.2015.09.005
8. Folic acid—uses, side effects, and more. WebMD. Accessed September 22, 2021. https://www.webmd.com/vitamins/ai/ingredientmono-1017/folic-acid
9. Hinton PS, Ortinau LC, Dirkes RK, et al. Soy protein improves tibial whole-bone and tissue-level biomechanical properties in ovariectomized and ovary-intact, low-fit female rats. *Bone Rep*. 2018;8:244–254. doi.org/10.1016/j.bonr.2018.05.002
10. Iron: fact sheet for health professionals. NIH Office of Dietary Supplements. Updated April 5, 2022. Accessed September 21, 2022. https://ods.od.nih.gov/factsheets/Iron-HealthProfessional/
11. Kim YI. Folate and cancer: a tale of Dr. Jekyll and Mr. Hyde? *Am J Clin Nutr*. 2018;107(2):139–142. doi.org/10.1093/ajcn/nqx076
12. Lanou AJ. Soy foods: are they useful for optimal bone health? *Ther Adv Musculoskelet Dis*. 2011;3(6):293–300. doi.org/10.1177/1759720X11417949
13. Lee HP, Gourley L, Duffy SW, Estéve J, Lee J, Day NE. Dietary effects on breast-cancer risk in Singapore. *Lancet*. 1991;337(8751):1197–1200. doi.org/10.1016/0140-6736(91)92867-2
14. Libretti S, Puckett Y. Physiology, homeostasis. In: *StatPearls*. NCBI Bookshelf version. StatPearls Publishing: 2022. Accessed September 21, 2022. https://www.ncbi.nlm.nih.gov/books/NBK559138/
15. Liu Y, Hilakivi-Clarke L, Zhang Y, et al. Isoflavones in soy flour diet have different effects on whole-genome expression patterns than purified isoflavone mix in human MCF-7 breast tumors in ovariectomized athymic nude mice. *Mol Nutr Food Res*. 2015;59(8):1419–1430. doi.org/10.1002/mnfr.201500028
16. Oliai Araghi S, Kiefte-de Jong JC, van Dijk SC, et al. Folic acid and vitamin B₁₂ supplementation and the risk of cancer: long-term follow-up of the B vitamins for the prevention of osteoporotic fractures (B-PROOF) trial. *Cancer Epidemiol Biomarkers Prev*. 2019;28(2):275–282. doi.org/10.1158/1055-9965.EPI-17-1198
17. Rosenbloom M. Vitamin toxicity clinical presentation. Medscape. Updated October 20, 2021. Accessed November 2, 2021. https://emedicine.medscape.com/article/819426-clinical
18. Sifferlin A. Eating more of this will make you live longer. TIME. February 23, 2017. Accessed September 22, 2021. https://time.com/4680193/eat-fruits-vegetables-live-longer/
19. Tissues, organs, & organ systems. Khan Academy. Accessed September 22, 2021. https://www.khanacademy.org/science/biology/principles-of-physiology/body-structure-and-homeostasis/a/tissues-organs-organ-systems

第四章　　免疫監控──複雜且精密的平衡

1. Audera C, Patulny RV, Sander BH, Douglas RM. Mega-dose vitamin C in treatment of the common cold: a randomised controlled trial. *Med J Aust*. 2001;175(7):359–362. doi.org/10.5694/j.1326-5377.2001.tb143618.x
2. Gorvett Z. Covid-19: can 'boosting' your immune system protect you? BBC Future. April 10, 2020. Accessed April 21, 2021. https://www.bbc.com/future/article/20200408-covid-19-can-boosting-your-immune-system-protect-you
3. Dok-Go H, Lee KH, Kim HJ, et al. Neuroprotective effects of antioxidative flavonoids, quercetin, (+)-dihydroquercetin and quercetin 3-methyl ether, isolated from *Opuntia ficus-indica* var. *saboten*. *Brain Res*. 2003;965(1–2):130–136. doi.org/10.1016/s0006-8993(02)04150-1
4. El-Mostafa K, El Kharrassi Y, Badreddine A, et al. Nopal cactus (*Opuntia ficus-indica*) as a source of bioactive compounds for nutrition, health and disease. *Molecules*. 2014;19(9):14879–14901. doi.org/10.3390/molecules190914879
5. Elsayed EA, El Enshasy H, Wadaan MAM, Aziz R. Mushrooms: a potential natural source of anti-inflammatory compounds for medical applications. *Mediators Inflamm*. 2014;2014:805841. doi.org/10.1155/2014/805841
6. Fritsch J, Abreu MT. The microbiota and the immune response: what is the chicken and what is the egg? *Gastrointest Endosc Clin N Am*. 2019;29(3):381–393. doi.org/10.1016/j.giec.2019.02.005

7.　George PM, Badiger R, Alazawi W, Foster GR, Mitchell JA. Pharmacology and therapeutic potential of interferons. *Pharmacol Ther*. 2012;135(1):44–53. doi.org/10.1016/j.pharmthera.2012.03.006

8.　Han SY, Kim J, Kim E, et al. AKT-targeted anti-inflammatory activity of *Panax ginseng* calyx ethanolic extract. *J Ginseng Res*. 2018;42(4):496–503. doi.org/10.1016/j.jgr.2017.06.003

9.　Hobson K. Want to prevent the flu? Skip the supplements, eat your veggies. NPR. November 16, 2016. Accessed April 21, 2021. https://www.npr.org/sections/health-shots/2016/11/16/502063330/want-to-prevent-the-flu-skip-the-supplements-eat-your-veggies

10.　Hunter P. The inflammation theory of disease. The growing realization that chronic inflammation is crucial in many diseases opens new avenues for treatment. *EMBO Rep*. 2012;13(11):968–970. doi.org/10.1038/embor.2012.142

11.　Im DS, Nah SY. Yin and Yang of ginseng pharmacology: ginsenosides *vs* gintonin. *Acta Pharmacol Sin*. 2013;34:1367–1373. doi.org/10.1038/aps.2013.100

12.　American Heart Association editorial staff. Inflammation and heart disease. American Heart Association. Accessed April 21, 2021. https://www.heart.org/en/health-topics/consumer-healthcare/what-is-cardiovascular-disease/inflammation-and-heart-disease

13.　Jarvandi S, Davidson NO, Jeffe DB, Schootman M. Influence of lifestyle factors on inflammation in men and women with type 2 diabetes: results from the National Health and Nutrition Examination Survey, 1999–2004. *Ann Behav Med*. 2012;44(3):399–407. doi.org/10.1007/s12160-012-9397-y

14.　Jung HL, Kwak HE, Kim SS, et al. Effects of *Panax ginseng* supplementation on muscle damage and inflammation after uphill treadmill running in humans. *Am J Chin Med*. 2011;39(3):441–450. doi.org/10.1142/S0192415X11008944

15.　Lee DC, Yang CL, Chik SC, et al. Bioactivity-guided identification and cell signaling technology to delineate the immunomodulatory effects of *Panax ginseng* on human promonocytic U937 cells. *J Transl Med*. 2009;7:34. doi.org/10.1186/1479-5876-7-34

16.　Leslie M. Here's why you feel so crummy when you're sick. News from *Science*. April 19, 2016. Accessed April 21, 2021. https://www.science.org/content/article/here-s-why-you-feel-so-crummy-when-you-re-sick-rev2

17.　Luo H, Rankin GO, Liu L, Daddysman MK, Jiang BH, Chen YC. Kaempferol inhibits angiogenesis and VEGF expression through both HIF dependent and independent pathways in human ovarian cancer cells. *Nutr Cancer*. 2009;61(4):554–563. doi.org/10.1080/01635580802666281

18.　Newton K, Dixit VM. Signaling in innate immunity and inflammation. *Cold Spring Harb Perspect Biol*. 2012;4:a006049. doi.org/10.1101/cshperspect.a006049

19.　Nieman DC, Wentz LM. The compelling link between physical activity and the body's defense system. *J Sport Health Sci*. 2019;8(3):201–217. doi.org/10.1016/j.jshs.2018.09.009

20.　Pahwa R, Goyal A, Jialal I. Chronic inflammation. In: *StatPearls*. NCBI Bookshelf version. StatPearls Publishing: 2022. Accessed September 21, 2022. https://www.ncbi.nlm.nih.gov/books/NBK493173/

21.　Can supplements help boost your immune system? Harvard Health Publishing. January 1, 2020. Accessed April 21, 2021. https://www.health.harvard.edu/staying-healthy/can-supplements-help-boost-your-immune-system

22.　Punchard NA, Whelan CJ, Adcock I. The journal of inflammation. *J. Inflamm (Lond)*. 2004;1:1. doi.org/10.1186/1476-9255-1-1

23.　Ragab D, Salah Eldin H, Taeimah M, Khattab R, Salem R. The COVID-19 cytokine storm; what we know so far. *Front Immunol*. 2020;11:1446. doi.org/10.3389/fimmu.2020.01446

24.　Reddy P, Lent-Schochet D, Ramakrishnan N, McLaughlin M, Jialal I. Metabolic syndrome is an inflammatory disorder: a conspiracy between adipose tissue and phagocytes. *Clin Chim Acta*. 2019;496:35–44. doi.org/10.1016/j.cca.2019.06.019

25.　Scaglione F, Cattaneo G, Alessandria M, Cogo R. Efficacy and safety of the standardized ginseng extract G115 for potentiating vaccination against the influenza syndrome and protection against the common cold [corrected] [published correction appears in Drugs Exp Clin Res 1996;22(6):338]. *Drugs Exp Clin Res*. 1996;22(2):65–72. Accessed April 21, 2021. https://pubmed.ncbi.nlm.nih.gov/8879982/

26.　Spector WG, Willoughby DA. The inflammatory response. *Bacteriol Rev*. 1963;27(2):117–154. doi.org/10.1128/br.27.2.117-154.1963

27.　Stone WL, Basit H, Burns B. Pathology, inflammation. In: *StatPearls*. NCBI Bookshelf version. StatPearls Publishing: 2022. Accessed September 21, 2022. https://www.ncbi.nlm.nih.gov/books/NBK534820/

28.　What is inflammation? Harvard Health Publishing. April 12, 2021. Accessed April 21, 2021. https://www.health.harvard.edu/heart-disease/ask-the-doctor-what-is-inflammation

29.　Williams DM. Clinical pharmacology of corticosteroids. *Respir Care*. 2018;63(6):655–670. doi.org/10.4187/respcare.06314

30.　Zetoune FS, Serhan CN, Ward PA. Inflammatory disorders. *Reference Module in Biomedical Sciences*. 2014. doi.org/10.1016/b978-0-12-801238-3.05096-0

第五章　微生物──人體的好朋友

1.　Belkaid Y, Hand TW. Role of the microbiota in immunity and inflammation. *Cell*. 2014;157(1):121–141. doi.org/10.1016/j.cell.2014.03.011

2.　Brody H. The gut microbiome. *Nature*. 2020;577(7792):S5. doi.org/10.1038/d41586-020-00194-2

3.　Byrd AL, Belkaid Y, Segre JA. The human skin microbiome. *Nat Rev Microbiol*. 2018;16:143–155. doi.org/10.1038/nrmicro.2017.157

4.　Callaway E. C-section babies are missing key microbes [published online ahead of print, 2019 Sep 18]. *Nature*. 2019;10.1038/d41586-019-02807-x. doi.org/10.1038/d41586-019-02807-x

5.　Can gut bacteria improve your health? Harvard Health Publishing. October 14, 2016. Accessed August 6, 2021. https://www.health.harvard.edu/staying-healthy/can-gut-bacteria-improve-your-health

6.　Cheng Y, Ling Z, Li L. The intestinal microbiota and colorectal cancer. *Front Immunol*. 2020;11:615056. doi.org/10.3389/fimmu.2020.615056

7.　Distrutti E, Monaldi L, Ricci P, Fiorucci S. Gut microbiota role in irritable bowel syndrome: new therapeutic strategies. *World J Gastroenterol*. 2016;22(7):2219–2241. doi.org/10.3748/wjg.v22.i7.2219

8.　Domínguez-Díaz C, García-Orozco A, Riera-Leal A, Padilla-Arellano JR, Fafutis-Morris M. Microbiota and its role on viral evasion: is it with us or against us? *Front Cell Infect Microbiol*. 2019;9:256. doi.org/10.3389/fcimb.2019.00256

9.　Eisenstein M. The hunt for a healthy microbiome. *Nature*. 2020;577(7792):S6–S8. doi.org/10.1038/d41586-020-00193-3

10.　Eisenstein M. The skin microbiome. *Nature*. 2020;588(7838):S209. doi.org/10.1038/d41586-020-03523-7

11.　Fan X, Jin Y, Chen G, Ma X, Zhang L. Gut microbiota dysbiosis drives the development of colorectal cancer. *Digestion*. 2021;102:508–515. doi.org/10.1159/000508328

12.　Fields H. The gut: where bacteria and immune system meet. Johns Hopkins Medicine. November 2015. Accessed August 6, 2021. https://www.hopkinsmedicine.org/research/advancements-in-research/fundamentals/in-depth/the-gut-where-bacteria-and-immune-system-meet

13.　Fu J, Bonder MJ, Cenit MC, et al. The gut microbiome contributes to a substantial proportion of the variation in blood lipids. *Circ Res*. 2015;117(9):817–824. doi.org/10.1161/CIRCRESAHA.115.306807

14.　Galvez J, Rodríguez-Cabezas ME, Zarzuelo A. Effects of dietary fiber on inflammatory bowel disease. *Mol Nutr Food Res*. 2005;49(6):601–608. doi.org/10.1002/mnfr.200500013

15.　Grizotte-Lake M, Zhong G, Duncan K, et al. Commensals suppress intestinal epithelial cell retinoic acid synthesis to regulate interleukin-22 activity and prevent microbial dysbiosis. *Immunity*. 2018;49(6):1103–1115.e6. doi.org/10.1016/j.immuni.2018.11.018

16.　Halfvarson J, Brislawn CJ, Lamendella R, et al. Dynamics of the human gut microbiome in inflammatory bowel disease. *Nat Microbiol*. 2017;2:17004. doi.org/10.1038/nmicrobiol.2017.4

17.　Harper A, Vijayakumar V, Ouwehand AC, et al. Viral infections, the microbiome, and probiotics. *Front Cell Infect Microbiol*. 2021;10:596166. doi.org/10.3389/fcimb.2020.596166

18.　Heiman ML, Greenway FL. A healthy gastrointestinal microbiome is dependent on dietary diversity. *Mol Metab*. 2016;5(5):317–320. doi.org/10.1016/j.molmet.2016.02.005

19.　Häger J, Bang H, Hagen M, et al. The role of dietary fiber in rheumatoid arthritis patients: a feasibility study. *Nutrients*. 2019;11(10):2392. doi.org/10.3390/nu11102392

20. Iweala OI, Nagler CR. The microbiome and food allergy. *Annu Rev Immunol*. 2019;37:377–403. doi.org/10.1146/annurev-immunol-042718-041621

21. Jung C, Hugot JP, Barreau F. Peyer's patches: the immune sensors of the intestine. *Int J Inflam*. 2010;2010:823710. doi.org/10.4061/2010/823710

22. Kennedy PJ, Cryan JF, Dinan TG, Clarke G. Irritable bowel syndrome: a microbiome-gut-brain axis disorder? *World J Gastroenterol*. 2014;20(39):14105–14125. doi.org/10.3748/wjg.v20.i39.14105

23. Kim MS, Hwang SS, Park EJ, Bae JW. Strict vegetarian diet improves the risk factors associated with metabolic diseases by modulating gut microbiota and reducing intestinal inflammation. *Environ Microbiol Rep*. 2013;5(5):765–775. doi.org/10.1111/1758-2229.12079

24. Kobayashi N, Takahashi D, Takano S, Kimura S, Hase K. The roles of Peyer's patches and microfold cells in the gut immune system: relevance to autoimmune diseases. *Front Immunol*. 2019;10:2345. doi.org/10.3389/fimmu.2019.02345

25. Kosumi K, Mima K, Baba H, Ogino S. Dysbiosis of the gut microbiota and colorectal cancer: the key target of molecular pathological epidemiology. *J Lab Precis Med*. 2018;3:76. doi.org/10.21037/jlpm.2018.09.05

26. Landhuis E. Gut microbes may be key to solving food allergies. Scientific American. May 23, 2020. Accessed August 6, 2021. https://www.scientificamerican.com/article/gut-microbes-may-be-key-to-solving-food-allergies/

27. Lazar V, Ditu LM, Pircalabioru GG, et al. Aspects of gut microbiota and immune system interactions in infectious diseases, immunopathology, and cancer. *Front Immunol*. 2018;9:1830. doi.org/10.3389/fimmu.2018.01830

28. Levy M, Kolodziejczyk AA, Thaiss CA, Elinav E. Dysbiosis and the immune system. *Nat Rev Immunol*. 2017;17:219–232. doi.org/10.1038/nri.2017.7

29. Lozupone CA, Stombaugh JI, Gordon JI, Jansson JK, Knight R. Diversity, stability and resilience of the human gut microbiota. *Nature*. 2012;489(7415):220–230. doi.org/10.1038/nature11550

30. Oliphant K, Allen-Vercoe E. Macronutrient metabolism by the human gut microbiome: major fermentation by-products and their impact on host health. *Microbiome*. 2019;7:91. doi.org/10.1186/s40168-019-0704-8

31. Patterson E, Ryan PM, Cryan JF, et al. Gut microbiota, obesity and diabetes. *Postgrad Med J*. 2016;92:286–300. doi.org/10.1136/postgradmedj-2015-133285

32. Pituch-Zdanowska A, Banaszkiewicz A, Albrecht P. The role of dietary fibre in inflammatory bowel disease. *Prz Gastroenterol*. 2015;10(3):135–141. doi.org/10.5114/pg.2015.52753

33. Purchiaroni F, Tortora A, Gabrielli M, et al. The role of intestinal microbiota and the immune system. *Eur Rev Med Pharmacol Sci*. 2013;17(3):323–333. Accessed August 6, 2021. https://pubmed.ncbi.nlm.nih.gov/23426535/

34. Qin J, Li R, Raes J, et al. A human gut microbial gene catalogue established by metagenomic sequencing. *Nature*. 2010;464(7285):59–65. doi.org/10.1038/nature08821

35. Ridaura VK, Faith JJ, Rey FE, et al. Gut microbiota from twins discordant for obesity modulate metabolism in mice. *Science*. 2013;341(6150):1241214. doi.org/10.1126/science.1241214

36. Rooks MG, Garrett WS. Gut microbiota, metabolites and host immunity. *Nat Rev Immunol*. 2016;16:341–352. doi.org/10.1038/nri.2016.42

37. Ríos-Covián D, Ruas-Madiedo P, Margolles A, Gueimonde M, de Los Reyes-Gavilán CG, Salazar N. Intestinal short chain fatty acids and their link with diet and human health. *Front Microbiol*. 2016;7:185. doi.org/10.3389/fmicb.2016.00185

38. Schluter J, Peled JU, Taylor BP, et al. The gut microbiota is associated with immune cell dynamics in humans. *Nature*. 2020;588(7837):303–307. doi.org/10.1038/s41586-020-2971-8

39. Sender R, Fuchs S, Milo R. Revised estimates for the number of human and bacteria cells in the body. *PLoS Biol*. 2016;14(8):e1002533. doi.org/10.1371/journal.pbio.1002533

40. Shao Y, Forster SC, Tsaliki E, et al. Stunted microbiota and opportunistic pathogen colonization in caesarean-section birth. *Nature*. 2019;574(7776):117–121. doi.org/10.1038/s41586-019-1560-1

41. Sheflin AM, Whitney AK, Weir TL. Cancer-promoting effects of microbial dysbiosis. *Curr Oncol Rep*. 2014;16:406. doi.org/10.1007/s11912-014-0406-0

42. Shi N, Li N, Duan X, Niu H. Interaction between the gut microbiome and mucosal immune system. *Mil Med Res*. 2017;4:14. doi.org/10.1186/s40779-017-0122-9

43. Slavin J. Fiber and prebiotics: mechanisms and health benefits. *Nutrients*. 2013;5(4):1417–1435. doi.org/10.3390/nu5041417

44. Smith HF, Parker W, Kotzé SH, Laurin M. Morphological evolution of the mammalian cecum and cecal appendix. *Comptes Rendus Palevol*. 2017;16(1):39–57. doi.org/10.1016/j.crpv.2016.06.001

45. Sonnenburg ED, Smits SA, Tikhonov M, Higginbottom SK, Wingreen NS, Sonnenburg JL. Diet-induced extinctions in the gut microbiota compound over generations. *Nature*. 2016;529(7585):212–215. doi.org/10.1038/nature16504

46. Stefan KL, Kim MV, Iwasaki A, Kasper DL. Commensal microbiota modulation of natural resistance to virus infection. *Cell*. 2020;183(5):1312–1324.e10. doi.org/10.1016/j.cell.2020.10.047

47. Sullivan B. Microbes in your gut may be new recruits in the fight against viruses. National Geographic. April 13, 2021. Accessed August 6, 2021. https://www.nationalgeographic.com/science/article/microbes-in-your-gut-may-be-new-recruits-in-the-fight-against-viruses

48. Turnbaugh PJ, Hamady M, Yatsunenko T, et al. A core gut microbiome in obese and lean twins. *Nature*. 2009;457(7228):480–484. doi.org/10.1038/nature07540

49. Ulluwishewa D, Anderson RC, McNabb WC, Moughan PJ, Wells JM, Roy NC. Regulation of tight junction permeability by intestinal bacteria and dietary components. *J Nutr*. 2011;141(5):769–776. doi.org/10.3945/jn.110.135657

50. Valdes AM, Walter J, Segal E, Spector TD. Role of the gut microbiota in nutrition and health. *BMJ*. 2018;361:k2179. doi.org/10.1136/bmj.k2179

51. Committee Opinion No. 725: vaginal seeding. *Obstet Gynecol*. 2017;130(5):e274–e278. doi.org/10.1097/AOG.0000000000002402

52. Wiertsema SP, van Bergenhenegouwen J, Garssen J, Knippels LMJ. The interplay between the gut microbiome and the immune system in the context of infectious diseases throughout life and the role of nutrition in optimizing treatment strategies. *Nutrients*. 2021;13(3):886. doi.org/10.3390/nu13030886

53. Wu HJ, Wu E. The role of gut microbiota in immune homeostasis and autoimmunity. *Gut Microbes*. 2012;3(1):4–14. doi.org/10.4161/gmic.19320

54. Yaron JR, Ambadapadi S, Zhang L, et al. Immune protection is dependent on the gut microbiome in a lethal mouse gammaherpesviral infection. *Sci Rep*. 2020;10:2371. doi.org/10.1038/s41598-020-59269-9

55. Zhang YJ, Li S, Gan RY, Zhou T, Xu DP, Li HB. Impacts of gut bacteria on human health and diseases. *Int J Mol Sci*. 2015;16(4):7493–7519. doi.org/10.3390/ijms16047493

56. Zheng D, Liwinski T, Elinav E. Interaction between microbiota and immunity in health and disease. *Cell Res*. 2020;30:492–506. doi.org/10.1038/s41422-020-0332-7

第六章　　自體免疫疾病

1. Asthma: the hygiene hypothesis. U.S. Food and Drug Administration. March 23, 2018. Accessed September 22, 2021. https://www.fda.gov/vaccines-blood-biologics/consumers-biologics/asthma-hygiene-hypothesis

2. Piligian G, Lee H. Possible environmental triggers associated with autoimmune diseases. Hospital for Special Surgery. September 25, 2012. Accessed September 22, 2021. https://www.hss.edu/conditions_environmental-triggers-associated-with-autoimmune-diseases.asp

3. Autoimmune diseases. National Institute of Allergy and Infectious Diseases. Accessed September 22, 2021. https://www.niaid.nih.gov/diseases-conditions/autoimmune-diseases

4. Autoimmunity may be rising in the United States. National Institutes of Health. April 8, 2020. Accessed September 22, 2021. https://www.nih.gov/news-events/news-releases/autoimmunity-may-be-rising-united-states

5. Azzouz D, Omarbekova A, Heguy A, et al. Lupus nephritis is linked to disease-activity associated expansions and immunity to a gut commensal. *Ann Rheum Dis*. 2019;78(7):947–956. doi.org/10.1136/annrheumdis-2018-214856

6. Berer K, Martínez I, Walker A, et al. Dietary non-fermentable fiber prevents autoimmune neurological disease by changing gut metabolic and immune status. *Sci Rep*. 2018;8(1):10431. doi.org/10.1038/s41598-018-28839-3

7. Bloomfield SF, Stanwell-Smith R, Crevel RW, Pickup J. Too clean, or not too clean: the hygiene hypothesis and home hygiene. *Clin Exp Allergy*. 2006;36(4):402–425. doi.org/10.1111/j.1365-2222.2006.02463.x

8. Campbell AW. Autoimmunity and the gut. *Autoimmune Dis*. 2014;2014:152428. doi.org/10.1155/2014/152428

9. Chen JF. *Nutrition, Immunity, Longevity*. Extra Excellence (S) Pte Ltd; 2015.

10. Christ A, Günther P, Lauterbach MAR, et al. Western diet triggers NLRP3-dependent innate immune reprogramming. *Cell*. 2018;172(1–2):162–175.e14. doi.org/10.1016/j.cell.2017.12.013

11. Christ A, Lauterbach M, Latz E. Western diet and the immune system: an inflammatory connection. *Immunity*. 2019;51(5):794–811. doi.org/10.1016/j.immuni.2019.09.020

12. Constantin MM, Nita IE, Olteanu R, et al. Significance and impact of dietary factors on systemic lupus erythematosus pathogenesis. *Exp Ther Med*. 2019;17(2):1085–1090. doi.org/10.3892/etm.2018.6986

13. Cooper GS, Miller FW, Pandey JP. The role of genetic factors in autoimmune disease: implications for environmental research. *Environ Health Perspect*. 1999;107 Suppl 5(Suppl 5):693–700. doi.org/10.1289/ehp.99107s5693

14. Cormack T. The role of genetics and environmental factors on autoimmune disease incidence with a focus on gender bias in a family case study. Master's thesis, Harvard Extension School. 2019. Accessed September 22, 2021. https://dash.harvard.edu/handle/1/42004247

15. Cusick MF, Libbey JE, Fujinami RS. Molecular mimicry as a mechanism of autoimmune disease. *Clin Rev Allergy Immunol*. 2012;42(1):102–111. doi.org/10.1007/s12016-011-8294-7

16. Dantal J, Soulillou JP. Immunosuppressive drugs and the risk of cancer after organ transplantation. *N Engl J Med*. 2005;352(13):1371–1373. doi.org/10.1056/NEJMe058018

17. DiNicolantonio JJ, O'Keefe JH. Importance of maintaining a low omega-6/omega-3 ratio for reducing inflammation. *Open Heart*. 2018;5(2):e000946. doi.org/10.1136/openhrt-2018-000946

18. Dinse GE, Parks CG, Weinberg CR, et al. Increasing prevalence of antinuclear antibodies in the United States [published online ahead of print, 2022 Aug 26]. *Arthritis Rheumatol*. 2022;10.1002/art.42330. doi.org/10.1002/art.42330

19. Eid H, Mounzer K. Infection in the (non-transplant) patient on immunosuppressive medications. CancerTherapyAdvisor.com. Accessed September 22, 2021. https://www.cancertherapyadvisor.com/home/decision-support-in-medicine/critical-care-medicine/infection-in-the-non-transplant-patient-on-immunosuppressive-medications/

20. Gallagher MP, Kelly PJ, Jardine M, et al. Long-term cancer risk of immunosuppressive regimens after kidney transplantation. *J Am Soc Nephrol*. 2010;21(5):852–858. doi.org/10.1681/ASN.2009101043

21. Gregersen PK, Behrens TW. Genetics of autoimmune diseases—disorders of immune homeostasis. *Nat Rev Genet*. 2006;7(12):917–928. doi.org/10.1038/nrg1944

22. Hofheinz E. To understand lupus, study the gut. The Rheumatologist. September 17, 2019. Accessed September 22, 2021. https://www.the-rheumatologist.org/article/to-understand-lupus-study-the-gut/

23. Hsu DC, Katelaris CH. Long-term management of patients taking immunosuppressive drugs. *Aust Prescr*. 2009;32:68–71. doi.org/10.18773/austprescr.2009.035

24. Häger J, Bang H, Hagen M, et al. The role of dietary fiber in rheumatoid arthritis patients: a feasibility study. *Nutrients*. 2019;11(10):2392. doi.org/10.3390/nu11102392

25. Jörg S, Grohme DA, Erzler M, et al. Environmental factors in autoimmune diseases and their role in multiple sclerosis. *Cell Mol Life Sci*. 2016;73(24):4611–4622. doi.org/10.1007/s00018-016-2311-1

26. Kho ZY, Lal SK. The human gut microbiome—a potential controller of wellness and disease. *Front Microbiol*. 2018;9:1835. doi.org/10.3389/fmicb.2018.01835

27. Campos M. Leaky gut: what is it, and what does it mean for you? Harvard Health Publishing. November 16, 2021. Accessed September 22, 2022. https://www.health.harvard.edu/blog/leaky-gut-what-is-it-and-what-does-it-mean-for-you-2017092212451

28. Lee SH. Intestinal permeability regulation by tight junction: implication on inflammatory bowel diseases. *Intest Res*. 2015;13(1):11–18. doi.org/10.5217/ir.2015.13.1.11

29. Leech S. Molecular mimicry in autoimmune disease. *Arch Dis Child*. 1998;79:448–451. doi.org/10.1136/adc.79.5.448

30. Magro DO, Santos A, Guadagnini D, et al. Remission in Crohn's disease is accompanied by alterations in the gut microbiota and mucins production. *Sci Rep*. 2019;9(1):13263. doi.org/10.1038/s41598-019-49893-5

31. Makki K, Deehan EC, Walter J, Bäckhed F. The impact of dietary fiber on gut microbiota in host health and disease. *Cell Host Microbe*. 2018;23(6):705–715. doi.org/10.1016/j.chom.2018.05.012

32. Mañá P, Goodyear M, Bernard C, Tomioka R, Freire-Garabal M, Liñares D. Tolerance induction by molecular mimicry: prevention and suppression of experimental autoimmune encephalomyelitis with the milk protein butyrophilin. *Int Immunol*. 2004;16(3):489–499. doi.org/10.1093/intimm/dxh049

33. Manfredo Vieira S, Hiltensperger M, Kumar V, et al. Translocation of a gut pathobiont drives autoimmunity in mice and humans [published correction appears in Science. 2018 May 4;360(6388):]. *Science*. 2018;359(6380):1156–1161. doi.org/10.1126/science.aar7201

34. Manzel A, Muller DN, Hafler DA, Erdman SE, Linker RA, Kleinewietfeld M. Role of "Western diet" in inflammatory autoimmune diseases. *Curr Allergy Asthma Rep*. 2014;14(1):404. doi.org/10.1007/s11882-013-0404-6

35. Morris G, Berk M, Carvalho AF, Caso JR, Sanz Y, Maes M. The role of microbiota and intestinal permeability in the pathophysiology of autoimmune and neuroimmune processes with an emphasis on inflammatory bowel disease type 1 diabetes and chronic fatigue syndrome. *Curr Pharm Des*. 2016;22(40):6058–6075. doi.org/10.2174/1381612822666160914182822

36. Mu Q, Kirby J, Reilly CM, Luo XM. Leaky gut as a danger signal for autoimmune diseases. *Front Immunol*. 2017;8:598. doi.org/10.3389/fimmu.2017.00598

37. Autoimmune disease: why is my immune system attacking itself? Johns Hopkins Medicine. Accessed September 22, 2021. https://www.hopkinsmedicine.org/health/wellness-and-prevention/autoimmune-disease-why-is-my-immune-system-attacking-itself

38. Organ transplants and cancer risk. National Institutes of Health. November 21, 2011. Accessed September 22, 2021. https://www.nih.gov/news-events/nih-research-matters/organ-transplants-cancer-risk

39. Panther V, Puig XC, Ren J, et al. The effect of dietary fiber intake on systemic lupus erythematosus (SLE) disease in NZB/W lupus mice. *J Clin Cell Immunol*. 2020;11(3):590. Accessed September 27, 2022. https://www.longdom.org/open-access/the-effect-of-dietary-fiber-intake-on-systemic-lupus-erythematosus-sle-disease-in-nzbw-lupus-mice-53610.html

40. Pascal V, Pozuelo M, Borruel N, et al. A microbial signature for Crohn's disease. *Gut*. 2017;66(5):813–822. doi.org/10.1136/gutjnl-2016-313235

41. Ramos PS, Shedlock AM, Langefeld CD. Genetics of autoimmune diseases: insights from population genetics. *J Hum Genet*. 2015;60(11):657–664. doi.org/10.1038/jhg.2015.94

42. Rath L. Can increasing fiber reduce inflammation? Arthritis Foundation. Accessed September 22, 2021. https://www.arthritis.org/health-wellness/healthy-living/nutrition/anti-inflammatory/increasing-fiber

43. Report reveals the rising rates of autoimmune conditions. Connect Immune Research. November 26, 2018. Accessed September 22, 2021. https://jdrf.org.uk/news/report-reveals-the-rising-rates-of-autoimmune-conditions/

44. Immunosuppression. NIH National Cancer Institute. April 29, 2015. Accessed September 22, 2021. https://www.cancer.gov/about-cancer/causes-prevention/risk/immunosuppression

45. Risser A, Donovan D, Heintzman J, Page T. NSAID prescribing precautions. *Am Fam Physician*. 2009;80(12):1371–1378. Accessed September 22, 2021. https://www.aafp.org/pubs/afp/issues/2009/1215/p1371.html

46. Rojas M, Restrepo-Jiménez P, Monsalve DM, et al. Molecular mimicry and autoimmunity. *J Autoimmun*. 2018;95:100–123. doi.org/10.1016/j.jaut.2018.10.012

47. Simopoulos AP. The importance of the ratio of omega-6/omega-3 essential fatty acids. *Biomed Pharmacother*. 2002;56(8):365–379. doi. org/10.1016/s0753-3322(02)00253-6

48. Song H, Fang F, Tomasson G, et al. Association of stress-related disorders with subsequent autoimmune disease. *JAMA*. 2018;319(23):2388–2400. doi.org/10.1001/jama.2018.7028

49. Stiemsma LT, Reynolds LA, Turvey SE, Finlay BB. The hygiene hypothesis: current perspectives and future therapies. *Immunotargets Ther*. 2015;4:143–157. doi.org/10.2147/ITT.S61528

50. Vial T, Descotes J. Immunosuppressive drugs and cancer. *Toxicology*. 2003;185(3):229–240. doi.org/10.1016/s0300-483x(02)00612-1

51. Vojdani A, Gushgari LR, Vojdani E. Interaction between antigens and the immune system: association with autoimmune disorders. *Autoimmun Rev*. 2020;19(3):102459. doi.org/10.1016/j.autrev.2020.102459

52. Vojdani A. A potential link between environmental triggers and autoimmunity. *Autoimmune Dis*. 2014;2014:437231. doi. org/10.1155/2014/437231

53. Watanabe M, Takenaka Y, Honda C, Iwatani Y; Osaka Twin Research Group. Genotype-based epigenetic differences in monozygotic twins discordant for positive antithyroglobulin autoantibodies. *Thyroid*. 2018;28(1):110–123. doi.org/10.1089/thy.2017.0273

54. Weaver JL. Establishing the carcinogenic risk of immunomodulatory drugs. *Toxicol Pathol*. 2012;40(2):267–271. doi. org/10.1177/0192623311427711

55. Lerner A. The world incidence and prevalence of autoimmune diseases is increasing. Allied Academies. Accessed September 22, 2021. https://www.alliedacademies.org/proceedings/the-world-incidence-and-prevalence-of-autoimmune-diseases-is-increasing-2449.html

56. Wu HJ, Wu E. The role of gut microbiota in immune homeostasis and autoimmunity. *Gut Microbes*. 2012;3(1):4–14. doi.org/10.4161/gmic.19320

57. Zegarra-Ruiz DF, El Beidaq A, Iñiguez AJ, et al. A diet-sensitive commensal *Lactobacillus* strain mediates TLR7-dependent systemic autoimmunity. *Cell Host Microbe*. 2019;25(1):113–127.e6. doi.org/10.1016/j.chom.2018.11.009

58. Zhang H, Liao X, Sparks JB, Luo XM. Dynamics of gut microbiota in autoimmune lupus. *Appl Environ Microbiol*. 2014;80(24):7551–7560. doi.org/10.1128/AEM.02676-14

59. Zheng D, Liwinski T, Elinav E. Interaction between microbiota and immunity in health and disease. *Cell Res*. 2020;30(6):492–506. doi. org/10.1038/s41422-020-0332-7

第七章　　過敏

1. Allergy diagnosis. Asthma and Allergy Foundation of America. Accessed October 25, 2021. https://www.aafa.org/allergy-diagnosis/

2. Allergen immunotherapy. Australasian Society of Clinical Immunology and Allergy. Updated March 2019. Accessed October 25, 2021. https://www.allergy.org.au/patients/allergy-treatment/immunotherapy

3. Allergic reactions. American Academy of Allergy, Asthma & Immunology. Accessed October 25, 2021. https://www.aaaai.org/Tools-for-the-Public/Conditions-Library/Allergies/Allergic-Reactions

4. Allergies and the immune system. Johns Hopkins Medicine. Accessed October 25, 2021. https://www.hopkinsmedicine.org/health/conditions-and-diseases/allergies-and-the-immune-system

5. Allergy. British Society for Immunology. Accessed October 25, 2021. https://www.immunology.org/policy-and-public-affairs/briefings-and-position-statements/allergy

6. Anvari S, Anagnostou K. The nuts and bolts of food immunotherapy: the future of food allergy. *Children (Basel)*. 2018;5(4):47. doi. org/10.3390/children5040047

7. Baumann S, Lorentz A. Obesity—a promoter of allergy? *Int Arch Allergy Immunol*. 2013;162(3):205–213. doi.org/10.1159/000353972

8. Baïz N, Just J, Chastang J, et al. Maternal diet before and during pregnancy and risk of asthma and allergic rhinitis in children. *Allergy Asthma Clin Immunol*. 2019;15:40. doi.org/10.1186/s13223-019-0353-2

9. Bergeron C, Boulet LP, Hamid Q. Obesity, allergy and immunology. *J Allergy Clin Immunol*. 2005;115(5):1102–1104. doi.org/10.1016/j.jaci.2005.03.018

10. Asthma: the hygiene hypothesis. U.S. Food and Drug Administration. March 23, 2018. Accessed October 25, 2021. https://www.fda.gov/vaccines-blood-biologics/consumers-biologics/asthma-hygiene-hypothesis

11. Chad Z. Allergies in children. *Paediatr Child Health*. 2001;6(8):555–566. doi.org/10.1093/pch/6.8.555

12. Chan ES, Abrams EM, Hildebrand KJ, Watson W. Early introduction of foods to prevent food allergy. *Allergy Asthma Clin Immunol*. 2018;14(Suppl 2):57. doi.org/10.1186/s13223-018-0286-1

13. Chen Y, Rennie D, Cormier Y, Dosman J. Association between obesity and atopy in adults. *Int Arch Allergy Immunol*. 2010;153(4):372–377. doi.org/10.1159/000316348

14. Commins SP. Mechanisms of oral tolerance. *Pediatr Clin North Am*. 2015;62(6):1523–1529. doi.org/10.1016/j.pcl.2015.07.013

15. Cook-Mills JM. Maternal influences over offspring allergic responses. *Curr Allergy Asthma Rep*. 2015;15(2):501. doi.org/10.1007/s11882-014-0501-1

16. Darabi B, Rahmati S, HafeziAhmadi MR, Badfar G, Azami M. The association between caesarean section and childhood asthma: an updated systematic review and meta-analysis. *Allergy Asthma Clin Immunol*. 2019;15:62. doi.org/10.1186/s13223-019-0367-9

17. Daugule I, Zavoronkova J, Santare D. *Helicobacter pylori* and allergy: update of research. *World J Methodol*. 2015;5(4):203–211. doi. org/10.5662/wjm.v5.i4.203

18. Amedei A, Codolo G, Del Prete G, de Bernard M, D'Elios MM. The effect of *Helicobacter pylori* on asthma and allergy. *J Asthma Allergy*. 2010;3:139–147. doi.org/10.2147/JAA.S8971

19. Dias de Castro E, Pinhão S, Paredes S, Cernadas JR, Ribeiro L. Obesity markers in patients with drug allergy and body fat as a predictor. *Ann Allergy Asthma Immunol*. 2021;127(1):100–108. doi.org/10.1016/j.anai.2021.03.014

20. Droste JHJ, Wieringa MH, Weyler JJ, Nelen VJ, Vermeire PA, Van Bever HP. Does the use of antibiotics in early childhood increase the risk of asthma and allergic disease? *Clin Exp Allergy*. 2000;30(11):1548–1553. doi.org/10.1046/j.1365-2222.2000.00939.x

21. Eggesbø M, Botten G, Stigum H, Nafstad P, Magnus P. Is delivery by cesarean section a risk factor for food allergy? *J Allergy Clin Immunol*. 2003;112(2):420–426. doi.org/10.1067/mai.2003.1610

22. Ek WE, Karlsson T, Hernándes CA, Rask-Andersen M, Johansson Å. Breast-feeding and risk of asthma, hay fever, and eczema. *J Allergy Clin Immunol*. 2018;141(3):1157–1159.e9. doi.org/10.1016/j.jaci.2017.10.022

23. Fujimura T, Lum SZC, Nagata Y, Kawamoto S, Oyoshi MK. Influences of maternal factors over offspring allergies and the application for food allergy. *Front Immunol*. 2019;10:1933. doi.org/10.3389/fimmu.2019.01933

24. Gorgievska-Sukarovska B, Lipozencić J, Susac A. Obesity and allergic diseases. *Acta Dermatovenerol Croat*. 2008;16(4):231–235. Accessed October 25, 2021. https://pubmed.ncbi.nlm.nih.gov/19111150/

25. Greenhawt M. The learning early about peanut allergy study: the benefits of early peanut introduction, and a new horizon in fighting the food allergy epidemic. *Pediatr Clin North Am*. 2015;62(6):1509–1521. doi.org/10.1016/j.pcl.2015.07.010

26. Greer FR, Sicherer SH, Burks AW; COMMITTEE ON NUTRITION; SECTION ON ALLERGY AND IMMUNOLOGY. The effects of early nutritional interventions on the development of atopic disease in infants and children: the role of maternal dietary restriction, breastfeeding, hydrolyzed formulas, and timing of introduction of allergenic complementary foods. *Pediatrics*. 2019;143(4):e20190281. doi.org/10.1542/peds.2019-0281

27. Handwerk B. Why do humans have allergies? Parasite infections may be the trigger. Smithsonian Magazine. October 29, 2015. Accessed October 25, 2021. https://www.smithsonianmag.com/science-nature/why-do-humans-have-allergies-parasite-infections-trigger-180957101/

28. Hansen K, Mangrio E, Lindström M, Rosvall M. Early exposure to secondhand tobacco smoke and the development of allergic diseases in 4 year old children in Malmö, Sweden. *BMC Pediatr*. 2010;10:61. doi.org/10.1186/1471-2431-10-61

29. Hayashi K, Tsujiguchi H, Hori D, et al. The association between overweight and prevalence of food allergy in Japanese children: a cross-sectional study. *Environ Health Prev Med*. 2021;26(1):44. doi.org/10.1186/s12199-021-00960-2

30. Hossny E, Ebisawa M, El-Gamal Y, et al. Challenges of managing food allergy in the developing world. *World Allergy Organ J*. 2019;12(11):100089. doi.org/10.1016/j.waojou.2019.100089

31. How to introduce solid foods to babies for allergy prevention—frequently asked questions (FAQ). Australasian Society of Clinical Immunology and Allergy. Updated November 2020. Accessed October 25, 2021. https://www.allergy.org.au/patients/allergy-prevention/ascia-how-to-introduce-solid-foods-to-babies

32. Jung C, Hugot JP, Barreau F. Peyer's patches: the immune sensors of the intestine. *Int J Inflam*. 2010;2010:823710. doi.org/10.4061/2010/823710

33. Jõgi NO, Svanes C, Siiak SP, et al. Zoonotic helminth exposure and risk of allergic diseases: a study of two generations in Norway. *Clin Exp Allergy*. 2018;48(1):66–77. doi.org/10.1111/cea.13055

34. Kobayashi N, Takahashi D, Takano S, Kimura S, Hase K. The roles of Peyer's patches and microfold cells in the gut immune system: relevance to autoimmune diseases. *Front Immunol*. 2019;10:2345. doi.org/10.3389/fimmu.2019.02345

35. Kooij IA, Sahami S, Meijer SL, Buskens CJ, te Velde AA. The immunology of the vermiform appendix: a review of the literature. *Clin Exp Immunol*. 2016;186(1):1–9. doi.org/10.1111/cei.12821

36. Kusunoki T, Mukaida K, Morimoto T, et al. Birth order effect on childhood food allergy. *Pediatr Allergy Immunol*. 2012;23(3):250–254. doi.org/10.1111/j.1399-3038.2011.01246.x

37. Laurin M, Everett ML, Parker W. The cecal appendix: one more immune component with a function disturbed by post-industrial culture. *Anat Rec (Hoboken)*. 2011;294(4):567–579. doi.org/10.1002/ar.21357

38. Lee SL, Lam TH, Leung TH, et al. Foetal exposure to maternal passive smoking is associated with childhood asthma, allergic rhinitis, and eczema. *Sci. World J*. 2012;2012:542983. doi.org/10.1100/2012/542983

39. Loo EXL, Sim JZT, Loy SL, et al. Associations between caesarean delivery and allergic outcomes: results from the GUSTO study. *Ann Allergy Asthma Immunol*. 2017;118(5):636–638. doi.org/10.1016/j.anai.2017.02.021

40. McKeever TM, Lewis SA, Smith C, Hubbard R. The importance of prenatal exposures on the development of allergic disease: a birth cohort study using the West Midlands General Practice Database. *Am J Respir Crit Care Med*. 2002;166(6):827–832. doi.org/10.1164/rccm.200202-158OC

41. McSorley HJ, Chayé MAM, Smits HH. Worms: pernicious parasites or allies against allergies? *Parasite Immunol*. 2019;41(6):e12574. doi.org/10.1111/pim.12574

42. Msallam R, Balla J, Rathore APS, et al. Fetal mast cells mediate postnatal allergic responses dependent on maternal IgE. *Science*. 2020;370(6519):941–950. doi.org/10.1126/science.aba0864

43. Mubanga M, Lundholm C, D'Onofrio BM, Stratmann M, Hedman A, Almqvist C. Association of early life exposure to antibiotics with risk of atopic dermatitis in Sweden. *JAMA Netw Open*. 2021;4(4):e215245. doi.org/10.1001/jamanetworkopen.2021.5245

44. Netea SA, Messina NL, Curtis N. Early-life antibiotic exposure and childhood food allergy: a systematic review. *J Allergy Clin Immunol*. 2019;144(5):1445–1448. doi.org/10.1016/j.jaci.2019.08.001

45. Ohsaki A, Venturelli N, Buccigrosso TM, et al. Maternal IgG immune complexes induce food allergen-specific tolerance in offspring. *J Exp Med*. 2018;215(1):91–113. doi.org/10.1084/jem.20171163

46. Okada H, Kuhn C, Feillet H, Bach JF. The 'hygiene hypothesis' for autoimmune and allergic diseases: an update. *Clin Exp Immunol*. 2010;160(1):1–9. doi.org/10.1111/j.1365-2249.2010.04139.x

47. Palm NW, Rosenstein RK, Medzhitov R. Allergic host defences. *Nature*. 2012;484(7395):465–472. doi.org/10.1038/nature11047

48. Prevention of allergies and asthma in children. American Academy of Allergy, Asthma & Immunology. Accessed October 25, 2021. https://www.aaaai.org/tools-for-the-public/conditions-library/allergies/prevention-of-allergies-and-asthma-in-children

49. Salö M, Gudjonsdottir J, Omling E, Hagander L, Stenström P. Association of IgE-mediated allergy with risk of complicated appendicitis in a pediatric population. *JAMA Pediatr*. 2018;172(10):943–948. doi.org/10.1001/jamapediatrics.2018.1634

50. Schaub B, Liu J, Höppler S, et al. Maternal farm exposure modulates neonatal immune mechanisms through regulatory T cells. *J Allergy Clin Immunol*. 2009;123(4):774–782.e5. doi.org/10.1016/j.jaci.2009.01.056

51. Scurlock AM, Vickery BP, Hourihane JO, Burks AW. Pediatric food allergy and mucosal tolerance. *Mucosal Immunol*. 2010;3(4):345–354. doi.org/10.1038/mi.2010.21

52. Simons E, To T, Moineddin R, Stieb D, Dell SD. Maternal second-hand smoke exposure in pregnancy is associated with childhood asthma development. *J Allergy Clin Immunol Pract*. 2014;2(2):201–207. doi.org/10.1016/j.jaip.2013.11.014

53. Tajima H, Pawankar R. Obesity and adiposity indicators in asthma and allergic rhinitis in children. *Curr Opin Allergy Clin Immunol*. 2019;19(1):7–11. doi.org/10.1097/ACI.0000000000000504

54. Tan J, McKenzie C, Vuillermin PJ, et al. Dietary fiber and bacterial SCFA enhance oral tolerance and protect against food allergy through diverse cellular pathways. *Cell Rep*. 2016;15(12):2809–2824. doi.org/10.1016/j.celrep.2016.05.047

55. Thygarajan A, Burks AW. American Academy of Pediatrics recommendations on the effects of early nutritional interventions on the development of atopic disease. *Curr Opin Pediatr*. 2008;20(6):698–702. doi.org/10.1097/MOP.0b013e3283154f88

56. Trompette A, Gollwitzer ES, Yadava K, et al. Gut microbiota metabolism of dietary fiber influences allergic airway disease and hematopoiesis. *Nat Med*. 2014;20(2):159–166. doi.org/10.1038/nm.3444

57. Tyagi N, Farnell EJ, Fitzsimmons CM, et al. Comparisons of allergenic and metazoan parasite proteins: allergy the price of immunity. *PLoS Comput Biol*. 2015;11(10):e1004546. doi.org/10.1371/journal.pcbi.1004546

58. What's the deal with autoimmune disease? Harvard Health Publishing. February 15, 2021. Accessed October 25, 2021. https://www.health.harvard.edu/diseases-and-conditions/whats-the-deal-with-autoimmune-disease

59. Yang X, Liang R, Xing Q, Ma X. Fighting food allergy by inducing oral tolerance: facts and fiction. *Int Arch Allergy Immunol*. 2021;182(9):852–862. doi.org/10.1159/000515292

60. Yue D, Ciccolini A, Avilla E, Waserman S. Food allergy and anaphylaxis. *J Asthma Allergy*. 2018;11:111–120. doi.org/10.2147/JAA.S162456

61. Zhang Z, Shi L, Pang W, et al. Dietary fiber intake regulates intestinal microflora and inhibits ovalbumin-induced allergic airway inflammation in a mouse model. *PLoS One*. 2016;11(2):e0147778. doi.org/10.1371/journal.pone.0147778

第八章　癌症

1. Brubaker J. The 7 viruses that cause human cancers. American Society for Microbiology. January 25, 2019. Accessed January 25, 2022. https://asm.org/Articles/2019/January/The-Seven-Viruses-that-Cause-Human-Cancers

2. Abu-Shakra M, Buskila D, Ehrenfeld M, Conrad K, Shoenfeld Y. Cancer and autoimmunity: autoimmune and rheumatic features in patients with malignancies. *Ann Rheum Dis*. 2001;60(5):433–440. doi.org/10.1136/ard.60.5.433

3. Aflatoxins. National Cancer Institute. Updated December 28, 2018. Accessed January 25, 2022. https://www.cancer.gov/about-cancer/causes-prevention/risk/substances/aflatoxins

4. Mycotoxins. World Health Organization. May 2018. Accessed January 25, 2022. https://www.who.int/news-room/fact-sheets/detail/mycotoxins

5. Alcohol and cancer risk. National Cancer Institute. Updated July 14, 2021. Accessed January 25, 2022. https://www.cancer.gov/about-cancer/causes-prevention/risk/alcohol/alcohol-fact-sheet

6. Brooks PJ, Enoch MA, Goldman D, Li TK, Yokoyama A. The alcohol flushing response: an unrecognized risk factor for esophageal cancer from alcohol consumption. *PLoS Med*. 2009;6(3):e1000050. doi.org/10.1371/journal.pmed.1000050

7. The importance of HeLa cells. Johns Hopkins Medicine. Accessed January 25, 2022. https://www.hopkinsmedicine.org/henriettalacks/importance-of-hela-cells.html

8. Cancer facts & figures 2022. American Cancer Society. 2022. Accessed September 28, 2022. https://www.cancer.org/research/cancer-facts-statistics/all-cancer-facts-figures/cancer-facts-figures-2022.html

9. Cancer mortality by age. Cancer Research UK. Accessed January 25, 2022. https://www.cancerresearchuk.org/health-professional/cancer-statistics/mortality/age

10. Cancer of unknown primary origin. Memorial Sloan Kettering Cancer Center. Accessed January 25, 2022. https://www.mskcc.org/cancer-care/types/cancer-unknown-primary-origin

11. Cancer. World Health Organization. February 3, 2022. Accessed February 7, 2022. https://www.who.int/news-room/fact-sheets/detail/cancer

12. Cao ZQ, Wang XX, Lu L, et al. β-sitosterol and gemcitabine exhibit synergistic anti-pancreatic cancer activity by modulating apoptosis and inhibiting epithelial-mesenchymal transition by deactivating Akt/GSK-3β signaling [published correction appears in Front Pharmacol. 2020 Nov 20;11:565535]. *Front Pharmacol*. 2019;9:1525. doi.org/10.3389/fphar.2018.01525

13. Caulin AF, Maley CC. Peto's Paradox: evolution's prescription for cancer prevention. *Trends Ecol Evol*. 2011;26(4):175–182. doi.org/10.1016/j.tree.2011.01.002

14. Cavallo J. Solving the mystery of why colorectal cancer is on the rise in young adults. The ASCO Post. June 25, 2019. Accessed January 25, 2022. https://ascopost.com/issues/june-25-2019/solving-the-mystery-of-why-colorectal-cancer-is-on-the-rise-in-young-adults/

15. Chen BH, Hsieh CH, Tsai SY, Wang CY, Wang CC. Anticancer effects of epigallocatechin-3-gallate nanoemulsion on lung cancer cells through the activation of AMP-activated protein kinase signaling pathway. *Sci Rep*. 2020;10(1):5163. doi.org/10.1038/s41598-020-62136-2

16. Chen C, Zhang H, Xu H, Zheng Y, Wu T, Lian Y. Ginsenoside Rb1 ameliorates cisplatin-induced learning and memory impairments. *J Ginseng Res*. 2019;43(4):499–507. doi.org/10.1016/j.jgr.2017.07.009

17. Chen TY, Fang YH, Chen HL, et al. Impact of cooking oil fume exposure and fume extractor use on lung cancer risk in non-smoking Han Chinese women. *Sci Rep*. 2020;10(1):6774. doi.org/10.1038/s41598-020-63656-7

18. Chen Y, Wu Y, Du M, et al. An inverse association between tea consumption and colorectal cancer risk. *Oncotarget*. 2017;8(23):37367–37376. doi.org/10.18632/oncotarget.16959

19. Chial H. Tumor suppressor (TS) genes and the two-hit hypothesis. *Nature Education*. 2008;1(1):177. Accessed January 25, 2022. https://www.nature.com/scitable/topicpage/tumor-suppressor-ts-genes-and-the-two-887/

20. Chiang SPH, Cabrera RM, Segall JE. Tumor cell intravasation. *Am J Physiol Cell Physiol*. 2016;311(1):C1–C14. doi.org/10.1152/ajpcell.00238.2015

21. Choudhari AS, Mandave PC, Deshpande M, Ranjekar P, Prakash O. Phytochemicals in cancer treatment: from preclinical studies to clinical practice [published correction appears in Front Pharmacol. 2020 Feb 28;11:175]. *Front Pharmacol*. 2020;10:1614. doi.org/10.3389/fphar.2019.01614

22. Del Ciello A, Franchi P, Contegiacomo A, Cicchetti G, Bonomo L, Larici AR. Missed lung cancer: when, where, and why? *Diagn Interv Radiol*. 2017;23(2):118–126. doi.org/10.5152/dir.2016.16187

23. Dagogo-Jack I, Shaw AT. Tumour heterogeneity and resistance to cancer therapies. *Nat Rev Clin Oncol*. 2018;15:81–94. doi.org/10.1038/nrclinonc.2017.166

24. Dantal J, Soulillou JP. Immunosuppressive drugs and the risk of cancer after organ transplantation. *N Engl J Med*. 2005;352(13):1371–1373. doi.org/10.1056/NEJMe058018

25. Duesberg P, McCormack A. Immortality of cancers: a consequence of inherent karyotypic variations and selections for autonomy. *Cell Cycle*. 2013;12(5):783–802. doi.org/10.4161/cc.23720

26. D'Alterio C, Scala S, Sozzi G, Roz L, Bertolini G. Paradoxical effects of chemotherapy on tumor relapse and metastasis promotion. *Semin Cancer Biol*. 2020;60:351–361. doi.org/10.1016/j.semcancer.2019.08.019

27. Erdi YE. Limits of tumor detectability in nuclear medicine and PET. *Mol Imaging Radionucl Ther*. 2012;21(1):23–28. doi.org/10.4274/Mirt.138

28. Fares J, Fares MY, Khachfe HH, Salhab HA, Fares Y. Molecular principles of metastasis: a hallmark of cancer revisited. *Signal Transduct Target Ther*. 2020;5:28. doi.org/10.1038/s41392-020-0134-x

29. Ganesan K, Sukalingam K, Xu B. Impact of consumption of repeatedly heated cooking oils on the incidence of various cancers—a critical review. *Crit Rev Food Sci Nutr*. 2019;59(3):488–505. doi.org/10.1080/10408398.2017.1379470

30. Gao XL, Zhang M, Tang YL, Liang XH. Cancer cell dormancy: mechanisms and implications of cancer recurrence and metastasis. *Onco Targets Ther*. 2017;10:5219–5228. doi.org/10.2147/OTT.S140854

31. Cancer.Net editorial board. Genetic testing for cancer risk. Cancer.Net. August 2018. Accessed January 25, 2022. https://www.cancer.net/navigating-cancer-care/cancer-basics/genetics/genetic-testing-cancer-risk

32. The genetics of cancer. National Cancer Institute. Updated August 17, 2022. Accessed September 28, 2022. https://www.cancer.gov/about-cancer/causes-prevention/genetics

33. Giat E, Ehrenfeld M, Shoenfeld Y. Cancer and autoimmune diseases. *Autoimmun Rev*. 2017;16(10):1049–1057. doi.org/10.1016/j.autrev.2017.07.022

34. Goldblatt LA. Control and removal of aflatoxin. *J Am Oil Chem Soc*. 1971;48(10):605–610. doi.org/10.1007/BF02544572

35. Gönenç A, Ozkan Y, Torun M, Simşek B. Plasma malondialdehyde (MDA) levels in breast and lung cancer patients. *J Clin Pharm Ther*. 2001;26(2):141–144. doi.org/10.1046/j.1365-2710.2001.00334.x

36. Gonzalez H, Hagerling C, Werb Z. Roles of the immune system in cancer: from tumor initiation to metastatic progression. *Genes Dev*. 2018;32:1267–1284. doi.org/10.1101/gad.314617.118

37. Gordon B. No worries, the alcohol burns off during cooking—but, does it really? Idaho State University. December 2, 2019. Accessed January 25, 2022. https://www.isu.edu/news/2019-fall/no-worries-the-alcohol-burns-off-during-cookingbut-does-it-really.html

38. Health risk of radon. U.S. Environmental Protection Agency. Updated May 10, 2022. Accessed September 26, 2022. https://www.epa.gov/radon/health-risk-radon

39. Heron M. Deaths: leading causes for 2017. *Natl Vital Stat Rep*. 2019;68(6):1–77. Accessed September 26, 2022. https://www.cdc.gov/nchs/data/nvsr/nvsr68/nvsr68_06-508.pdf

40. Janiszewska M, Primi MC, Izard T. Cell adhesion in cancer: beyond the migration of single cells. *J Biol Chem*. 2020;295(8):2495–2505. doi.org/10.1074/jbc.REV119.007759

41. Jeong JH, An JY, Kwon YT, Rhee JG, Lee YJ. Effects of low dose quercetin: cancer cell-specific inhibition of cell cycle progression. *J Cell Biochem*. 2009;106(1):73–82. doi.org/10.1002/jcb.21977

42. Jolly C, Van Loo P. Timing somatic events in the evolution of cancer. *Genome Biol*. 2018;19:95. doi.org/10.1186/s13059-018-1476-3

43. Katz E, Nisani S, Chamovitz DA. Indole-3-carbinol: a plant hormone combatting cancer. *F1000Res*. 2018;7:F1000 Faculty Rev-689. doi.org/10.12688/f1000research.14127.1

44. Kim H, Choi P, Kim T, et al. Ginsenosides Rk1 and Rg5 inhibit transforming growth factor-β1-induced epithelial-mesenchymal transition and suppress migration, invasion, anoikis resistance, and development of stem-like features in lung cancer. *J Ginseng Res*. 2021;45(1):134–148. doi.org/10.1016/j.jgr.2020.02.005

45. Kim R, Emi M, Tanabe K. Cancer immunoediting from immune surveillance to immune escape. *Immunology*. 2007;121(1):1–14. doi.org/10.1111/j.1365-2567.2007.02587.x

46. Kimanya ME, Routledge MN, Mpolya E, Ezekiel CN, Shirima CP, Gong YY. Estimating the risk of aflatoxin-induced liver cancer in Tanzania based on biomarker data. *PLoS ONE*. 2021;16(3):e0247281. doi.org/10.1371/journal.pone.0247281

47. Kurahashi N, Sasazuki S, Iwasaki M, Inoue M, Tsugane S for the JPHC Study Group. Green tea consumption and prostate cancer risk in Japanese men: a prospective study. *Am J Epidemiol*. 2008;167(1):71–77. doi.org/10.1093/aje/kwm249

48. Lei J, Ploner A, Elfström KM, et al. HPV vaccination and the risk of invasive cervical cancer. *N Engl J Med*. 2020;383(14):1340–1348. doi.org/10.1056/NEJMoa1917338

49. Liu L, Wang R, He W, He F, Huang G. Cloning and soluble expression of mature α-luffin from *Luffa cylindrica* and its antitumor activities *in vitro*. *Acta Biochim Biophys Sin (Shanghai)*. 2010;42(8):585–592. doi.org/10.1093/abbs/gmq056

50. Meacham CE, Morrison SJ. Tumour heterogeneity and cancer cell plasticity. *Nature*. 2013;501(7467):328–337. doi.org/10.1038/nature12624

51. Meng X, Song S, Jiang ZF, et al. Receptor conversion in metastatic breast cancer: a prognosticator of survival. *Oncotarget*. 2016;7(44):71887–71903. doi.org/10.18632/oncotarget.12114

52. Middha P, Weinstein SJ, Männistö S, Albanes D, Mondul AM. β-carotene supplementation and lung cancer incidence in the alpha-tocopherol, beta-carotene cancer prevention study: the role of tar and nicotine. *Nicotine Tob Res*. 2019;21(8):1045–1050. doi.org/10.1093/ntr/nty115

53. Ogunleye AA, Xue F, Michels KB. Green tea consumption and breast cancer risk or recurrence: a meta-analysis. *Breast Cancer Res Treat*. 2010;119:477. doi.org/10.1007/s10549-009-0415-0

54. Pan H, Gray R, Braybrooke J, et al. 20-year risks of breast-cancer recurrence after stopping endocrine therapy at 5 years. *N Engl J Med*. 2017;377:1836–1846. doi.org/10.1056/NEJMoa1701830

55. Radiation therapy to treat cancer. National Cancer Institute. Updated January 8, 2019. Accessed January 25, 2022. https://www.cancer.gov/about-cancer/treatment/types/radiation-therapy

56. American Cancer Society medical and editorial content team. Radon and cancer. American Cancer Society. Updated September 23, 2015. Accessed January 25, 2022. https://www.cancer.org/cancer/cancer-causes/radiation-exposure/radon.html

57. Rahner N, Steinke V. Hereditary cancer syndromes. *Dtsch Arztebl Int*. 2008;105(41):706–714. doi.org/10.3238/arztebl.2008.0706

58. Ranjan A, Ramachandran S, Gupta N, et al. Role of phytochemicals in cancer prevention. *Int J Mol Sci*. 2019;20(20):4981. doi.org/10.3390/ijms20204981

59. Ratan ZA, Youn SH, Kwak YS, et al. Adaptogenic effects of *Panax ginseng* on modulation of immune functions. *J Ginseng Res*. 2021;45(1):32–40. doi.org/10.1016/j.jgr.2020.09.004

60. Immunosuppression. National Cancer Institute. April 29, 2015. Accessed January 25, 2022. https://www.cancer.gov/about-cancer/causes-prevention/risk/immunosuppression

61. Rizeq B, Gupta I, Ilesanmi J, AlSafran M, Rahman MM, Ouhtit A. The power of phytochemicals combination in cancer chemoprevention. *J Cancer*. 2020;11(15):4521–4533. doi.org/10.7150/jca.34374

62. Samraj AN, Pearce OMT, Läubli H, et al. A red meat-derived glycan promotes inflammation and cancer progression. *Proc Natl Acad Sci USA*. 2015;112(2):542–547. doi.org/10.1073/pnas.1417508112

63. Scott AR, Stoltzfus KC, Tchelebi LT, et al. Trends in cancer incidence in US adolescents and young adults, 1973–2015. *JAMA Netw Open*. 2020;3(12):e2027738. doi.org/10.1001/jamanetworkopen.2020.27738

64. Seluanov A, Gladyshev VN, Vijg J, Gorbunova V. Mechanisms of cancer resistance in long-lived mammals. *Nat Rev Cancer*. 2018;18:433–441. doi.org/10.1038/s41568-018-0004-9

65. Shackleton M, Quintana E, Fearon ER, Morrison SJ. Heterogeneity in cancer: cancer stem cells versus clonal evolution. *Cell*. 2009;138(5):822–829. doi.org/10.1016/j.cell.2009.08.017

66. Shankar S, Lanza E. Dietary fiber and cancer prevention. *Hematol Oncol Clin North Am*. 1991;5(1):25–41. doi.org/10.1016/s0889-8588(18)30452-0

67. Shendge PN, Belemkar S. Therapeutic potential of *Luffa acutangula*: a review on its traditional uses, phytochemistry, pharmacology and toxicological aspects. *Front Pharmacol*. 2018;9:1177. doi.org/10.3389/fphar.2018.01177

68. Shlush LI, Hershkovitz D. Clonal evolution models of tumor heterogeneity. *Am Soc Clin Oncol Educ Book*. 2015;35:e662–e665. doi.org/10.14694/EdBook_AM.2015.35.e662

69. Cancer.Net editorial board. Side effects of chemotherapy. Cancer.Net. December 2021. Accessed January 25, 2022. https://www.cancer.net/navigating-cancer-care/how-cancer-treated/chemotherapy/side-effects-chemotherapy

70. Siegel RL, Miller KD, Fuchs HE, Jemal A. Cancer statistics, 2021 [published correction appears in CA Cancer J Clin. 2021 Jul;71(4):359]. *CA Cancer J Clin*. 2021;71(1):7–33. doi.org/10.3322/caac.21654

71. Sung H, Ferlay J, Siegel RL, et al. Global cancer statistics 2020: GLOBOCAN estimates of incidence and mortality worldwide for 36 cancers in 185 countries. *CA Cancer J Clin*. 2021;71(3):209–249. doi.org/10.3322/caac.21660

72. Swann JB, Smyth MJ. Immune surveillance of tumors. *J Clin Invest*. 2007;117(5):1137–1146. doi.org/10.1172/JCI31405

73. Sznurkowska MK, Aceto N. The gate to metastasis: key players in cancer cell intravasation. *FEBS J*. 2022;289(15):4336–4354. doi.org/10.1111/febs.16046

74. Tada M, Misaki F, Kawai K. Growth rates of colorectal carcinoma and adenoma by roentgenologic follow-up observations. *Gastroenterol Jpn*. 1984;19:550–555. doi.org/10.1007/BF02793869

75. Targeted therapy to treat cancer. National Cancer Institute. Updated May 31, 2022. Accessed September 26, 2022. https://www.cancer.gov/about-cancer/treatment/types/targeted-therapies

76. Tomlinson I, Sasieni P, Bodmer W. How many mutations in a cancer? *Am J Pathol*. 2002;160(3):755–758. doi.org/10.1016/S0002-9440(10)64896-1

77. Cancer.Net editorial board. What is chemotherapy? Cancer.Net. May 2022. Accessed September 26, 2022. https://www.cancer.net/navigating-cancer-care/how-cancer-treated/chemotherapy/what-chemotherapy

78. Cancer.Net editorial board. What is immunotherapy? Cancer.Net. May 2022. Accessed September 26, 2022. https://www.cancer.net/navigating-cancer-care/how-cancer-treated/immunotherapy-and-vaccines/what-immunotherapy

79. An update on cancer deaths in the United States. Centers for Disease Control and Prevention. 2022. Accessed September 26, 2022. https://www.cdc.gov/cancer/dcpc/research/update-on-cancer-deaths/index.htm

80. Vafadar A, Shabaninejad Z, Movahedpour A, et al. Quercetin and cancer: new insights into its therapeutic effects on ovarian cancer cells. *Cell Biosci*. 2020;10:32. doi.org/10.1186/s13578-020-00397-0

81. Viruses and cancer. CancerQuest. Accessed January 25, 2022. https://www.cancerquest.org/cancer-biology/viruses-and-cancer

82. American Cancer Society medical and editorial content team. Viruses that can lead to cancer. American Cancer Society. Updated March 31, 2022. Accessed September 26, 2022. https://www.cancer.org/cancer/cancer-causes/infectious-agents/infections-that-can-lead-to-cancer/viruses.html

83. Vivier E, Tomasello E, Baratin M, Walzer T, Ugolini S. Functions of natural killer cells. *Nat Immunol*. 2008;9(5):503–510. doi.org/10.1038/ni1582

84. Volkers N. Do autoimmune diseases raise the risk of cancer? *J Natl Cancer Inst*. 1999;91(23):1992–1993. doi.org/10.1093/jnci/91.23.1992

85. Vundru SS, Kale RK, Singh RP. β-sitosterol induces G1 arrest and causes depolarization of mitochondrial membrane potential in breast carcinoma MDA-MB-231 cells. *BMC Complement Altern Med*. 2013;13:280. doi.org/10.1186/1472-6882-13-280

86. Waldman AD, Fritz JM, Lenardo MJ. A guide to cancer immunotherapy: from T cell basic science to clinical practice. *Nat Rev Immunol*. 2020;20:651–668. doi.org/10.1038/s41577-020-0306-5

87. Wang RA, Lu YY, Fan DM. Reasons for cancer metastasis: a holistic perspective. *Mol Clin Oncol*. 2015;3(6):1199–1202. doi.org/10.3892/mco.2015.623

88. Weng JR, Tsai CH, Kulp SK, Chen CS. Indole-3-carbinol as a chemopreventive and anti-cancer agent. *Cancer Lett*. 2008;262(2):153–163. doi.org/10.1016/j.canlet.2008.01.033

89. What is cancer? National Cancer Institute. Updated May 5, 2021. Accessed January 25, 2022. https://www.cancer.gov/about-cancer/understanding/what-is-cancer

90. Mayo Clinic staff. Cancer surgery: physically removing cancer. Mayo Clinic. August 25, 2022. Accessed September 26, 2022. https://www.mayoclinic.org/diseases-conditions/cancer/in-depth/cancer-surgery/art-20044171

91. Why is pancreatic cancer so deadly? University of Utah Health. March 7, 2019. Accessed January 25, 2022. https://healthcare.utah.edu/healthfeed/postings/2019/03/pancreatic-cancer.php

92. Yuan JM. Cancer prevention by green tea: evidence from epidemiologic studies. *Am J Clin Nutr*. 2013;98(6 Suppl):1676S–1681S. doi.org/10.3945/ajcn.113.058271

93. Yue B. Biology of the extracellular matrix: an overview. *J Glaucoma*. 2014;23(8 Suppl 1):S20–S23. doi.org/10.1097/IJG.0000000000000108
94. Zeng M, Zheng M, Lu D, Wang J, Jiang W, Sha O. Anti-tumor activities and apoptotic mechanism of ribosome-inactivating proteins. *Chin J Cancer*. 2015;34:30. doi.org/10.1186/s40880-015-0030-x
95. Zhang H, Abid S, Ahn JC, et al. Characteristics of *Panax ginseng* cultivars in Korea and China. *Molecules*. 2020;25(11):2635. doi.org/10.3390/molecules25112635

第九章　　病毒和細菌

1. Global antimicrobial resistance and use surveillance system (GLASS) report: 2021. World Health Organization. June 9, 2021. Accessed March 18, 2022. https://www.who.int/publications/i/item/9789240027336
2. Adedeji WA. The treasure called antibiotics. *Ann Ib Postgrad Med*. 2016;14(2):56–57. Accessed March 18, 2022. https://www.ncbi.nlm.nih.gov/pmc/articles/PMC5354621/pdf/AIPM-14-56.pdf
3. Andersen KG, Rambaut A, Lipkin WI, Holmes EC, Garry RF. The proximal origin of SARS-CoV-2. *Nat Med*. 2020;26:450–452. doi.org/10.1038/s41591-020-0820-9
4. Antibiotic resistance threats in the United States, 2019. Centers for Disease Control and Prevention (U.S.); National Center for Emerging Zoonotic and Infectious Diseases (U.S.). Division of Healthcare Quality Promotion. Antibiotic Resistance Coordination and Strategy Unit. 2019. Accessed March 18, 2022. doi.org/10.15620/cdc:82532
5. Antibiotic resistance. World Health Organization. July 31, 2020. Accessed March 18, 2022. https://www.who.int/news-room/fact-sheets/detail/antibiotic-resistance
6. Antibiotics. Johns Hopkins Medicine. Accessed March 18, 2022. https://www.hopkinsmedicine.org/health/wellness-and-prevention/antibiotics
7. Mayo Clinic staff. Antibiotics: are you misusing them? Mayo Clinic. March 11, 2022. Accessed March 18, 2022. https://www.mayoclinic.org/healthy-lifestyle/consumer-health/in-depth/antibiotics/art-20045720
8. Antimicrobial resistance. World Health Organization. November 17, 2021. Accessed March 18, 2022. https://www.who.int/news-room/fact-sheets/detail/antimicrobial-resistance
9. Antivirals. Cleveland Clinic. Accessed March 18, 2022. https://my.clevelandclinic.org/health/drugs/21531-antivirals
10. Banerjee A, Baker ML, Kulcsar K, Misra V, Plowright R, Mossman K. Novel insights into immune systems of bats. *Front Immunol*. 2020;11:26. doi.org/10.3389/fimmu.2020.00026
11. Berkley S, Farrar J. Saving antibiotics so that antibiotics can save lives. The Wall Street Journal. September 15, 2016. Accessed March 18, 2022. https://www.wsj.com/articles/saving-antibiotics-so-that-antibiotics-can-save-lives-1473969084
12. Boren Z. The permafrost pandemic: could the melting Arctic release a deadly disease? Unearthed. July 3, 2020. Accessed March 18, 2022. https://unearthed.greenpeace.org/2020/07/03/arctic-permafrost-pandemic-life-uh-finds-a-way/
13. Boyles JG, Cryan PM, McCracken GF, Kunz TH. Economic importance of bats in agriculture. *Science*. 2011;332(6025):41–42. doi.org/10.1126/science.1201366
14. Branswell H. A Nevada woman dies of a superbug resistant to every available antibiotic in the US. STAT. January 12, 2017. Accessed March 18, 2022. https://www.statnews.com/2017/01/12/nevada-woman-superbug-resistant/
15. Brouillette M. A warming climate may produce more drug-resistant infections. Scientific American. May 21, 2018. Accessed March 18, 2022. https://www.scientificamerican.com/article/a-warming-climate-may-produce-more-drug-resistant-infections/
16. Brüssow H. On the role of viruses in nature and what this means for the COVID-19 pandemic. *Microb Biotechnol*. 2021;14(1):79–81. doi.org/10.1111/1751-7915.13720
17. Burnham JP, Olsen MA, Kollef MH. Re-estimating annual deaths due to multidrug-resistant organism infections. *Infect Control Hosp Epidemiol*. 2019;40(1):112–113. doi.org/10.1017/ice.2018.304
18. Reygaert WC. An overview of the antimicrobial resistance mechanisms of bacteria. *AIMS Microbiol*. 2018;4(3):482–501. doi.org/10.3934/microbiol.2018.3.482
19. Carlet J, Jarlier V, Harbarth S, et al. Ready for a world without antibiotics? The Pensières Antibiotic Resistance Call to Action. *Antimicrob Resist Infect Control*. 2012;1:11. doi.org/10.1186/2047-2994-1-11
20. Carter RW, Sanford JC. A new look at an old virus: patterns of mutation accumulation in the human H1N1 influenza virus since 1918. *Theor Biol Med Model*. 2012;9:42. doi.org/10.1186/1742-4682-9-42
21. Chakraborty N, Banerjee A, Sarkar A, Ghosh S, Acharya K. Mushroom polysaccharides: a potent immune-modulator. *Biointerface Res Appl Chem*. 2021;11(2):8915–8930. doi.org/10.33263/briac112.89158930
22. Chun S, Gopal J, Muthu M. Antioxidant activity of mushroom extracts/polysaccharides—their antiviral properties and plausible antiCOVID-19 properties. *Antioxidants*. 2021;10(12):1899. doi.org/10.3390/antiox10121899
23. Colón-González FJ, Sewe MO, Tompkins AM, et al. Projecting the risk of mosquito-borne diseases in a warmer and more populated world: a multi-model, multi-scenario intercomparison modelling study [published correction appears in Lancet Planet Health. 2021 Aug;5(8):e504]. *Lancet Planet Health*. 2021;5(7):e404–e414. doi.org/10.1016/S2542-5196(21)00132-7
24. Conly J, Johnston B. Where are all the new antibiotics? The new antibiotic paradox. *Can J Infect Dis Med Microbiol*. 2005;16(3):159–160. Accessed March 18, 2022. http://downloads.hindawi.com/journals/cjidmm/2005/892058.pdf
25. Dance A. The challenges of antiviral treatments. Knowable Magazine. February 9, 2021. Accessed March 18, 2022. https://knowablemagazine.org/article/health-disease/2021/challenges-antiviral-treatments
26. Drexler M; Institute of Medicine (US). How infection works. In: *What You Need to Know About Infectious Disease*. National Academies Press (US); 2010. Accessed March 18, 2022. https://www.ncbi.nlm.nih.gov/books/NBK209710/
27. Echeverria-Londono S, Li X, Toor J, et al. How can the public health impact of vaccination be estimated? *BMC Public Health*. 2021;21:2049. doi.org/10.1186/s12889-021-12040-9
28. Fighting the world's deadliest animal. Centers for Disease Control and Prevention. Accessed March 18, 2022. https://www.cdc.gov/globalhealth/stories/world-deadliest-animal.html
29. Goh G, Ahn M, Zhu F, et al. Complementary regulation of caspase-1 and IL-1β reveals additional mechanisms of dampened inflammation in bats. *Proc Natl Acad Sci USA*. 2020;117(46):28939–28949. doi.org/10.1073/pnas.2003352117
30. Gorvett Z. The deadly viruses that vanished without trace. BBC Future. September 21, 2020. Accessed March 18, 2022. https://www.bbc.com/future/article/20200919-why-some-deadly-viruses-vanish-and-go-extinct
31. As earth warms, the diseases that may lie within permafrost become a bigger worry. Scientific American. November 1, 2016. Accessed March 18, 2022. https://www.scientificamerican.com/article/as-earth-warms-the-diseases-that-may-lie-within-permafrost-become-a-bigger-worry/
32. How do vaccines work? World Health Organization. December 8, 2020. Accessed March 18, 2022. https://www.who.int/news-room/feature-stories/detail/how-do-vaccines-work
33. Irving AT, Ahn M, Goh G, Anderson DE, Wang LF. Lessons from the host defences of bats, a unique viral reservoir. *Nature*. 2021;589(7842):363–370. doi.org/10.1038/s41586-020-03128-0
34. Snider L. Is it possible to engineer viruses to perform specific tasks within a human host—that is, to create viruses that are beneficial rather than detrimental to human health? Scientific American. October 21, 1999. Accessed March 18, 2022. https://www.scientificamerican.com/article/is-it-possible-to-enginee/
35. Jabr F. How does the flu actually kill people? Scientific American. December 18, 2017. Accessed March 18, 2022. https://www.scientificamerican.com/article/how-does-the-flu-actually-kill-people/
36. Jarus O. The worst epidemics and pandemics in history. Live Science. Updated January 31, 2023. Accessed June 8, 2023. https://www.livescience.com/worst-epidemics-and-pandemics-in-history.html

37. Jinks T. Why is it so difficult to discover new antibiotics? BBC. October 27, 2017. Accessed March 18, 2022. https://www.bbc.com/news/health-41693229

38. Jones KE, Patel NG, Levy MA, et al. Global trends in emerging infectious diseases. *Nature*. 2008;451(7181):990–993. doi.org/10.1038/nature06536

39. Jordan R. How does climate change affect disease? Stanford Earth Matters Magazine. March 15, 2019. Accessed March 18, 2022. https://earth.stanford.edu/news/how-does-climate-change-affect-disease

40. Kaminskyy V, Zhivotovsky B. To kill or be killed: how viruses interact with the cell death machinery. *J Intern Med*. 2010;267(5):473–482. doi.org/10.1111/j.1365-2796.2010.02222.x

41. Kausar S, Said Khan F, Ishaq Mujeeb Ur Rehman M, et al. A review: mechanism of action of antiviral drugs. *Int J Immunopathol Pharmacol*. 2021;35. doi.org/10.1177/20587384211002621

42. Keesing F, Belden LK, Daszak P, et al. Impacts of biodiversity on the emergence and transmission of infectious diseases. *Nature*. 2010;468(7324):647–652. doi.org/10.1038/nature09575

43. Kessler R. In a world without bats. EcoHealth Alliance. Accessed March 18, 2022. https://www.ecohealthalliance.org/2018/10/in-a-world-without-bats

44. Kraemer MUG, Reiner RC Jr, Brady OJ, et al. Past and future spread of the arbovirus vectors *Aedes aegypti* and *Aedes albopictus* [published correction appears in Nat Microbiol. 2019 Mar 21;:] [published correction appears in Nat Microbiol. 2019 Apr 8;:]. *Nat Microbiol*. 2019;4:854–863. doi.org/10.1038/s41564-019-0376-y

45. Kurane I. The effect of global warming on infectious diseases. *Osong Public Health Res Perspect*. 2010;1(1):4–9. doi.org/10.1016/j.phrp.2010.12.004

46. Landers TF, Cohen B, Wittum TE, Larson EL. A review of antibiotic use in food animals: perspective, policy, and potential. *Public Health Rep*. 2012;127(1):4–22. doi.org/10.1177/003335491212700103

47. Looi LM, Chua KB. Lessons from the Nipah virus outbreak in Malaysia. *Malays J Pathol*. 2007;29(2):63–67. Accessed March 18, 2022. https://www.mjpath.org.my/2007.2/02Nipah_Virus_lessons.pdf

48. Lustgarten A. How climate change is contributing to skyrocketing rates of infectious disease. ProPublica. May 7, 2020. Accessed March 18, 2022. https://www.propublica.org/article/climate-infectious-diseases

49. McNeil DG Jr. Why don't we have vaccines against everything? The New York Times. November 19, 2018. Accessed March 18, 2022. https://www.nytimes.com/2018/11/19/health/vaccines-poverty.html

50. Antimicrobial Resistance Collaborators. Global burden of bacterial antimicrobial resistance in 2019: a systematic analysis. *Lancet*. 2022;399(10325):629–655. doi.org/10.1016/S0140-6736(21)02724-0

51. Nabi G, Wang Y, Lü L, et al. Bats and birds as viral reservoirs: a physiological and ecological perspective. *Sci Total Environ*. 2021;754:142372. doi.org/10.1016/j.scitotenv.2020.142372

52. Nadimpalli ML, Chan CW, Doron S. Antibiotic resistance: a call to action to prevent the next epidemic of inequality. *Nat Med*. 2021;27:187–188. doi.org/10.1038/s41591-020-01201-9

53. New report calls for urgent action to avert antimicrobial resistance crisis. World Health Organization. April 29, 2019. Accessed March 18, 2022. https://www.who.int/news/item/29-04-2019-new-report-calls-for-urgent-action-to-avert-antimicrobial-resistance-crisis

54. Ng TB. A review of research on the protein-bound polysaccharide (polysaccharopeptide, PSP) from the mushroom *Coriolus versicolor* (basidiomycetes: Polyporaceae). *Gen Pharmacol*. 1998;30(1):1–4. doi.org/10.1016/s0306-3623(97)00076-1

55. Nunez C. Why deforestation matters—and what we can do to stop it. National Geographic. December 7, 2022. Accessed June 8, 2023. https://www.nationalgeographic.com/environment/article/deforestation

56. Office of Infectious Disease and HIV/AIDS Policy (OIDP). Vaccine types. HHS.gov. Accessed March 18, 2022. https://www.hhs.gov/immunization/basics/types/index.html

57. Piret J, Boivin G. Pandemics throughout history. *Front Microbiol*. 2021;11:631736. doi.org/10.3389/fmicb.2020.631736

58. Plackett B. Why big pharma has abandoned antibiotics. Nature. October 21, 2020. Accessed March 18, 2022. https://www.nature.com/articles/d41586-020-02884-3

59. Nuwer R. Why the world needs viruses to function. BBC Future. June 18, 2020. Accessed March 18, 2022. https://www.bbc.com/future/article/20200617-what-if-all-viruses-disappeared

60. Ranawaka B, Hayashi S, Waterhouse PM, de Felippes FF. *Homo sapiens*: the superspreader of plant viral diseases. *Viruses*. 2020;12(12):1462. doi.org/10.3390/v12121462

61. Rocklöv J, Dubrow R. Climate change: an enduring challenge for vector-borne disease prevention and control [published correction appears in Nat Immunol. 2020 Jun;21:695]. *Nat Immunol*. 2020;21:479–483. doi.org/10.1038/s41590-020-0648-y

62. Runwal P. Superbugs were already on the rise. The pandemic likely made things worse. National Geographic. January 28, 2022. Accessed March 18, 2022. https://www.nationalgeographic.com/science/article/superbugs-were-already-on-the-rise-the-pandemic-likely-made-things-worse

63. Ryan SJ, Carlson CJ, Mordecai EA, Johnson LR. Global expansion and redistribution of *Aedes*-borne virus transmission risk with climate change. *PLoS Negl Trop Dis*. 2019;13(3):e0007213. doi.org/10.1371/journal.pntd.0007213

64. Shepherd D. Climate change threatens to spread viruses through an unprepared world. TIME. October 20, 2021. Accessed March 18, 2022. https://time.com/6108945/climate-change-viruses-health/

65. Antibiotics: side effects. NHS. Accessed March 18, 2022. https://www.nhs.uk/conditions/antibiotics/side-effects/

66. Strasfeld L, Chou S. Antiviral drug resistance: mechanisms and clinical implications [published correction appears in Infect Dis Clin North Am. 2010 Sep;24(3):xi]. *Infect Dis Clin North Am*. 2010;24(3):809–833. doi.org/10.1016/j.idc.2010.07.001

67. Sun D. Pull in and push out: mechanisms of horizontal gene transfer in bacteria. *Front Microbiol*. 2018;9:2154. doi.org/10.3389/fmicb.2018.02154

68. Ventola CL. The antibiotic resistance crisis: part 1: causes and threats. *P T*. 2015;40(4):277–283. Accessed March 18, 2022. https://www.ncbi.nlm.nih.gov/pmc/articles/PMC4378521/

69. Villarreal LP. Are viruses alive? Scientific American. August 8, 2008. Accessed March 18, 2022. https://www.scientificamerican.com/article/are-viruses-alive-2004/

70. Wallinga D. Drug-resistant superbugs: 4th leading cause of death in U.S. NRDC. October 22, 2019. Accessed March 18, 2022. https://www.nrdc.org/experts/david-wallinga-md/drug-resistant-superbugs-4th-leading-cause-death-us

71. Walsh B. The economic cost of losing bats. TIME. March 31, 2011. Accessed March 18, 2022. https://science.time.com/2011/03/31/the-economic-cost-of-losing-bats/

72. Lv Z, Chu Y, Wang Y. HIV protease inhibitors: a review of molecular selectivity and toxicity. *HIV AIDS (Auckl)*. 2015;7:95–104. doi.org/10.2147/HIV.S79956

73. Seaweb. Warmer world will be a sicker world, say scientists. ScienceDaily. June 21, 2002. Accessed March 18, 2022. https://www.sciencedaily.com/releases/2002/06/020621081840.htm

74. Wells HG. *The War of the Worlds*. Oxford University Press; 1972.

75. Wessels D. What side effects can result from interferon? Medical News Today. February 16, 2018. Accessed March 18, 2022. https://www.medicalnewstoday.com/articles/320945

76. Where resistance spreads: food supply. Centers for Disease Control and Prevention; National Center for Emerging and Zoonotic Infectious Diseases (NCEZID), Division of Healthcare Quality Promotion (DHQP). Accessed March 18, 2022. https://www.cdc.gov/drugresistance/food.html

77. Why are bats important? U.S. Geological Survey. Accessed March 18, 2022. https://www.usgs.gov/faqs/why-are-bats-important?qt-news_science_products

78. Owens B. Why don't we have a hepatitis C vaccine yet? Inside Science. October 6, 2020. Accessed March 18, 2022. https://www.insidescience.org/news/why-dont-we-have-hepatitis-c-vaccine-yet

79. Wyatt KB, Campos PF, Gilbert MTP, et al. Historical mammal extinction on Christmas Island (Indian Ocean) correlates with introduced infectious disease [published correction appears in PLoS ONE. 2009;4(1). doi.org/10.1371/annotation/9fbe9687-682e-4010-97e4-139b33343d34. Ball, Stanley J [added]]. *PLoS ONE.* 2008;3(11):e3602. doi.org/10.1371/journal.pone.0003602

80. Yin Z, Liang Z, Li C, Wang J, Ma C, Kang W. Immunomodulatory effects of polysaccharides from edible fungus: a review. *Food Sci Hum Wellness.* 2021;10(4):393–400. doi.org/10.1016/j.fshw.2021.04.001

81. Yong E. Coincidental killers. Aeon. January 1, 2014. Accessed March 18, 2022. https://aeon.co/essays/when-bacteria-kill-us-it-s-more-accident-than-assassination

82. Zhu Y, Xie J, Huang F, Cao L. Association between short-term exposure to air pollution and COVID-19 infection: evidence from China. *Sci Total Environ.* 2020;727:138704. doi.org/10.1016/j.scitotenv.2020.138704

83. Zimmer K. Deforestation is leading to more infectious diseases in humans. National Geographic. November 22, 2019. Accessed March 18, 2022. https://www.nationalgeographic.com/science/article/deforestation-leading-to-more-infectious-diseases-in-humans

84. Zoonotic disease: emerging public health threats in the region. World Health Organization. Accessed March 18, 2022. http://www.emro.who.int/about-who/rc61/zoonotic-diseases.html

85. Zoonotic diseases. Centers for Disease Control and Prevention; National Center for Emerging and Zoonotic Infectious Diseases (NCEZID). Accessed March 18, 2022. https://www.cdc.gov/onehealth/basics/zoonotic-diseases.html

86. Xu B, Ding J, Chen KX, et al. Advances in cancer chemotherapeutic drug research in China. In: Liu XY, Pestka S, Shi YF, eds. *Recent Advances in Cancer Research and Therapy.* Elsevier; 2012:287–350. Accessed March 18, 2022. https://www.sciencedirect.com/science/article/pii/B9780123978332000121

87. Zhang M, Zhang Y, Zhang L, Tian Q. Chapter Thirteen—mushroom polysaccharide lentinan for treating different types of cancers: a review of 12 years clinical studies in China. *Prog Mol Biol Transl Sci.* 2019;163:297–328. doi.org/10.1016/bs.pmbts.2019.02.013

88. Wang H, Cai Y, Zheng Y, Bai Q, Xie D, Yu J. Efficacy of biological response modifier lentinan with chemotherapy for advanced cancer: a meta-analysis. *Cancer Med.* 2017;6(10):2222–2233. doi.org/10.1002/cam4.1156

第十章　　感染不僅僅是感染

1. Armstrong GL, Conn LA, Pinner RW. Trends in infectious disease mortality in the United States during the 20th century. *JAMA.* 1999;281(1):61–66. doi.org/10.1001/jama.281.1.61

2. Bach JF. Infections and autoimmune diseases. *J Autoimmun.* 2005;25 Suppl:74–80. doi.org/10.1016/j.jaut.2005.09.024

3. Chan TD, Wood K, Hermes JR, et al. Elimination of germinal-center-derived self-reactive B cells is governed by the location and concentration of self-antigen. *Immunity.* 2012;37(5):893–904. doi.org/10.1016/j.immuni.2012.07.017

4. Cusick MF, Libbey JE, Fujinami RS. Molecular mimicry as a mechanism of autoimmune disease. *Clin Rev Allergy Immunol.* 2012;42:102–111. doi.org/10.1007/s12016-011-8294-7

5. Dauer W, Przedborski S. Parkinson's disease: mechanisms and models. *Neuron.* 2003;39(6):889–909. doi.org/10.1016/s0896-6273(03)00568-3

6. Fajgenbaum DC, June CH. Cytokine storm. *N Engl J Med.* 2020;383:2255–2273. doi.org/10.1056/NEJMra2026131

7. Leading causes of death. Centers for Disease Control and Prevention. Accessed August 23, 2022. https://www.cdc.gov/nchs/fastats/leading-causes-of-death.htm

8. Fleischmann-Struzek C, Rose N, Freytag A, et al. Epidemiology and costs of postsepsis morbidity, nursing care dependency, and mortality in Germany, 2013 to 2017. *JAMA Netw Open.* 2021;4(11):e2134290. doi.org/10.1001/jamanetworkopen.2021.34290

9. Gan L, O'Hanlon TP, Gordon AS, Rider LG, Miller FW, Burbelo PD. Twins discordant for myositis and systemic lupus erythematosus show markedly enriched autoantibodies in the affected twin supporting environmental influences in pathogenesis. *BMC Musculoskelet Disord.* 2014;15:67. doi.org/10.1186/1471-2474-15-67

10. Gilbert DL. Sydenham chorea. UpToDate. Updated June 21, 2021. Accessed August 23, 2022. https://www.uptodate.com/contents/sydenham-chorea

11. Guillain-Barré syndrome. Centers for Disease Control and Prevention. Accessed August 23, 2022. https://www.cdc.gov/campylobacter/guillain-barre.html

12. Hartung HP. Infections and the Guillain-Barré syndrome. *J Neurol Neurosurg Psychiatry.* 1999;66:277. Accessed August 23, 2022. https://jnnp.bmj.com/content/jnnp/66/3/277.full.pdf

13. Heianza Y, Ma W, Li X, et al. Duration and life-stage of antibiotic use and risks of all-cause and cause-specific mortality: prospective cohort study. *Circ Res.* 2020;126(3):364–373. doi.org/10.1161/CIRCRESAHA.119.315279

14. Disabling and potentially permanent side effects lead to suspension or restrictions of quinolone and fluoroquinolone antibiotics. European Medicines Agency. November 16, 2018. Accessed August 23, 2022. https://www.ema.europa.eu/en/news/disabling-potentially-permanent-side-effects-lead-suspension-restrictions-quinolone-fluoroquinolone

15. Inokawa H, Umemura Y, Shimba A, et al. Chronic circadian misalignment accelerates immune senescence and abbreviates lifespan in mice. *Sci Rep.* 2020;10:2569. doi.org/10.1038/s41598-020-59541-y

16. Jang H, Boltz DA, Webster RG, Smeyne RJ. Viral parkinsonism. *Biochim Biophys Acta Mol Basis Dis.* 2009;1792(7):714–721. doi.org/10.1016/j.bbadis.2008.08.001

17. Jones DS, Podolsky SH, Greene JA. The burden of disease and the changing task of medicine. *N Engl J Med.* 2012;366:2333–2338. doi.org/10.1056/NEJMp1113569

18. Jörg S, Grohme DA, Erzler M, et al. Environmental factors in autoimmune diseases and their role in multiple sclerosis. *Cell Mol Life Sci.* 2016;73:4611–4622. doi.org/10.1007/s00018-016-2311-1

19. Khan MF, Wang H. Environmental exposures and autoimmune diseases: contribution of gut microbiome. *Front Immunol.* 2020;10:3094. doi.org/10.3389/fimmu.2019.03094

20. King A. How pandemics strengthen links between viruses and autoimmunity. Nature. July 14, 2021. Accessed August 23, 2022. https://www.nature.com/articles/d41586-021-01835-w

21. Kivity S, Agmon-Levin N, Blank M, Shoenfeld Y. Infections and autoimmunity—friends or foes? *Trends Immunol.* 2009;30(8):409–414. doi.org/10.1016/j.it.2009.05.005

22. Leibovici L. Long-term consequences of severe infections. *Clin Microbiol Infect.* 2013;19(6):510–512. doi.org/10.1111/1469-0691.12160

23. Maoz-Segal R, Andrade P. Chapter 3—molecular mimicry and autoimmunity. In: Shoenfeld Y, Agmon-Levin N, Rose NR, eds. *Infection and Autoimmunity.* 2nd ed. 2015;27–44. doi.org/10.1016/B978-0-444-63269-2.00054-4

24. Marazziti D, Canale D. Hormonal changes when falling in love. *Psychoneuroendocrinology.* 2004;29(7):931–936. doi.org/10.1016/j.psyneuen.2003.08.006

25. *Naegleria fowleri*—primary amebic meningoencephalitis (PAM)—amebic encephalitis. Centers for Disease Control and Prevention. Accessed August 23, 2022. https://www.cdc.gov/parasites/naegleria/treatment.html

26. Pietrangelo A. A comprehensive guide to HIV and AIDS. Healthline. Updated October 6, 2021. Accessed August 23, 2022. https://www.healthline.com/health/hiv-aids

27. Polio and the late effects of polio. Better Health Channel. Accessed August 23, 2022. https://www.betterhealth.vic.gov.au/health/conditionsandtreatments/polio-and-post-polio-syndrome

28. Ragab D, Salah Eldin H, Taeimah M, Khattab R, Salem R. The COVID-19 cytokine storm; what we know so far. *Front Immunol.* 2020;11:1446. doi.org/10.3389/fimmu.2020.01446

29. Rojas M, Restrepo-Jiménez P, Monsalve DM, et al. Molecular mimicry and autoimmunity. *J Autoimmun*. 2018;95:100–123. doi.org/10.1016/j.jaut.2018.10.012

30. Mayo Clinic staff. Sepsis. Mayo Clinic. January 19, 2021. Accessed August 23, 2022. https://www.mayoclinic.org/diseases-conditions/sepsis/symptoms-causes/syc-20351214

31. Huizen J. What are the side effects of antibiotics? Medical News Today. Updated December 16, 2021. Accessed August 23, 2022. https://www.medicalnewstoday.com/articles/322850

32. Smeyne RJ, Eells JB, Chatterjee D, et al. COVID-19 infection enhances susceptibility to oxidative stress-induced parkinsonism. *Mov Disord*. 2022;37(7):1394–1404. doi.org/10.1002/mds.29116

33. Song H, Fang F, Tomasson G, et al. Association of stress-related disorders with subsequent autoimmune disease. *JAMA*. 2018;319(23):2388–2400. doi.org/10.1001/jama.2018.7028

34. Stojanovich L, Marisavljevich D. Stress as a trigger of autoimmune disease. *Autoimmun Rev*. 2008;7(3):209–213. doi.org/10.1016/j.autrev.2007.11.007

35. Sutherland S. In autoimmune disease, organs may lure the immune system into an attack. Scientific American. September 1, 2021. Accessed August 23, 2022. https://www.scientificamerican.com/article/in-autoimmune-disease-organs-may-lure-the-immune-system-into-an-attack/

36. The top 10 causes of death. World Health Organization. December 9, 2020. Accessed August 23, 2022. https://www.who.int/news-room/fact-sheets/detail/the-top-10-causes-of-death

37. Torres-Ruiz J, Sulli A, Cutolo M, Shoenfeld Y. Air travel, circadian rhythms/hormones, and autoimmunity. *Clin Rev Allergy Immunol*. 2017;53:117–125. doi.org/10.1007/s12016-017-8599-2

38. Mayo Clinic staff. Toxoplasmosis. Mayo Clinic. October 13, 2020. Accessed August 23, 2022. https://www.mayoclinic.org/diseases-conditions/toxoplasmosis/symptoms-causes/syc-20356249

39. Turner L, Galante J, Vainre M, Stochi J, Dufour G, Jones PB. Immune dysregulation among students exposed to exam stress and its mitigation by mindfulness training: findings from an exploratory randomised trial. *Sci Rep*. 2020;10:5812. doi.org/10.1038/s41598-020-62274-7

40. Understanding the stress response. Harvard Health Publishing. July 6, 2020. Accessed August 23, 2022. https://www.health.harvard.edu/staying-healthy/understanding-the-stress-response

41. Viral hepatitis frequently asked questions for the public. Centers for Disease Control and Prevention. Accessed June 8, 2023. https://www.cdc.gov/hepatitis/hbv/bfaq.htm

第十一章　　讓時光流逝得慢一點

1. Li IC, Lee LY, Chen YJ, et al. Erinacine A-enriched *Hericium erinaceus* mycelia promotes longevity in *Drosophila melanogaster* and aged mice. *PLoS One*. 2019;14(5):e0217226. doi.org/10.1371/journal.pone.0217226

2. Kushairi N, Phan CW, Sabaratnam V, David P, Naidu M. Lion's mane mushroom, *Hericium erinaceus* (Bull.: Fr.) Pers. suppresses H_2O_2-induced oxidative damage and LPS-induced inflammation in HT22 hippocampal neurons and BV2 microglia. *Antioxidants (Basel)*. 2019;8(8):261. doi.org/10.3390/antiox8080261

3. Birben E, Sahiner UM, Sackesen C, Erzurum S, Kalayci O. Oxidative stress and antioxidant defense. *World Allergy Organ J*. 2012;5(1):9–19. doi.org/10.1097/WOX.0b013e3182439613

4. Golden TR, Hinerfeld DA, Melov S. Oxidative stress and aging: beyond correlation. *Aging Cell*. 2002;1(2):117–123. doi.org/10.1046/j.1474-9728.2002.00015.x

5. Tanaka K, Farooqui AA, Siddiqi NJ, Alhomida AS, Ong WY. Effects of docosahexaenoic acid on neurotransmission. *Biomol Ther (Seoul)*. 2012;20(2):152–157. doi.org/10.4062/biomolther.2012.20.2.152

6. Gál K, Lillis C. The complete guide to omega-3-rich foods. Medical News Today. June 30, 2022. Accessed October 31, 2022. https://www.medicalnewstoday.com/articles/323144

7. Vitamin E. Harvard T.H. Chan School of Public Health. Accessed October 31, 2022. https://www.hsph.harvard.edu/nutritionsource/vitamin-e/

8. Mangialasche F, Solomon A, Kåreholt I, et al. Serum levels of vitamin E forms and risk of cognitive impairment in a Finnish cohort of older adults. *Exp Gerontol*. 2013;48(12):1428–1435. doi.org/10.1016/j.exger.2013.09.006

9. Navarro A, Bandez MJ, Lopez-Cepero JM, Gómez C, Boveris A. High doses of vitamin E improve mitochondrial dysfunction in rat hippocampus and frontal cortex upon aging. *Am J Physiol Regul Integr Comp Physiol*. 2011;300(4):R827–R834. doi.org/10.1152/ajpregu.00525.2010

10. Smith M. What is a myelin sheath? WebMD. Accessed October 31, 2022. https://www.webmd.com/multiple-sclerosis/myelin-sheath-facts

11. Swanson JW. Demyelinating disease: what can you do about it? Mayo Clinic. June 9, 2022. Accessed October 31, 2022. https://www.mayoclinic.org/diseases-conditions/multiple-sclerosis/expert-answers/demyelinating-disease/faq-20058521

12. Myelin repair. Multiple Sclerosis Society UK. Accessed October 31, 2022. https://www.mssociety.org.uk/research/explore-our-research/emerging-research-and-treatments/myelin-repair

13. Ferraro K. The best foods to support myelin sheath repair. LIVESTRONG.com. Updated September 8, 2021. Accessed October 31, 2022. https://www.livestrong.com/article/500681-foods-that-improve-myelination/

14. Zhu S, Jiang Y, Xu K, et al. The progress of gut microbiome research related to brain disorders. *J Neuroinflammation*. 2020;17(1):25. doi.org/10.1186/s12974-020-1705-z

15. Fiber is the key to good health. Physicians Committee for Responsible Medicine. February 18, 2015. Accessed October 31, 2022. https://www.pcrm.org/news/blog/fiber-key-good-health

16. McManus KD. What is a plant-based diet and why should you try it? Harvard Health Publishing. November 16, 2021. Accessed October 31, 2022. https://www.health.harvard.edu/blog/what-is-a-plant-based-diet-and-why-should-you-try-it-2018092614760

17. Brown L. Eating a healthy diet could add 10 years to your life, research shows. World Economic Forum. February 15, 2022. Accessed October 31, 2022. https://www.weforum.org/agenda/2022/02/diet-life-expectancy-lifespan-healthy-eating

18. Johnson J. What is the difference between animal and plant proteins? Medical News Today. August 21, 2018. Accessed October 31, 2022. https://www.medicalnewstoday.com/articles/322827

19. Chemicals in meat cooked at high temperatures and cancer risk. National Cancer Institute. Accessed October 31, 2022. https://www.cancer.gov/about-cancer/causes-prevention/risk/diet/cooked-meats-fact-sheet

20. Dubrow R, Darefsky AS, Park Y, et al. Dietary components related to *N*-nitroso compound formation: a prospective study of adult glioma. *Cancer Epidemiol Biomarkers Prev*. 2010;19(7):1709–1722. doi.org/10.1158/1055-9965.EPI-10-0225

21. Chong HY, Tan LT, Law JW, et al. Exploring the potential of human milk and formula milk on infants' gut and health. *Nutrients*. 2022;14(17):3554. doi.org/10.3390/nu14173554

22. The microbiome. Harvard T.H. Chan School of Public Health. Accessed October 31, 2022. https://www.hsph.harvard.edu/nutritionsource/microbiome/

23. Valdes AM, Walter J, Segal E, Spector TD. Role of the gut microbiota in nutrition and health. *BMJ*. 2018;361:k2179. doi.org/10.1136/bmj.k2179

24. O'Sullivan A, Farver M, Smilowitz JT. The influence of early infant-feeding practices on the intestinal microbiome and body composition in infants [published correction appears in Nutr Metab Insights. 2016 Oct 27;8(Suppl 1):87]. *Nutr Metab Insights*. 2015;8(Suppl 1):1–9. doi.org/10.4137/NMI.S29530

25. Di Profio E, Magenes VC, Fiore G, et al. Special diets in infants and children and impact on gut microbioma. *Nutrients*. 2022;14(15):3198. doi.org/10.3390/nu14153198

26. Niu J, Xu L, Qian Y, et al. Evolution of the gut microbiome in early childhood: a cross-sectional study of Chinese children. *Front Microbiol.* 2020;11:439. doi.org/10.3389/fmicb.2020.00439

27. Thomson C, Garcia AL, Edwards CA. Interactions between dietary fibre and the gut microbiota. *Proc Nutr Soc.* 2021;80(4)398–408. doi.org/10.1017/S0029665121002834

28. Bejaoui S, Poulsen M. The impact of early life antibiotic use on atopic and metabolic disorders: meta-analyses of recent insights. *Evol Med Public Health.* 2020;2020(1):279–289. doi.org/10.1093/emph/eoaa039

29. Ramirez J, Guarner F, Bustos Fernandez L, Maruy A, Sdepanian VL, Cohen H. Antibiotics as major disruptors of gut microbiota. *Front Cell Infect Microbiol.* 2020;10:572912. doi.org/10.3389/fcimb.2020.572912

30. Randerson J. Antibiotics linked to huge rise in allergies. New Scientist. May 27, 2004. Accessed October 31, 2022. https://www.newscientist.com/article/dn5047-antibiotics-linked-to-huge-rise-in-allergies/

31. Durda-Masny M, Ciomborowska-Basheer J, Makałowska I, Szwed A. The mediating role of the gut microbiota in the physical growth of children. *Life (Basel).* 2022;12(2):152. doi.org/10.3390/life12020152

32. Jackson R. Study finds habits in children take root by age 9. Psychology Today. February 26, 2015. Accessed October 31, 2022. https://www.psychologytoday.com/us/blog/school-thought/201502/study-finds-habits-in-children-take-root-age-9

33. Hepler L. Junk food and diabetes. Healthline. Updated August 6, 2020. Accessed October 31, 2022. https://www.healthline.com/health/type-2-diabetes/junk-food

34. High cholesterol diseases. Cleveland Clinic. Accessed October 31, 2022. https://my.clevelandclinic.org/health/articles/11918-cholesterol-high-cholesterol-diseases

35. Goldman R. When does atherosclerosis begin? Healthline. Updated May 15, 2018. Accessed October 31, 2022. https://www.healthline.com/health/heart-disease/atherosclerosis-when-it-starts

36. Atherosclerosis: arterial disease. Cleveland Clinic. Accessed October 31, 2022. https://my.clevelandclinic.org/health/diseases/16753-atherosclerosis-arterial-disease

37. Cherry K. What is neuroplasticity? Verywell Mind. Updated October 19, 2022. Accessed October 31, 2022. https://www.verywellmind.com/what-is-brain-plasticity-2794886

38. Graff-Radford J. Alzheimer's prevention: does it exist? Mayo Clinic. June 2, 2022. Accessed October 31, 2022. https://www.mayoclinic.org/diseases-conditions/alzheimers-disease/expert-answers/alzheimers-disease/faq-20057881

39. Exercise improves quality of life but not longevity in mice. Karolinska Institutet. September 11, 2019. Updated September 30, 2019. Accessed October 31, 2022. https://news.ki.se/exercise-improves-quality-of-life-but-not-longevity-in-mice

40. Carroll L. Is brisk walking or walking far better for your health? Yahoo News. October 4, 2022. Accessed October 31, 2022. https://news.yahoo.com/walking-many-steps-daily-reduce-183908627.html

41. Budson AE. Sleep well—and reduce your risk of dementia and death. Harvard Health Publishing. May 3, 2021. Accessed October 31, 2022. https://www.health.harvard.edu/blog/sleep-well-and-reduce-your-risk-of-dementia-and-death-2021050322508

42. American Cancer Society medical and editorial content team. Ultraviolet (UV) radiation. American Cancer Society. Updated July 10, 2019. Accessed October 31, 2022. https://www.cancer.org/healthy/cancer-causes/radiation-exposure/uv-radiation.html

43. Sunscreen FAQs. American Academy of Dermatology Association. Updated September 7, 2022. Accessed October 31, 2022. https://www.aad.org/media/stats-sunscreen

44. How to apply sunscreen. American Academy of Dermatology Association. Accessed October 31, 2022. https://www.aad.org/public/everyday-care/sun-protection/shade-clothing-sunscreen/how-to-apply-sunscreen

45. Proia NK, Paszkiewicz GM, Nasca MA, Franke GE, Pauly JL. Smoking and smokeless tobacco-associated human buccal cell mutations and their association with oral cancer—a review. *Cancer Epidemiol Biomarkers Prev.* 2006;15(6):1061–1077. doi.org/10.1158/1055-9965.EPI-05-0983

46. Tobacco and cancer. Centers for Disease Control and Prevention. Accessed October 31, 2022. https://www.cdc.gov/cancer/tobacco/index.htm